Betriebs-Chemie für Maschinenbauer und Elektrotechniker

Ein Lehr- und Hilfsbuch zur Einführung in die Werkstoffkunde für
Maschinen- und Elektrotechniker sowie für den Unterricht an
höheren Maschinenbauschulen, Maschinenbauschulen
Betriebsfachschulen und elektrotechnischen
Lehranstalten

von

Dipl.-Ing. Prof. Dr. S. Jakobi

Studienrat der Vereinigten Maschinenbauschulen
in Wuppertal-Elberfeld

Dritte, neubearbeitete Auflage

Mit 108 Abbildungen

Berlin
Verlag von Julius Springer
1930

ISBN-13:978-3-642-93742-2   e-ISBN-13:978-3-642-94142-9
DOI: 10.1007/978-3-642-94142-9

Vorwort.

Seit dem Erscheinen der letzten Auflage dieses Werkes hat sich immer mehr die Überzeugung Bahn gebrochen, daß der Chemie-Unterricht an den Fachschulen für Maschinenbau und Elektrotechnik die wissenschaftlichen Grundlagen für die Werkstoffkunde und damit für die gesamte Technologie bringen soll.

Dieser Standpunkt wird auch in den neueren Erlassen des Preußischen Ministeriums für Handel und Gewerbe vertreten, in denen der Ausdruck „Betriebs-Chemie" gebraucht wird, wodurch die Aufgaben des Chemie-Unterrichts an unseren Anstalten, nach der in diesem Buche und an der hiesigen Maschinenbauschule stets vertretenen Anschauung sehr treffend gekennzeichnet sind.

Die vorliegende dritte Auflage des Werkes ist daher ganz von dem Standpunkt aus neu bearbeitet und ergänzt worden, um die erforderlichen Grundlagen für die Werkstoffkunde zu bieten, was auch durch den neuen Titel „Betriebs-Chemie für Maschinenbauer und Elektrotechniker" äußerlich gekennzeichnet wurde. — Außerdem mußten auch die neueren Ansichten über den Atombau berücksichtigt werden, da heute diese Anschauungen für den Elektrotechnik-Unterricht unentbehrlich sind[1].

Zur Ergänzung der Wirtschaftskunde wurden ferner die Produktionszahlen der wichtigsten Rohstoffe und ihre Fundorte erstmalig angegeben. — Auch die neu eingeführten, geschichtlichen Hinweise dürften willkommen sein, um einen Einblick in den Werdegang der chemischen Wissenschaft und Technik zu erhalten.

Sehr viele wertvolle Anregungen für die Neubearbeitung habe ich von den Herren Fachkollegen an anderen Schulen erhalten, die dankbarlichst berücksichtigt wurden. — Auch zukünftigen Wünschen in dieser Richtung werde ich stets gern Rechnung tragen.

Aber auch seitens der Praxis habe ich sehr wertvolle Unterstützung für die Neubearbeitung erhalten, wofür ich den betreffenden, nachbenannten Firmen außerordentlich verbunden bin:

Autogenwerk Sirius, Düsseldorf (Schweißapparate).
Gustav Barthel, Dresden (Lötapparate).
Chem. Fabrik Carbonium, Offenbach a. M. (Wasserstofferzeugung).
A. L. G. Dehne, Maschinenfabrik, Halle a. S. (Kesselspeisewasserreiniger).
Deutzer Gasmotorenfabrik, Köln-Deutz (Generatorgas-Anlagen).
Dürener Metallwerke, Düren (Legierungen).
J. Frisch & Co., Düsseldorf (Lötapparate, Apparate für flüssige Luft).
Gesellschaft für Industriegas-Verwertung, Berlin-Britz (Transportgefäße für flüssige Luft).
Gesellschaft für Lindes Eismaschinen, Wiesbaden (Luftverflüssigungs- und Eismaschinen).
Th. Goldschmidt, A.-G., Essen (Ruhr) (Thermitverfahren).
I.-G. Farbenindustrie, Frankfurt a. M. (Kohleverflüssigung, künstliches Gummi, Schweiß-
    apparate).

---

[1] Dieses Gebiet, das im Abschnitt III (Seite 14—17) behandelt wird, kann gegebenenfalls auch erst als Abschluß des Chemie-Unterrichts gebracht werden.

Internationale Galalith-Gesellschaft, Harburg (Elbe) (Galalith).
Friedr. Krupp, A.-G., Essen (Ruhr) (Nicht rostender Stahl).
Paul Kyll, Maschinenfabrik, Köln a. Rh. (Kesselspeisewasserreiniger).
Langbein-Pfanhauser-Werke, Leipzig (Galvanische Metallüberzüge).
Luftschiffbau Zeppelin, G. m. b. H., Friedrichshafen (Wasserstoff, Blaugas).
Minimax-A.-G. für Westdeutschland, Köln a. Rh. (Schaumlöschverfahren).
Nickel-Informationsbüro, Frankfurt a. M. (Nickellegierungen).
Ozongesellschaft Berlin (Ozonapparate).
Permutit-A.-G., Berlin (Kesselspeisewasserreiniger).
Hans Reisert, Köln a. Rh. (Kesselwasserreiniger).
Schmelzbasalt-A.-G., Linz a. Rh. (Schmelzbasalt).
Felix Schuh & Co., Essen-Kray (Wärmeschutzstoffe).
Dipl.-Ing. G. Wirthwein, Direktor des Berg. Dampfkesselüberwachungsvereins in Wuppertal-Barmen (Flüssige Brennstoffe, Kesselspeisewasserreinigung).

Schließlich ist es mir noch eine angenehme Pflicht, der Verlagsbuchhandlung Julius Springer, Berlin auch an dieser Stelle für das verständnisvolle Eingehen und die liebenswürdige Förderung meiner Verbesserungsvorschläge meinen allerergebensten Dank auszusprechen.

Wuppertal-Elberfeld, im Februar 1930.

Jakobi.

Inhaltsverzeichnis.

Empfehlenswerte Schriften.

Bausch, H.: Allgemeine chemische Technologie. (Walter de Gruyter 1928.)
Biedermann, R.: Chemikerkalender. (Berlin, Julius Springer 1930.)
Binz, A.: Chemisches Praktikum. (Walter de Gruyter 1926.)
Gemeinfaßliche Darstellung des Eisenhüttenwesens. (Düsseldorf 1930.)
Hütte: Taschenbuch für den praktischen Chemiker. (Berlin 1927.)
Kirchberger, P.: Atom- und Quantentheorie. (Leipzig 1923).
Lange, O.: Chemische Technologie. (Akad. Verlagsgesellschaft 1927.)
Loewen, H.: Einführung in die Chemie. (C. W. Kreidel, München 1927.)
Lueger: Lexikon der gesamten Technik. (Stuttgart 1929.)
Müller, M.: Anfangsgründe der Chemie. 3. Auflage. (Berlin, Julius Springer 1927.)
Neumann, B.: Chemische Technologie und Metallurgie. (Hirzel 1925.)
Ochs, R.: Einführung in die Chemie. 2. Auflage. (Berlin, Julius Springer 1921.)
Ost, H.: Chemische Technologie. (Jänecke 1926.)
Sachse, R.: Die chemische Technik. (Dresden-Radebeul 1929.)
Sackur, O.: Einführung in die Chemie. (Berlin, Julius Springer 1911.)
Sauer, K.: Leitfaden der Hüttenkunde für Maschinentechniker. 2. Auflage. (Berlin, Julius
    Springer 1922.)
Schwab, G. M.: Physikalische und chemische Grundlagen der chemischen Technologie.
    (Spamer 1927.)
Schwarz, M. v.: Metall- und Legierungskunde. (Stuttgart 1929.)
Stöckhardt, E.: Lehrbuch der Elektrotechnik. (Berlin 1925.)
Trenkler, M.: Die Gaserzeugung. (Berlin, Julius Springer 1923.)

I. Einleitung.

1. Die Chemie als technische Wissenschaft.

A. Kennzeichnung des Technikerberufes.

Die Tätigkeit des Technikers besteht in der Lösung der Aufgabe, die Naturkräfte und Naturschätze der Allgemeinheit nutzbar zu machen.

Der Winddruck, wie das Gefälle des Wassers, werden in Motoren zur Arbeitsleistung gebracht, die zum Bau der Maschinen erforderlichen Metalle aus den im Erdinnern vorkommenden Erzen gewonnen. Andere Naturschätze, wie die Kohlen und Erdölbestandteile, enthalten Kräfte aufgespeichert, die bei der Verbrennung dieser Stoffe in der Dampfmaschinenanlage bzw. in der Verbrennungskraftmaschine in Erscheinung treten.

B. Die Naturlehre als Grundlage der technischen Wissenschaften.

Aus diesen Beispielen, die sich leicht vervielfachen ließen, ergibt sich, daß die Grundlage jeder technischen Tätigkeit eine genaue Kenntnis aller in Betracht kommenden Naturgesetze sein muß, also die eingehende Vertrautheit mit der Naturlehre. Der Techniker muß z. B. die Gesetze des Gleichgewichts und der Bewegung kennen, wie auch diejenigen des Luftdrucks und der Wärmewirkungen, ferner die Erscheinungen der Elektrizität und des Magnetismus. Andererseits soll der Techniker aber auch mit der stofflichen Zusammensetzung der zu bearbeitenden Maschinenteile vertraut sein, er muß wissen, welche Beimengungen den zu Bauzwecken verwendeten Metallen nützlich bzw. schädlich sind, ebenso die geeignete Zusammensetzung der Schmiermittel, die Bedingungen, unter denen das Wasser für die Kesselspeisung geeignet ist, ferner die Bestandteile der Rauchgase bei richtiger und bei unwirtschaftlicher Ausnutzung der Brennstoffe u. a. m. Die Tätigkeit des Technikers umfaßt somit im wesentlichen die praktische Anwendung der Naturgesetze.

2. Physikalische und chemische Vorgänge.

A. Gliederung der Naturlehre.

Die gesamten Naturwissenschaften werden als Naturgeschichte und Naturlehre unterschieden. Erstere beschreibt die Eigenschaften der uns umgebenden Dinge (Botanik, Zoologie, Mineralogie), letztere dagegen erforscht deren Veränderungen. Die Naturlehre wird wieder gegliedert in Physik einerseits und Chemie andererseits. Die vorhin angeführten Beispiele zur Naturlehre gehören teils in das Gebiet der Physik, teils in das der Chemie.

B. Die Unterschiede zwischen physikalischen und chemischen Vorgängen.

1. Versuche. a) Erwärmung eines Platindrahtes. Ein Platindraht wird in einer nicht leuchtenden Flamme erhitzt; er beginnt zu glühen. Beim

Entfernen der Flamme hört das Glühen auf und der Draht ist genau wie vor dem Versuch. Mit der Ursache, der Wärme, hat auch die Wirkung, das Glühen, aufgehört.

b) **Erwärmung eines Magnesiumdrahtes.** Ein Magnesiumdraht unter gleichen Bedingungen in die Flamme gehalten, verbrennt helleuchtend zu einer weißen Asche, offenbar einem ganz neuen Stoff, den der Chemiker als **Magnesiumoxyd** bezeichnet, entstanden durch Vereinigung des Magnesiums mit dem in der Luft enthaltenen Sauerstoff. — Die Ursache ist auch hier die Wärme, die Wirkung dagegen die Bildung des Magnesiumoxyds. Mit der Ursache hat hier die Wirkung nicht aufgehört.

c) **Sieden des Wassers.** In einer Kochflasche bringen wir Wasser zum Sieden. — Leiten wir den entstehenden Dampf durch eine kühle Glasröhre, so wird er kondensiert, das heißt, er verwandelt sich wieder in Wasser. — Mit der Ursache, der Wärme, hat hier auch die Wirkung, die Dampfbildung aufgehört; es ist also wieder umgekehrt der Übergang vom flüssigen in den luftförmigen Aggregatzustand erfolgt. — Der Aggregatzustand ist bekanntlich die Form (fest, flüssig oder luftförmig), in der die uns umgebenden Stoffe in Erscheinung treten.

d) **Stoffliche Zerlegung des Wassers durch den elektrischen Strom.** Der nebenstehende Apparat (Abb. 1) ist mit angesäuertem Wasser gefüllt, das nach dem Gesetz von den kommunizierenden Röhren in allen drei

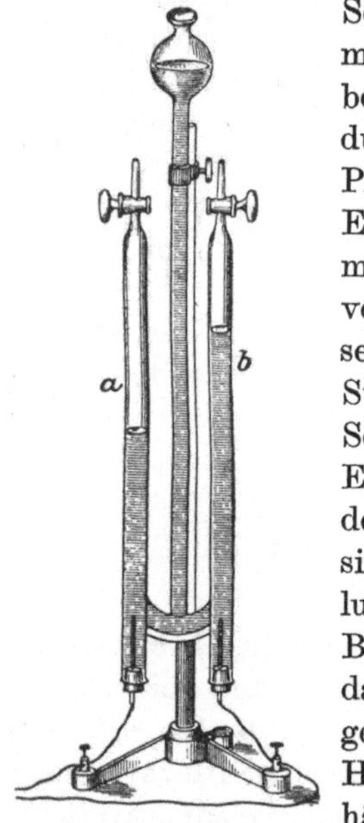

Schenkeln gleich hoch steht, und zwar ist die Flüssigkeitsmenge so eingestellt, daß sie gerade bis zu den Hähnen der beiden äußeren Schenkel reicht. In diese letzteren sind durch die am unteren Ende befindlichen Gummistopfen Platindrähte eingeführt, die in Platinblechen, sogenannten Elektroden, endigen. Die Drahtklemmen werden nun mit einer elektrischen Stromquelle (Gleichstrom, 10 Volt) verbunden und die erwähnten Hähne geschlossen. Bald sehen wir, daß sich von beiden Platinblechen aus luftförmige Stoffe, ohne Temperaturerhöhung, entwickeln und, in den Schenkeln emporsteigend, die Flüssigkeit in die kugelförmige Erweiterung des mittleren Schenkels drängen. Die gebildeten luftförmigen Körper sind offenbar Gase; denn Gase sind bei gewöhnlicher Temperatur und normalem Druck luftförmig (z. B. Leuchtgas), Dämpfe dagegen unter gleichen Bedingungen flüssig oder fest (z. B. Wasserdampf, Schwefeldampf). Bei diesem Versuch kann also nicht, wie beim vorigen, Wasserdampf entstanden sein. Öffnen wir nun den Hahn des Schenkels (a), der genau doppelt so viel Gas enthält, wie der andere (b), und füllen das entweichende Gas in ein einseitig zugeschmolzenes Röhrchen (Reagenzglas), so

Abb. 1. Wasserzersetzung[1].

bemerken wir, daß dieses Gas beim Entzünden unter mehr oder minder heftigem Knall mit bläulicher Flamme verbrennt, wobei am Reagenzglas nachher Wassertröpfchen hängen. Das Gas ist der eine Bestandteil des Wassers, der Wasserstoff.

---

[1] Obige Abbildung sowie Abb. 7, 8, 39, 56 und 58 aus Müller, Anfangsgründe der Chemie.

Beim Entzünden des Wasserstoffes vereinigt er sich mit dem Sauerstoff der Luft wieder zu Wasser. Nähern wir nun dem Hahne des anderen Schenkels einen glimmenden Holzspan und lassen das Gas entweichen, so beginnt der Span hell aufleuchtend zu brennen; das Gas ist Sauerstoff, der andere Bestandteil des Wassers. — Das Wasser ist also durch den elektrischen Strom in seine Bestandteile, Wasserstoff und Sauerstoff, zerlegt worden. Bei diesem Vorgang hört mit der Ursache die Wirkung nicht auf.

2. Folgerungen aus den Versuchen. Beim ersten und dritten Versuch (a und c) sehen wir, daß mit der Ursache des Vorgangs auch die Wirkung desselben aufhört und daß der verwendete Stoff nach dem Versuche der gleiche, wie vorher, ist. — Beim zweiten und vierten Versuch (b und d) dagegen hat mit der Ursache des Vorgangs die Wirkung desselben nicht aufgehört und der verwendete Stoff ist nicht der gleiche, wie vor dem Versuch.

Die Erscheinungen beim ersten und dritten Versuch bezeichnen wir als physikalischen Vorgang, diejenigen des zweiten und vierten Versuches dagegen als chemischen Vorgang. — Die Unterscheidungsmerkmale dieser beiden Arten von Vorgängen sind nämlich folgende: Physikalische Vorgänge sind Veränderungen des Zustandes (nicht der stofflichen Zusammensetzung) der Körper. Bei diesen Vorgängen hört mit der Ursache auch die Wirkung auf. Die Physik ist somit die Lehre vom Zustand der Körper und von den Zustandsänderungen.

Chemische Vorgänge dagegen sind Veränderungen der stofflichen Zusammensetzung der Körper. Bei diesen Vorgängen hört mit der Ursache die Wirkung nicht auf, sondern bleibt fortbestehen. Die Chemie ist somit die Lehre von der stofflichen Zusammensetzung der Körper und von der Änderung der stofflichen Zusammensetzung.

Während wir ferner physikalische Vorgänge mit unseren Sinnesorganen wahrnehmen können, ist dies bei chemischen Vorgängen nicht der Fall, wir beobachten nicht die stoffliche Umsetzung selbst, sondern nur ihre physikalischen Folgeerscheinungen, wie Änderungen des Aggregatzustandes, der Farbe u. a. m.

3. Analyse und Synthese.

A. Grundsätzliche Verschiedenheit der beiden ersten chemischen Versuche.

Der Verlauf der beiden bisher ausgeführten chemischen Versuche ist nun aber ein ganz verschiedener gewesen; beim ersten sind Magnesium und Sauerstoff zu Magnesiumoxyd vereinigt worden, bei dem zweiten wurde Wasser in Wasserstoff und Sauerstoff zerlegt.

B. Begriff der Analyse und Synthese.

Chemische Vorgänge, wie die Bildung von Magnesiumoxyd, bei denen sich aus zwei (oder mehr) Stoffen ein neuer bildet, bezeichnet man als Synthese oder Aufbau. — Solche chemische Vorgänge dagegen, wie die Bildung von Wasserstoff und Sauerstoff aus Wasser, bei denen sich durch Zerlegung eines Stoffes zwei (oder mehr) neue bilden, bezeichnet man als Analyse oder Zersetzung.

C. Praktische Bedeutung von Analyse und Synthese.

Aus Analysen und Synthesen bestehen die Berufsarbeiten des zünftigen Chemikers. Durch Analyse ist z. B. festgestellt worden, daß im Steinkohlenteer Bestandteile enthalten sind, aus denen durch Synthese eine Reihe von Pflanzenfarbstoffen künstlich dargestellt werden können (Krapp, Indigo). Aber auch für den Maschinentechniker haben solche Arbeiten hohe Bedeutung, wie Analyse (Untersuchung) der Eisenarten, Schmieröle, Rauchgase, Synthese geeigneter Metallgemische zu Bauzwecken, Vereinigung von Luft und Benzin im richtigen Mengenverhältnis im Zylinder der Verbrennungskraftmaschine, zwecks Erzielung einer wirtschaftlichen Arbeitsleistung.

4. Element, chemische Verbindung, mechanisches Gemenge und Legierung.

A. Das Element.

Versuchen wir nun das Magnesium oder den Wasserstoff oder den Sauerstoff durch Analyse in stofflich verschiedene Bestandteile zu zerlegen, so sehen wir, daß dies unmöglich ist; die genannten Stoffe sind Elemente oder Grundstoffe.

Ein Element oder Grundstoff läßt sich nicht weiter in stofflich verschiedene Bestandteile zerlegen. — Dieser von Boyle (1626—1691) eingeführte Begriff hat neuerdings durch das Verhalten des Radiums und einiger anderer Elemente eine gewisse, aber für praktische Zwecke belanglose Einschränkung erfahren. (Vgl. S. 16.)

Es gibt 92 Elemente, von denen aber nur eine geringe Zahl eine praktische Bedeutung haben.

B. Chemische Verbindung und mechanisches Gemenge.

Im Magnesiumoxyd sind Magnesium und Sauerstoff, im Wasser der Wasserstoff mit dem Sauerstoff verbunden. Wir bezeichnen daher Magnesiumoxyd und Wasser als chemische Verbindungen. — Es fragt sich nun, ob alle uns umgebenden Stoffe nur Elemente oder chemische Verbindungen sind. — Hierüber geben uns die beiden folgenden Versuche Aufschluß:

a) In einem Mörser werden 28 g Eisenpulver und 16 g Schwefelpulver verrieben. Es entsteht ein graugrünes Gemisch, in dem sich aber auch bei feinster Verreibung beide Bestandteile noch immer mit Hilfe eines Vergrößerungsglases unterscheiden lassen. Auch kann man das Gemisch mechanisch wieder zerlegen, z. B. das Eisen durch den Magneten daraus entfernen oder den Schwefel durch Auflösen in Schwefelkohlenstoff, einer Flüssigkeit, die wegen ihres starken Lichtbrechungsvermögen sehr bekannt ist. Das gleiche Verhalten würde sich auch dann zeigen, wenn das Gewichtsverhältnis zwischen den beiden Bestandteilen ein etwas anderes wäre.

b) Beim leichten Anwärmen des Gemisches von Eisen- und Schwefelpulver im Reagenzglas (vgl. Abb. 2) tritt plötzlich ein heftiges Glühen ein, wobei sich die pulverförmige Masse in eine einheitliche (homogene), feste verwandelt, die sich weder durch den Magneten, noch durch Schwefelkohlenstoff, oder sonst irgendwie, mechanisch in ihre Bestandteile zerlegen läßt. Es ist hier ein neuer

Stoff, das Schwefeleisen, durch chemische Vereinigung von Eisen und Schwefel entstanden. Dieses enthält stets 63,64% Eisen und 36,36% Schwefel. —

Beim ersten Versuch hatten wir es mit einem mechanischen Gemenge, beim zweiten mit einer chemischen Verbindung zu tun.

Ein mechanisches Gemenge besteht aus stofflich verschiedenen Teilchen, hat eine veränderliche prozentische Zusammensetzung, ist mechanisch in seine Bestandteile zerlegbar und besitzt deren Eigenschaften.

Ein weiteres Beispiel dafür ist das Schießpulver, das bekanntlich aus Kalisalpeter, Kohle und Schwefel besteht. Der Kalisalpeter löst sich in Wasser, der Schwefel

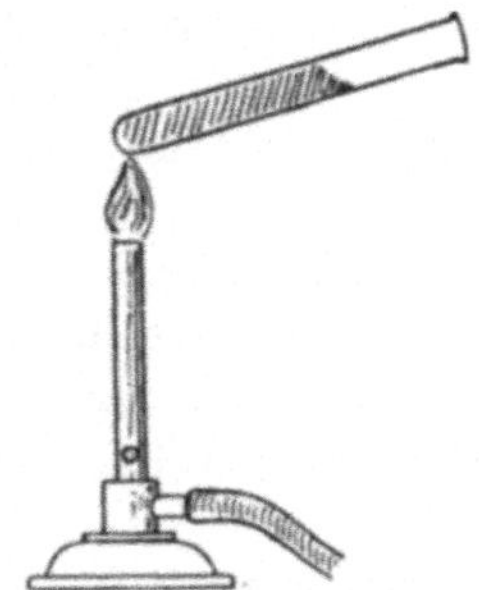

Abb. 2. Reagenzglas[1].

in Schwefelkohlenstoff, so daß nur die Kohle übrig bleibt. Auch den Prozentgehalt des Schießpulvers kann man innerhalb gewisser Grenzen ändern.

Eine chemische Verbindung besteht aus stofflich gleichartigen Teilchen, hat eine unveränderliche prozentische Zusammensetzung und ist nur durch chemische Umsetzung in ihre Bestandteile zerlegbar.

Das Kochsalz z. B. besteht aus 39,3% Natrium und 60,7% Chlor und diese Bestandteile sind nur durch chemische Umsetzung (Zersetzung mit Schwefelsäure, Zerlegung durch den elektrischen Strom) trennbar.

C. Legierung.

Die Legierungen, die bekanntlich durch Zusammenschmelzen von Metallen entstehen, nehmen eine Mittelstellung zwischen den chemischen Verbindungen und mechanischen Gemengen ein, weil sie keine unveränderliche prozentische Zusammensetzung haben, aber mechanisch nicht in ihre Bestandteile zerlegbar sind, da sie aus stofflich gleichen Teilchen bestehen.

Das Messing ist z. B. eine Legierung von 70% Kupfer und 30% Zink; seine Eigenschaften weichen nur unwesentlich ab, wenn man innerhalb gewisser Grenzen den Prozentgehalt ändert. Das Kupfer schmilzt bei 1084°, das Zink bei 419°. Durch die Verschiedenheit der Schmelzpunkte ist aber keine Trennung beider Bestandteile möglich; denn sie schmelzen zu Messing legiert, zusammen bei 900°.

II. Die chemischen Umsetzungen.

5. Molekül und Atome. (Dalton 1766—1844.)

A. Das Molekül.

Viele feste Körper füllen den eingenommenen Raum nicht vollständig aus, sondern lassen Zwischenräume frei, wie z. B. Koks, unglasierter Ton, Ziegelstein, Kork usw. — Da nun alle Körper durch Druckerhöhung und Tempera-

---

[1] Obige Abb. sowie Abb. 17, 18, 35, 41—46, 59—60, 64, 65, 70 und 97 aus Lubarsch, Elemente der Experimentalchemie.

turerniedrigung einen kleineren und bei entgegengesetzter Ursache einen größeren Raum, als ursprünglich, einnehmen, so müssen solche Zwischenräume auch da vorhanden sein, wo man sie nicht wahrnehmen kann. Die ganze Masse eines Körpers besteht demnach aus außerordentlich zahlreichen, durch jene Zwischenräume getrennten Teilchen oder Molekülen.

Ein Molekül ist der kleinste, für sich allein bestehende Teil eines Körpers und ist nicht weiter mechanisch zerlegbar.

Der Beweis für das Vorhandensein der Moleküle wurde erbracht durch die Beobachtung ihrer Bewegung mittels des Mikroskopes (Brown) und durch Röntgenstrahlen (Laue).

B. Das Atom.

Stellt man sich nun das Molekül einer chemischen Verbindung vor, die aus mehreren Elementen besteht, so müssen diese auch das Molekül dieser chemischen Verbindung bilden. Da das Kochsalz z. B. aus den Elementen Natrium und Chlor besteht, so müssen diese auch im Kochsalzmolekül enthalten sein. Demnach gibt es noch kleinere Stoffmengen, als die Moleküle, nämlich die Atome.

Ein Atom ist die kleinste Menge eines Grundstoffs, die sich chemisch verbinden kann. — Für sich allein können die Atome nicht bestehen; sie vereinigen sich zu Molekülen. Die Zahl der Atome, die ein Molekül bilden, ist bei den einzelnen Verbindungen sehr verschieden. — Über neuere Ansichten über Moleküle und Atome vgl. S. 14.

6. Chemische Zeichen und Formeln.

A. Zeichen der Elemente.

Wie erwähnt, haben die chemischen Verbindungen eine unveränderliche prozentische Zusammensetzung. Um nun das Verhältnis der Stoffmengen zu berechnen, die sich chemisch umsetzen, hat Berzelius (1779—1848) die Formelsprache eingeführt, die es ermöglicht, die chemischen Umsetzungen (Reaktionen) durch Gleichungen mathematisch genau auszudrücken. Zu diesem Zwecke bezeichnet man die Grundstoffe mit den Anfangsbuchstaben ihrer griechischen oder lateinischen Namen.

Tabelle der Elemente in alphabetischer Folge.

Name	Symbol	Atomgewicht	Name	Symbol	Atomgewicht
Aktinium	Ac	227	Cäsium	Cs	132,81
Aluminium	Al	26,97	Cassiopeium	Cp	175,0
Antimon	Sb	121,76	Cerium	Ce	140,13
Argon	Ar	39,94	Chlor	Cl	35,457
Arsen	As	74,96	Chrom	Cr	52,01
Barium	Ba	137,36	Dysprosium	Dy	162,46
Beryllium	Be	9,02	Eisen	Fe	55,84
Blei	Pb	207,21	Emanation	Em	222
Bor	B	10,82	Erbium	Er	167,64
Brom	Br	79,916	Europium	Eu	152,0

Name	Sym-bol	Atom-gewicht	Name	Sym-bol	Atom-gewicht
Fluor	F	19,00	Proaktinium	Pa	231
Gadolinium	Gd	157,3	Quecksilber	Hg	200,61
Gallium	Ga	69,72	Radium	Ra	225,97
Germanium	Ge	72,60	Rhodium	Rh	102,9
Gold	Au	197,2	Rubidium	Rb	85,45
Hafnium	Hf	178,6	Ruthenium	Ru	101,7
Helium	He	4,002	Samarium	Sm	150,43
Holmium	Ho	163,5	Sauerstoff	O	**16,000**
Indium	In	114,8	Schwefel	S	32,07
Iridium	Ir	193,1	Selen	Se	79,2
Jod	J	126,93	Silber	Ag	107,880
Kadmium	Cd	112,41	Silizium	Si	28,06
Kalium	K	39,104	Skandium	Sc	45,10
Kalzium	Ca	40,07	Stickstoff	N	14,008
Kobalt	Co	58,94	Strontium	Sr	87,63
Kohlenstoff	C	12,000	Tantal	Ta	181,5
Krypton	Kr	82,9	Tellur	Te	127,5
Kupfer	Cu	63,57	Terbium	Tb	159,2
Lanthan	La	138,90	Thallium	Tl	204,39
Lithium	Li	6,940	Thorium	Th	232,12
Magnesium	Mg	24,32	Thulium	Tu	169,4
Mangan	Mn	54,93	Titan	Ti	47,90
Molybdän	Mo	96,0	Uran	U	238,14
Natrium	Na	22,997	Vanadium	V	50,95
Neodym	Nd	144,27	Wasserstoff	H	1,008
Neon	Ne	20,18	Wismut	Bi	209,00
Nickel	Ni	58,69	Wolfram	W	184,0
Niobium	Nb	93,5	Xenon	X	130,2
Osmium	Os	190,9	Ytterbium	Y	173,5
Palladium	Pd	106,7	Yttrium	Yb	88,93
Phosphor	P	31,02	Zink	Zn	65,37
Platin	Pt	195,23	Zinn	Sn	118,70
Praseodym	Pr	140,92	Zirkonium	Zr	91,22

Die Bedeutung des Begriffes Atomgewicht wird erst später (vgl. S. 8) erklärt. Das einmal geschriebene Zeichen bedeutet immer ein Atom des betreffenden Elementes.

B. Formeln chemischer Verbindungen.

Chemische Verbindungen werden nun durch eine Formel ausgedrückt, in der man die Zeichen der Grundstoffe zusammensetzt, die das Molekül des betreffenden Stoffes bilden, also z. B.

MgO Magnesiumoxyd,
FeS Schwefeleisen.

Mitunter kommen in einem Molekül mehrere Atome ein und desselben Grundstoffs vor. Man drückt diesen Umstand in der Formel dadurch aus, daß man an das Zeichen des betreffenden Elementes rechts unten als Marke (Index) die Zahl schreibt, die angibt, wieviel Atome des betreffenden Elementes im Molekül vorkommen, also z. B.:

H_2O Wasser (das Wassermolekül enthält somit zwei Atome Wasserstoff und ein Atom Sauerstoff),

Fe_2O_3 Eisenoxyd (zwei Eisen- und drei Sauerstoffatome im Molekül),

H_2SO_4 Schwefelsäure (zwei Wasserstoff-, ein Schwefel- und vier Sauerstoffatome im Molekül).

C. Chemische Umsetzungsgleichungen.

Mit Hilfe dieser Formeln kann man die Umsetzungen auch durch Gleichungen ausdrücken, indem man die Ausgangsstoffe der Umsetzung (Reaktion) links, deren Endergebnisse rechts vom Gleichheitszeichen setzt. Nach dem „Gesetze von der Erhaltung des Stoffes" ist das Gewicht der zu einer Umsetzung gebrauchten Stoffe gleich demjenigen der neu entstehenden Stoffe.

An Beispielen für chemische Umsetzungsgleichungen seien hier folgende angeführt:

a) **Bildung von Magnesiumoxyd:**

$$Mg + O = MgO$$
$$\text{Magnesium} + \text{Sauerstoff} = \text{Magnesiumoxyd}$$

b) **Zersetzung des Wassers:**

$$H_2O = H_2 + O$$
$$\text{Wasser} = \text{Wasserstoff} + \text{Sauerstoff}$$

c) **Bildung von Schwefeleisen:**

$$Fe + S = FeS$$
$$\text{Eisen} + \text{Schwefel} = \text{Schwefeleisen}$$

7. Atom- und Molekulargewicht.

A. Das Atomgewicht.

Bestimmen wir bei gleichem Druck und gleicher Temperatur das Gewicht gleicher Raummengen Wasserstoff und Sauerstoff, so beobachten wir, daß das Gewicht des letzteren zu demjenigen des ersteren sich wie $16 : 1,008$ verhält. Nach Avogadro enthalten gleiche Raummengen zweier Gase bei gleichem Druck und gleicher Temperatur die gleiche Anzahl von Molekülen bzw. gleichviele Atome, wenn die betreffenden Moleküle aus gleich vielen Atomen zusammengesetzt sind. Es müssen daher auch die Gewichte von Sauerstoff- und Wasserstoffatom sich wie $16 : 1,008$ verhalten. Wir pflegen zu sagen, die Atomgewichte von Sauerstoff bzw. Wasserstoff sind 16 bzw. 1,008.

Es werden nun folgende Versuche ausgeführt:

Wir wägen eine gewisse Menge Kupferspäne ab, das eine Mal 8,526 g, das andere Mal 7,308 g, und erhitzen beide Proben an der Luft (besser in reinem Sauerstoff), wobei wir 10,668 bzw. 9,146 g Kupferoxyd erhalten, indem das Kupfer also 2,142 bzw. 1,838 g Sauerstoff aufgenommen hat. Hieraus berechnen wir, wieviel Prozent Sauerstoff das Kupferoxyd enthält:

Probe I.

$$10,668 : 2,142 = 100 : x; \quad x = 20,1\% \text{ Sauerstoff.}$$

Probe II.

$$9,146 : 1,838 = 100 : x; \quad x = 20,1\% \text{ Sauerstoff.}$$

Ferner berechnen wir noch, wieviel Gramm Kupfer auf je 16 g Sauerstoff in beiden Mengen Kupferoxyd kommen:

Probe I.

$2{,}142 : 8{,}526 = 16 : x; \quad x = 63{,}6\,g$ Kupfer.

Probe II.

$1{,}838 : 7{,}308 = 16 : x; \quad x = 63{,}6\,g$ Kupfer.

Entsprechend ergibt sich auch, daß das Schwefelkupfer aus 66,5% Kupfer und 33,5% Schwefel besteht, so daß auf 32,06 g Schwefel wiederum 63,6 g Kupfer kommen. Das Verbindungsgewicht ergibt sich aus diesen und vielen anderen Beispielen somit für Kupfer gleich 63,6, für Schwefel gleich 32,06 und für Sauerstoff gleich 16. Da dies offenbar die Gewichtsverhältnisse sind, in denen die Atome der Grundstoffe das Molekül bilden, so kann man das Verbindungsgewicht als mit dem Atomgewicht übereinstimmend betrachten.

Das Atomgewicht ist daher die Zahl, die angibt, wieviel schwerer ein Atom eines Elementes ist, als $^1/_{16}$ des Sauerstoffatoms (dessen Atomgewicht nach vorstehenden Ausführungen also 16 ist).

B. Das Molekulargewicht.

Das Molekül Wasser H_2O besteht aus 2 Atomen Wasserstoff und einem Atom Sauerstoff. Das Atomgewicht des Wasserstoffs ist 1,008, das des Sauerstoffs 16. Somit ergibt sich für das Molekül Wasser: $2 \cdot 1{,}008 + 1 \cdot 16 = 18{,}016$. Diese letztere Zahl ist das Molekulargewicht des Wassers.

Das Molekulargewicht einer chemischen Verbindung ist demnach die Zahl die angibt, wieviel mal schwerer ein Molekül derselben ist als $^1/_{16}$ Atom Sauerstoff[1]. Über Zahl und Größe der Atome vgl. S. 17.

C. Das Mol.

Man pflegt das Gewicht in Grammen, das der Molekulargewichtszahl entspricht, als das Mol der betreffenden Verbindung zu bezeichnen, so z. B. 58,47 g Kochsalz gleich einem Mol NaCl oder 18,016 g H_2O gleich einem Mol Wasser usw.

8. Berechnung chemischer Umsetzungen.

Die Ermittelung des Atom- und Molekulargewichtes und der chemischen Formel der betreffenden Verbindung ist die Aufgabe des Fachchemikers. Wir benutzen die in der Tabelle angegebenen Atomgewichtszahlen der Elemente (S. 6) und die bei der Besprechung einzelner chemischer Verbindungen aufgeführten Formeln. Zunächst seien einige Beispiele der Berechnung des Prozentgehaltes chemischer Verbindungen gegeben:

A. Berechnung des Prozentgehaltes chemischer Verbindungen.

a) Schwefeleisen FeS · Atomgewicht Fe = 56 und S = 32 [2], also Molekulargewicht FeS = 88. In 88 g FeS sind also 56 g Fe enthalten, in 100 g FeS somit wieviel?

$88 : 56 = 100 : x; \quad x = 5600 : 88 = 63{,}6\%$ Eisen.

---

[1] Die Begriffe des Atom- und Molekulargewichts stammen in ihrer ursprünglichen Form von Dalton (1766—1844).

[2] Abgerundet für 55,9 bzw. 32,06.

Entsprechend erhält man den Schwefelgehalt durch die Proportion:
$$88 : 32 = 100 : y; \quad y = 3200 : 88 = 36,4\% \text{ Schwefel.}$$

b) Eisenoxyd Fe_2O_3 · Atomgewichte: $Fe = 56$; $O = 16$, also Molekulargewicht gleich $(2 \cdot 56) + (3 \cdot 16) = 160$. Der Eisengehalt folgt aus der Proportion: $160 : 112 = 100 : x$; $x = 70\%$ Fe, und der Sauerstoffgehalt: $160 : 48 = 100 : y$; $y = 30\%$ O.

c) Salpetersäure HNO_3 · Atomgewichte: $H = 1,008$, $N = 14,04$ und $O = 16$, also Molekulargewicht $63,048$.

$$63,048 : 1,008 = 100 : x; \quad x = 1,6\% \text{ H,}$$
$$63,048 : 14,04 = 100 : y; \quad y = 22,2\% \text{ N,}$$
$$63,048 : 48 = 100 : z; \quad z = 76,2\% \text{ O.}$$

d) Kohlendioxyd CO_2. Atomgewichte: $C = 12$ und $O = 16$. Molekulargewicht also $CO_2 = 44$. Es ist daher

$$44 : 12 = 100 : x; \quad x = 27,27\% \text{ C,}$$
$$44 : 32 = 100 : y; \quad y = 72,72\% \text{ O.}$$

e) Kohlenoxyd CO. Atomgewichte: $C = 12$ und $O = 16$. Molekulargewicht also $CO = 28$. Es ist daher

$$28 : 12 = 100 : x; \quad x = 42,9\% \text{ C,}$$
$$28 : 16 = 100 : y; \quad y = 57,1\% \text{ O.}$$

B. Multiple Proportionen.

Der Umstand, daß Kohlendioxyd und Kohlenoxyd beide aus Kohlenstoff und Sauerstoff, aber von ungleicher prozentischer Zusammensetzung bestehen, scheint zunächst mit der Tatsache unvereinbar, daß der Prozentgehalt chemischer Verbindungen unveränderlich ist. Nach dem Gesetz der multiplen Proportionen (Dalton) verbinden sich aber die Elemente im Verhältnis ihrer Atomgewichte oder deren ganzzahligen Vielfachen. Der Kohlenstoff verbindet sich mit dem Sauerstoff entweder im Verhältnis $12 : 16$ oder $12 : (2 \cdot 16)$. Ebenso haben wir ein Eisenoxydul FeO und ein Eisenoxyd Fe_2O_3. Das Verbindungsverhältnis ist also $56 : 16$ bzw. $(2 \cdot 56) : (3 \cdot 16)$.

Dagegen ist der Prozentgehalt ein und derselben Verbindung natürlich immer unveränderlich, also enthält z. B. Kohlendioxyd CO_2 stets $27,27\%$ C und $72,72\%$ O.

9. Die Affinität.

A. Die Ursachen chemischer Umsetzungen.

Fragen wir nun nach den Ursachen der chemischen Umsetzung, so belehren uns darüber folgende zwei Versuche: In je einer Probe Salpetersäure lösen wir einmal Kupfer, das anderemal Silber auf.

$$3\,Cu + 6\,HNO_3 = 3\,Cu(NO_3)_2 + 6\,H$$

Kupfer + Salpetersäure = Salpetersaures + Wasserstoff
Kupfer

$$Ag + HNO_3 = AgNO_3 + H$$

Silber + Salpetersäure = Salpetersaures + Wasserstoff
Silber

Durch die chemische Umsetzung hat sich also in beiden Fällen das Metall mit der Atomgruppe NO_3, dem sogenannten Salpetersäurerest, verbunden, und der Wasserstoff der Salpetersäure ist entwichen. Die Umsetzung erklären wir dadurch, daß die Metalle eine größere chemische Verwandtschaft zur NO_3-

Gruppe besitzen als der Wasserstoff. Demnach ist die chemische Verwandtschaft oder Affinität das Bestreben der Elemente, sich miteinander stofflich zu verbinden.

B. Weitere Versuche über Affinität.

a) Halten wir jetzt in die Kupferlösung ein Stück Eisen, so löst sich letzteres allmählich auf, während das Kupfer sich ausscheidet; aus salpetersaurem Kupfer und Eisen entsteht salpetersaures Eisen und Kupfer.

b) Wird ebenso ein Stück Kupfer in die Silberlösung gehalten, so scheidet sich das Silber aus, das Kupfer geht in Lösung; aus salpetersaurem Silber und Kupfer entsteht salpetersaures Kupfer und Silber. Der Salpetersäurerest hat demnach eine größere Affinität zum Eisen als zum Kupfer und wiederum eine größere Affinität zum Kupfer als wie zum Silber.

c) Wie allgemein bekannt, halten sich die edlen Metalle gut an der Luft, die unedlen dagegen verändern sich unter atmosphärischen Einflüssen, weil erstere eine geringe, letztere dagegen eine große Affinität zu den Luftbestandteilen haben.

C. Beeinflussung der Affinität durch Licht, Elektrizität und Wärme.

Wesentlich verändert werden die Affinitätseigenschaften durch Licht, Elektrizität und Wärme, durch deren Einfluß man häufig chemische Umsetzungen herbeiführen kann.

a) Durch das Licht wird die photographische Platte und das Lichtpauspapier chemisch verändert; aus den gleichen Gründen „verschießen" die Farben der Tapeten und Kleiderstoffe.

b) Durch die Elektrizität haben wir das Wasser in seine Bestandteile zerlegt.

c) Erwärmen wir in einer Glasretorte (vgl. Abb. 3) rotes Quecksilberoxyd, so zersetzt es sich in Quecksilber und Sauerstoff. $HgO = Hg + O$. Das Quecksilber verdampft und wird an den kühleren Glaswandungen wieder niedergeschlagen. Der entweichende Sauerstoff wird durch einen glimmenden Span nachgewiesen.

D. Wärmetönung.

Fast jede chemische Umsetzung ist mit der Erzeugung oder dem Verbrauch von Wärme verbunden. Die bei Bildung oder Zersetzung eines Mols der betreffenden Verbindung erzeugte oder verbrauchte Wärmemenge pflegt man als

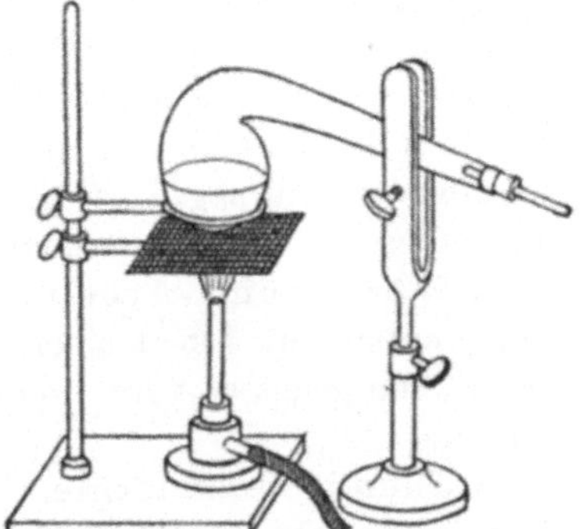

Abb. 3. Sauerstoffgewinnung [1].

positive oder negative Wärmetönung der Verbindung zu bezeichnen. Wir messen die Wärmemengen nach Kalorien.

In der Technik versteht man unter einer Kalorie (große Kalorie oder Kilogrammkalorie) die Wärmemenge, die erforderlich ist, um 1 kg Wasser um 1^{0} C

---

[1] Obige Abbildung sowie Abb. 12, 13 und 27 aus Lubarsch, Technik des Chemischen Unterrichts.

zu erwärmen. Gebräuchliche Abkürzung kcal. Für wissenschaftliche Erörterungen gebraucht man aber noch die kleine oder Grammkalorie, die die entsprechende Wärmemenge für 1 g des betreffenden Stoffes angibt. Abkürzung: cal.

Man pflegt vielfach die Zahl der erzeugten oder verbrauchten cal. in der Umsetzungsgleichung mit anzugeben.

Exothermische Verbindungen haben positive Wärmetönung, z. B. die Wasserbildung aus Wasserstoff und Sauerstoff.

Endothermische Verbindungen haben dagegen negative Wärmetönung, z. B. die Bildung des Jodwasserstoffs aus Jod und Wasserstoff.

E. Wärmekapazität und spezifische Wärme.

In der Physik versteht man unter der Wärmekapazität die Wärmemenge in Kalorien, die erforderlich ist, um die Temperatur von 1 kg eines Körpers um 1^0 C zu erhöhen. Die spezifische Wärme eines Körpers ist das Verhältnis seiner Wärmekapazität zu der des Wassers bei 15^0 C.

F. Atom- und Molekularwärme.

Nach dem Gesetz von Dulong und Petit ist für die meisten Elemente das Produkt aus Atomgewicht und spezifischer Wärme, die sogenannte Atomwärme, konstant gleich 6,4.

Ferner ist nach dem Gesetz von Kopp und Neumann die Molekularwärme fester Verbindungen gleich der spezifischen Wärme mal dem Molekulargewicht oder gleich der Summe der Atomwärmen der im Molekül des betreffenden Körpers enthaltenen Atome.

10. Energiegesetz.

a) Begriff der Energie. Wenn wir eine gewisse Menge Wasser elektrolytisch zerlegt haben, so müßte es bei geeigneten Apparaten möglich sein, die bei der Wiedervereinigung von Wasserstoff und Sauerstoff entstehende Wärmemenge zum Betrieb eines Motors nutzbar zu machen, der mechanische Arbeit leistet, oder, wie wir zu sagen pflegen, die chemische Affinität zwischen Wasserstoff und Sauerstoff wird in mechanischer Energie [1] umgesetzt.

b) Wärme und Arbeit. Nach den Untersuchungen von Robert Maier (1842) entspricht 1 kcal einer mechanischen Energie [2] von 427 mkg, also der Arbeit, die geleistet wird, wenn 1 kg um 427 m oder 427 kg um 1 m gehoben werden.

c) Chemische Energie. Die Affinität können wir daher auch als chemische Energie bezeichnen, die den anderen Energieformen (mechanische, elektrische, magnetische Wärme- und Licht-Energie vollkommen entspricht und unter gewissen Voraussetzungen in diese umgesetzt werden kann.

d) Energiegesetz. Nach Maiers Energiegesetz (Gesetz von der Erhaltung der Kraft) wird bei irgendeiner Arbeitsleistung keine Energie vernichtet,

---

[1] Energie ist die Fähigkeit mechanische Arbeit zu leisten bzw. alles was aus mechanischer Arbeit entstehen kann (Wärme, Elektrizität, Licht usw.) oder was umgekehrt in mechanische Arbeit umgewandelt werden kann.

[2] Es ist dies das mechanische Wärmeäquivalent der Wärmeeinheit.

sondern nur in andere Form gebracht; z. B. wird beim Bremsen eines Eisenbahnzuges die geleistete mechanische Energie in Form von Wärme wieder in Erscheinung treten.

e) **Energie-Umwandlung.** Bei der Wasserzersetzung kann z. B. die erforderliche elektrische Energie durch eine Dynamomaschine erzeugt werden, die mit einem Gasmotor unmittelbar gekuppelt ist. Bei der Verbrennung des Leuchtgas-Luft-Gemisches im Zylinder des Motors wird also zunächst kalorische Energie erzeugt, diese setzt sich in mechanische[1], letztere in elektrische um, die ihrerseits bei der Bildung von Wasserstoff und Sauerstoff chemische Energie erzeugt, die bei der Wiedervereinigung beider Bestandteile aufs neue Wärme bildet. Könnten wir die Versuchsanordnungen so treffen, daß bei den einzelnen Umformungen keine Energieverluste entstehen, so müßte die ursprünglich im Gasmotor verbrauchte Wärmemenge gleich der bei der Verbrennung des Wasserstoff-Sauerstoff-Gemisches erhaltenen sein.

f) **Die Sonne als Ursprung aller Energie.** Bei jedem Verbrennungsvorgang findet ein Übergang von chemischer in Wärme-Energie statt, die dann, z. B. in der Dampfmaschinenanlage oder im Gasmotor, in mechanische Energie umgesetzt wird. Als Brennstoff kommen Kohlen oder Erdölbestandteile in Betracht, ferner Holz und Spiritus. Die beiden erstgenannten Stoffe sind durch Vermoderung pflanzlicher bzw. tierischer Stoffe im Erdinnern, unter hohem Druck, durch Einwirkung der Erdwärme entstanden, die bekanntlich der Sonnenwärme entstammt. Ferner ist für die Bildung des Holzes und aller Pflanzen die Sonnenwärme Bedingung, somit auch für die Entstehung des Spiritus, der bekanntlich aus gewissen pflanzlichen Stoffen gewonnen wird. Auf den gleichen Grundursachen beruht auch die Wirkung der Wind- und Wasserkraftmaschinen; denn durch die Sonnenwärme wird das Wasser von den großen Wasserflächen (Meere, Flüsse usw.) zur Verdunstung gebracht und gewissermaßen auf die Berge gehoben, wo es niederschlägt, um dann, zu Tal fließend, durch sein Gefälle zur Krafterzeugung nutzbar gemacht zu werden. Ähnlich können wir den Wind, der zu Kraftzwecken benutzt wird, als eine durch die Sonnenwärme bedingte Erscheinung erklären.

Schließlich müssen auch Menschen und Tiere den durch mechanische Arbeit bedingten Kraftverlust durch die Nahrung ersetzen, deren Entstehen wiederum von der Sonnenwärme abhängig ist.

Es ergibt sich somit die wichtige Tatsache, daß die Ursache aller Energie die Sonnenwärme ist.

g) **Effekt.** Im Anschluß hieran seien noch kurz die in der Technik üblichen Bezeichnungen erwähnt:

Der **Effekt** oder die **Leistung** ist die Arbeit in Meterkilogramm in der Sekunde, und zwar ist:

1 Pferdestärke die Arbeit von 75 mkg in der Sekunde und

1 Kilowatt die Arbeit von 102 mkg in der Sekunde.

Der **Heizwert** ist die Zahl von Kalorien (kcal/kg) die bei der Verbrennung von 1 kg eines Brennstoffs entstehen[2].

---

[1] Nach Carnots Entropiegesetz leistet die Wärme nur dann Arbeit, wenn sie eine absteigende Richtung hat, also von einem wärmeren zu einem kälteren Körper übergeht.

[2] Über oberen und unteren Heizwert vgl. S. 79.

III. Neuzeitliche Ansichten über das Wesen der Stoffe.

11. Vorbemerkung.

Die bisherigen Ausführungen über Atome, Moleküle und Elemente genügen zur Erklärung vieler Vorgänge chemischer Art, die dem Techniker praktisch begegnen. — Zur Ergründung mancher Erscheinungen aus dem Gebiete der Elektrotechnik (Gleichrichter, Rundfunkgeräte) reichen sie aber nicht aus, ebensowenig für die Radioaktivität, die immer größere praktische Bedeutung erlangt.

12. Das natürliche oder periodische System der Elemente.
(Lothar Meyer und Mendelejew 1869.)

A. Grundsätze der Anordnung.

Die Elemente werden nach ihrem Atomgewicht geordnet von links nach rechts in wagerechten Reihen hintereinander geschrieben und mit (hier fett gedruckten) Ordnungszahlen versehen. Nach je 7 Elementen begann zunächst eine neue Reihe, jedoch ergab sich allmählich die Notwendigkeit, mehr Element in eine Reihe zu schreiben. In der neunten Reihe ist die Anzahl der Elemente sogar so groß, daß diejenigen mit den Ordnungszahlen 58—71 wegen Raummangels unter die ganze Tabelle gesetzt wurden.

Die in ein und derselben senkrechten Reihe stehenden Elemente bilden die Gruppen I bis VIII. Die Elemente gleicher Gruppe stimmen in ihren chemischen Eigenschaften vielfach überein.

Die wagerechten Reihen 1 bis 3 bilden die Perioden I bis III. Periode IV besteht aus den Reihen 4 und 5, Periode V aus den Reihen 6 und 7, Periode VI aus den Reihen 8 bis 10 und Periode VII aus Reihe 11.

B. Vorzüge des periodischen Systems.

a) Ähnliche Elemente stehen in der gleichen senkrechten Reihe (Gruppe).

b) Einige Plätze im System mußten ursprünglich frei gelassen werden, damit das folgende Element in die Gruppe der ihm verwandten Grundstoffe kam. Man konnte so die Entdeckung noch fehlender Elemente voraussagen. Dies traf z. B. für das von Rayleigh 1892 in der Luft entdeckte Element Argon zu, dem bald die andere Edelgase der Luft (Helium Neon, Krypton, Xenon) folgten. — Von den 92 nach dem periodischen System möglichen Elementen sind bis jetzt alle entdeckt worden, außer derjenigen mit den Ordnungszahlen 43, 61, 75 und 87.

c) Die außerordentliche Mannigfaltigkeit der Eigenschaften der Atome, die im periodischen System besonders klar in Erscheinung tritt, ließ bereits frühzeitig vermuten, daß die Atome keine unteilbaren Einheiten sind.

13. Elektronen, Ionen und Quanten.

A. Elektronen.

Springt ein hochgespannter elektrischer Strom zwischen den metallischen Stromzuführungen (Elektroden, unterschieden als positive Anode und negative

Nr. der Periode und Zahl der Elemente	Reihe	Gruppe I a	Gruppe I b	Gruppe II a	Gruppe II b	Gruppe III a	Gruppe III b	Gruppe IV a	Gruppe IV b	Gruppe V a	Gruppe V b	Gruppe VI a	Gruppe VI b	Gruppe VII a	Gruppe VII b	Gruppe VIII	O
I	1	1 H 1·008															2 He 4·002
II	2	3 Li 6 940			4 Be 9·02		5 B 10·82		6 C 12·000		7 N 14·008		8 O 16·000		9 F 19·00		10 Ne 20·18
III	3	11 Na 22·997			12 Mg 24·32		13 Al 26·97		14 Si 28·06		15 P 31·02		16 S 32·06		17 Cl 35·457		18 Ar 39·94
IV	4	19 K 39·104		20 Ca 40·07		21 Sc 45 10		22 Ti 47 90		23 V 50·95		24 Cr 52·01		25 Mn 54·93			26 Fe 27 Co 28 Ni 55·84 58·94 58·69	
	5		29 Cu 63·57		30 Zn 65·37		31 Ga 69·72		32 Ge 72·60		33 As 74·96		34 Se 79·2		35 Br 79·916		36 Kr 82·9
V	6	37 Rb 85·45		38 Sr 87·63		39 Y 88·93		40 Zr 91·22		41 Nb 93·5		42 Mo 96·0		43			44 Ru 45 Rh 46 Pd 101·7 102·9 106·7	
	7		47 Ag 107·88		48 Cd 112·41		49 In 114·8		50 Sn 118·70		51 Sb 121·76		52 Te 127·5		53 J 126·92		54 X 130·2
VI	8	55 Cs 132·81		56 Ba 137·36		57 La 138·90												
	9					58—71 Selt. Erd.[1]		72 Hf 178·6		73 Ta 181·5		74 W 184·0		75			76 Os 77 Ir Pt 78 190·9 193·1 195·23	
	10		79 Au 197·2		80 Hg 200·61		81 Tl 204·39		82 Pb 207·21		83 Bi 209·00		84 Po (210·0)		85—		86 Em 222
VII	11	87 —		88 Ra 225·97		89 Ac (227)		90 Th 232·12		91 Pa (231)		92 U 238·14						

[1] Seltene Erden

58 Ce 140·13	59 Pr 140·92	60 Nd 144·27	61 —	62 Sm 150·43	63 Eu 152·0	64 Gd 157·3	65 Tb 159·2	66 Dy 162·46	67 Ho 163·5	68 Er 167·64	69 Tu 169·4	70 Yb 173·5	71 Cp 175·0

Kathode) in einer stark luftverdünnten Glasröhre über, so gehen von der Kathode eigenartige Strahlen aus, die **Kathodenstrahlen** (Lenard). Fallen diese Kathodenstrahlen auf einer der Kathode gegenüber gestellte Metallplatte, so entstehen die **Röntgenstrahlen.**

Die Kathodenstrahlen lassen das Glas grün aufleuchten, was zu der Annahme führte, daß diese Strahlen aus einer großen Zahl elektrisch geladener Masseteilchen bestehen, die sich mit außerordentlicher Geschwindigkeit bewegen.

Die Masseteilchen, die die Kathodenstrahlen bilden, bezeichnet man als Elektronen oder negativ geladene Elektrizitätsatome.

Die stoffliche Auffassung der Elektrizität stammt schon von Helmholtz. — Die Masse eines Elektrons wurde als der 1840te Teil eines Wasserstoffatoms gemessen; sie ändert sich aber innerhalb gewisser Grenzen mit der Geschwindigkeit.

B. Ionen.

Beim Auftreffen auf andere Stoffe bewirken die Elektronen die elektrische Ladung der Atome bzw. Moleküle dieser Stoffe.

Die Ionen sind die elektrisch geladenen Atome oder Moleküle eines Stoffes, die man als Anionen und Kathionen unterscheidet, je nachdem sie positiv oder negativ geladen sind.

Stoffe, die auf diese Weise elektrisch geladen worden sind, bezeichnet man als **ionisiert.** Die ionisierten Gase enthalten **Gas-Ionen.** Die ionisierte Luft leitet den elektrischen Strom. Die in Lösung befindlichen Ionen heißen **Elektrolyt-Ionen** (vgl. Lösungsvorgänge und Elektrolyse).

C. Quanten.

Das negative Elektron ist die kleinste Elektrizitätsmenge oder das kleinste Elementarquantum, das Energie hervorruft.

Die Quanten sind somit die kleinsten Energiemengen, die an die Stoffe verteilt sind. (Planck.)

14. Radioaktivität.

A. Strahlungserscheinungen der Mineralien.

Die Uranpechblende und andere Mineralien senden Strahlen aus, die den Kathodenstrahlen ähnliche Eigenschaften haben (Becquerel). Dies führte (Curie) zur Entdeckung des aus der Uranpechblende gewonnenen neuen Elementes **Radium,** das besonders stark solche Strahlen aussendet. Die Untersuchung (Rutherford) ergab, daß es sich hierbei um drei Arten von Strahlen handelt, von denen die α-Strahlen und β-Strahlen nach entgegengesetzten Richtungen und die γ-Strahlen überhaupt nicht durch den Magneten abgelenkt werden. Die erste Art wurde daher als aus positiv, die zweite Art als aus negativ geladenen Teilchen bestehend erkannt. — Bei dieser Ausstrahlung findet eine bedeutende Wärmeabgabe statt. Ein Gramm Radium liefert in der Stunde etwa 130 Kalorien und zerfällt dabei allmählich in die Elemente Helium und Emanation.

B. Begriff der Radioaktivität.

Die Eigenschaft gewisser Elemente und deren Verbindungen unter Aussendung von Strahlen neue Elemente zu bilden nennt man Radioaktivität. Außer dem Radium selbst, sind z. B. Thorium und Blei radioaktiv. Die ausgesandten Strahlen, die eine Geschwindigkeit von bis zu 10000 km/s besitzen, bringen einen Schirm mit kristallisiertem Zinksulfid zum Leuchten.

Die im Dunkeln leuchtenden Flächen der Leuchtuhren und Leuchtkompasse enthalten deswegen ein Gemisch von Zinksulfid und kleinen Mengen radioaktiver Stoffe.

C. Halbwertszeit.

Im Laufe der Zeit nimmt die Radioaktivität eines Stoffes nur äußerst, ja kaum merklich ab. Man hat z. B. berechnet, daß das Radium nach 1580 Jahren erst die Hälfte seiner Radioaktivität verloren hat. Diese Zahl von Jahren nennt man die Halbwertszeit des Radiums.

D. Aufbau des Atoms.

Der Widerspruch zwischen der dauernden starken Wärmeabgabe des Radiums mit dem Energiegesetz führte Rutherford und Bohr 1911 bzw. 1913 zur Annahme, daß das Atom allmählich zerfällt. Für den Aufbau der Atome gaben sie folgende Erklärung:

Jedes Atom besteht aus einem positiv geladenen Atomkern von sehr kleinem Volumen (Durchmesser etwa 0,000000001 Mikron, 1 Mikron = 0,001 mm), um den ähnlich den Planeten um die Sonne, Elektronen kreisen, die negativ geladen sind.

Nach dieser Annahme hat der Wasserstoff einen Kern mit einem Elektron, das Lithium-Atom und die der anderen zur Periode II des periodischen Systems gehörigen Elemente einen Doppelkern mit zwei Elektronen in der inneren und einem in der äußeren Schale usw.

E. Größe und Zahl der Atome und Moleküle.

Unter dem Mikroskop erkennt man nur die einzelnen Lichtblitze bei dem jedesmaligen Zerfall einer gewissen Menge Radium in Helium und Emanation. Aus der Zahl der in einem gewissen Zeitabschnitt erfolgenden Blitze und der sich dabei ergebenden Menge Helium hat man berechnet, daß ein Mol = 4 g Helium (dessen Atomgewicht bekanntlich 4 ist) $6,1 \cdot 10^{23}$ Moleküle enthält.

IV. Luft und Wasser.

15. Luftbestandteile.

A. Die prozentische Zusammensetzung der Luft.

Luft und Wasser sind die notwendigsten Grundbedingungen für das Bestehen aller Lebewesen.

Die Luft ist das mechanische Gemenge verschiedener Gase und Dämpfe. Ihr durchschnittliches Verhältnis in Gewichtsprozenten ist das folgende:

$$76,29\% \text{ Stickstoff (N)},$$
$$22,84\% \text{ Sauerstoff (O)},$$
$$0,05\% \text{ Kohlendioxyd } (CO_2),$$
$$0,82\% \text{ Wasserdampf } (H_2O).$$

Unberücksichtigt sind hierbei die in sehr kleinen Mengen in der Luft enthaltenen Edelgase, nämlich Argon, Helium, Krypton, Neon und Xenon; ferner sind Ammoniak NH_3 und Salpetersäure HNO_3 sowie die bei deren Umsetzung entstehenden Stoffe, die in der Luft ebenfalls nur in sehr geringer Menge enthalten, hier nicht mit aufgeführt worden. Das Helium, das, wie erwähnt, auch beim Zerfall des Radiums entsteht, ist ein farbloses Gas, das nicht brennt und außerordentlich leicht ist. Bei 15^0 C und 1 at wiegt 1 m³ Helium 0,177 kg. Es wird deswegen zur Füllung von Luftschiffen gebraucht. Auch bei gewissen Thermometern findet es Verwendung. Das Neon dient neuerdings zur Füllung elektrischer Lampen.

B. Untersuchung der Zusammensetzung der Luft.

1. Kohlendioxyd und Wasserdampf. Zur Bestimmung von Kohlendioxyd und Wasserdampf dient nebenstehender Apparat (Abb. 4). In den u-förmigen Röhren A und B befindet sich Chlorkalzium $CaCl_2$, das zur Absorption [1] des Wasserdampfes dient, die Röhren C, D, E enthalten festes Ätzkali KOH, das das Kohlendioxyd bindet. (Das sechste Rohr F, das ebenfalls mit $CaCl_2$ gefüllt ist, dient nur zur Aufsaugung etwaigen Wasserdampfes, der aus dem Aspirator V entweicht.) Um nun die Luft durch die Absorptionsröhren zu saugen, bedient man sich des Saugapparates oder Aspirators V, eines

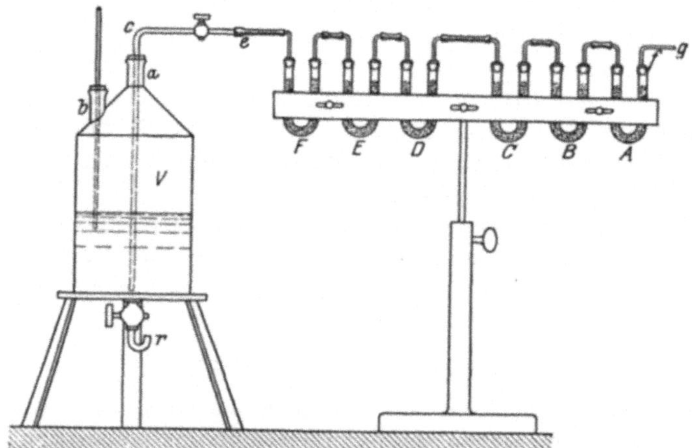

Abb. 4. Luftuntersuchung (Kohlendioxyd, Wasserdampf).

Behälters aus Zinkblech von 50 l Fassungsvermögen, der mit Wasser gefüllt ist, dessen Temperatur durch das bei b eingeführte Thermometer gemessen wird. Öffnet man nun den Hahn r, so tritt das Wasser aus, und die zu untersuchende Luft wird dann durch die Röhren A bis F gesaugt. Die verbrauchte Luftmenge ergibt sich aus derjenigen des ausgeflossenen Wassers unter Berücksichtigung der Temperatur, die darin enthaltene Menge Wasserdampf bzw. Kohlendioxyd aus der Gewichtszunahme der u-förmigen Röhren A, B bzw. C, D und E.

2. Stickstoff und Sauerstoff. Zur Bestimmung des Stickstoffs (bzw. des Sauerstoffs) dient der in Abb. 5 dargestellte Apparat. In der Kochflasche A befindet sich oberhalb des Wassers genau 1 l Luft, die durch langsames Eingießen von weiterem Wasser in die mit B bis E bezeichneten Teile des Apparates getrieben wird. Die Waschflasche B ist mit Kalilauge (Ätzkali KOH in Wasser gelöst) gefüllt, die das Kohlendioxyd bindet, der Turm C mit Chlorkalzium zur Aufsaugung des Wassergehaltes. Das Rohr D aus schwer schmelzbarem Glas, das

---

[1] Absorption bedeutet Aufsaugung bzw. Lösung.

mit Kupferspänen gefüllt und bei Ausführung des Versuchs durch Brenner erhitzt wird, dient zur Abscheidung des Sauerstoffs, der sich mit dem Kupfer zu Kupferoxyd verbindet. Der nunmehr allein übrigbleibende Stickstoff sammelt sich im Zylinder E, aus dem er das Wasser verdrängt, das zum hydraulischen Abschluß dient. Die Raummenge des erhaltenen Stickstoffs läßt sich durch die Strichmaße des Zylinders leicht ermitteln und daraus die Menge des Stickstoffs in Gewichtsprozenten durch Multiplikation des Volumens mit dem spezifischen Gewicht des Stickstoffs (0,97 kg/dm³). Mittelbar kann man jetzt den Prozentgehalt des Sauerstoffs feststellen, indem man den Prozentgehalt an Wasserdampf, Kohlendioxyd und Stickstoff von 100 abzieht. Mittels Phosphors und unter gewissen Verhältnissen auch mit Pyrogallol kann man den Sauerstoffgehalt der Luft unmittelbar bestimmen (Pyrogallollösung saugt den Sauerstoff auf).

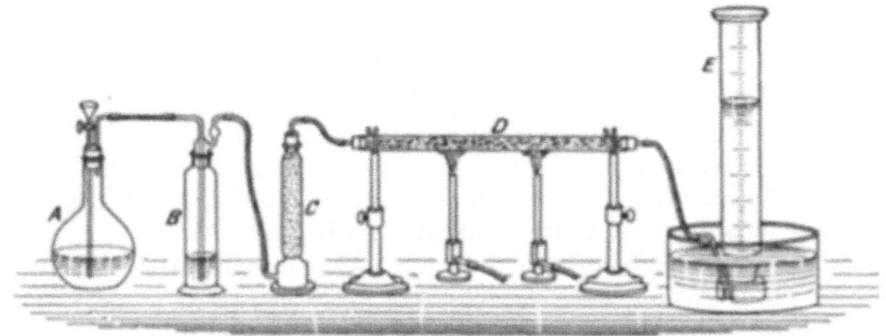

Abb. 5.   Luftuntersuchung [1] (Sauerstoff, Stickstoff).

C. Die Bedeutung der einzelnen Luftbestandteile.

Was nun die einzelnen Luftbestandteile anbetrifft, so ist der Sauerstoff am wichtigsten, weil er, wie wir später sehen werden, Atmung und Verbrennung unterhält, während der Stickstoff (daher der Name) gerade die entgegengesetzten Eigenschaften hat. Aus dem Luftstickstoff wird in den chemischen Fabriken Salpetersäure, Ammoniak und Kalkstickstoff hergestellt. Das Kohlendioxyd entsteht bei der Atmung, Verbrennung und Gärung, der Wasserdampf schließlich bei der Verdunstung des Wassers. Daher wird der Kohlendioxydgehalt der Luft in dicht bevölkerten Fabrikstädten besonders groß sein, die Wasserdampfmenge in der Nähe großer Wasserflächen (Meeresstrand). Das dort durch die Verdunstung (Nebel, Wolken) aufsteigende Wasser wird im Gebirge niedergeschlagen und macht den bekannten Kreislauf: Quelle, Bach, Fluß, Meer. Je tiefer das Wasser ins Erdinnere eindringt, um so wärmer tritt es wieder zutage (Quellen in Aachen 75° und in Wiesbaden 69°).

16. Natürliche Wasserarten.

1. Regen-, Quell- und Grundwasser. Während das Regenwasser fast chemisch rein ist, denn es enthält nur Luftbestandteile gelöst, sind im Quell- und Grundwasser die wasserlöslichen Bestandteile des durchflossenen

---

[1] Obige Abbildung sowie Abb. 16, 19—21, 25, 26, 28—31, 34, 36, 51 und 66 aus Ochs, Einführung in die Chemie.

Erdbodens enthalten. (Grundwasser ist das durch porösen Boden gesickerte Wasser, das sich auf undurchlässigen Stein- oder Tonschichten ansammelt; es ist meistens keimfrei.) Je nach der Natur der gelösten Salze führt das Wasser verschiedene Namen: Hartes Wasser ist reich, weiches Wasser dagegen arm an Kalzium- und Magnesiumsalzen, Solwasser enthält Kochsalz, im Sauerwasser ist Kohlendioxyd und im Stahlwasser finden sich gewisse Eisenverbindungen.

2. Flußwasser. Das Flußwasser endlich enthält außer den mineralischen, auch organische Verunreinigungen, bedingt durch die einmündenden Schmutzwasserkanäle, Notauslässe usw. Diese Beimengungen treten besonders in Form von Keimen (Bakterien) in Erscheinung, die als zum Teil sehr gefährliche Erreger ansteckender Krankheiten besondere Vorsichtsmaßregeln erfordern.

17. Lösungsvorgänge.

A. Auflösung fester Stoffe in Flüssigkeiten.

1. **Lösungswärme.** Die Lösung eines festen Stoffes in einer Flüssigkeit erfolgt im allgemeinen immer unter Wärmeaufwand. In manchen Fällen braucht die Wärme nicht zugeführt zu werden, sie wird der Flüssigkeit selbst entzogen, die sich dadurch abkühlt, z. B. Rhodankalium im Wasser. Mischt man irgendein wasserlösliches Salz mit Schnee, so wird letzterer zum Teil verflüssigt, und die hierzu verbrauchte Wärme hat eine weitere Temperaturerniedrigung des Gemenges zur Folge, wir haben es mit einer Kältemischung zu tun.

2. **Abhängigkeit der Menge des gelösten Stoffes von der Temperatur.** Bei jeder Temperatur ist nur eine gewisse Menge eines festen Stoffes in Wasser löslich. Bei der gesättigten oder konzentrierten Lösung vermag das Wasser keine weiteren Stoffmengen mehr aufzulösen, im Gegensatz zur ungesättigten oder verdünnten Lösung.

3. **Niederschlag.** Ist ein Stoff in Wasser unlöslich, so setzt er sich als Niederschlag zu Boden, z. B. das kohlensaure Kalzium $CaCO_3$.

4. **Eutektikum.** Beim Abkühlen einer verdünnten Lösung, z. B. von Kochsalz in Wasser scheidet sich zuerst das Lösungsmittel, also das Wasser, in fester Form ab, so daß die Lösung immer gesättigter wird. Erst von einer bestimmten Temperatur an scheiden sich das Lösungsmittel und der gelöste Stoff, also Wasser und Kochsalz, gleichzeitig ab. In diesem Zustand nennen wir die Lösung eine eutektische Lösung oder auch Eutektikum. — Bei der Abkühlung einer gesättigten Lösung dagegen, scheidet sich erst der gelöste Stoff ab, wodurch die Lösung immer ungesättigter wird, bis bei Erreichung des Eutektikums sich beide Bestandteile wieder gleichzeitig abscheiden. Die Temperatur bei der die eutektische Lösung erreicht wird, nennt man auch den eutektischen Punkt.

Das Eutektikum ist also eine Lösung, die ohne Änderung ihrer Zusammensetzung erstarrt.

Beim Legieren von Metallen pflegt man vielfach das eine erst einzuschmelzen und das andere dann darin aufzulösen, wenn die Legierung dann so beschaffen ist, daß sie ohne Änderung der Zusammensetzung erstarrt, so liegt eine eutektische Mischung der Metalle oder ein Eutektikum vor.

Zur bildlichen Darstellung dieser Erscheinung trägt man auf der y-Achse eines rechtwinkligen Koordinatensystems die Temperaturen und auf der x-Achse den Prozentgehalt einer Kochsalzlösung auf. Abb. 6 läßt deutlich erkennen, wie mit abnehmender Temperatur die Konzentration der gesättigten Lösung abnimmt,

dagegen diejenige der ungesättigten steigt bis zur Erreichung des eutektischen Punktes bei —22°, der einem Gehalt von 23,5% entspricht.

5. Erklärung des Lösungsvorgangs. Die in der wäßrigen Lösung befindlichen Moleküle sind in Ionen gespalten, also z. B. das Kochsalz NaCl in Na-Ionen und Cl-Ionen, oder das Kupfersulfat $CuSO_4$ in Cu-Ionen und SO_4-Ionen. Der feste Stoff löst sich so lange auf, bis der Druck der bereits in Lösung befindlichen Ionen (vgl. weiter unten bei osmotischem Druck) gleich seinem eigenen Lösungsdruck ist.

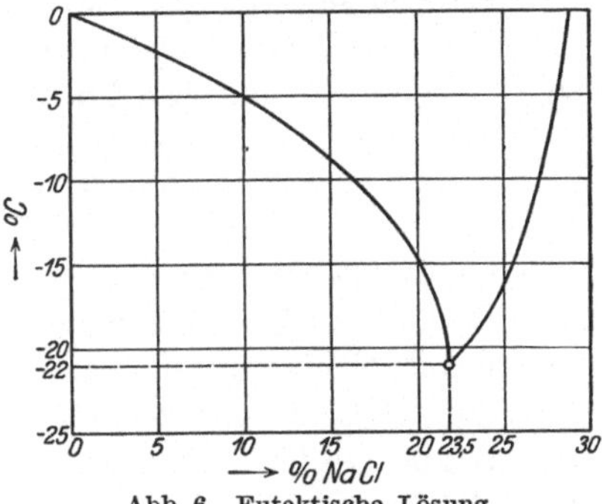

Abb. 6. Eutektische Lösung.

6. Physikalische und chemische Lösungsvorgänge. Beim physikalischen Lösungsvorgang findet keine chemische Umsetzung zwischen dem Lösungsmittel und dem gelösten festen Stoff statt, im Gegensatz zum chemischen Lösungsvorgang.

Die Auflösung von Kochsalz in Wasser ist ein physikalischer Lösungsvorgang, weil beim Eindampfen des Lösungsmittels schließlich der ursprünglich gelöste Körper, das Kochsalz, zurückbleibt. — Dagegen ist die Auflösung von Kupfer in Salpetersäure ein chemischer Lösungsvorgang, weil hier beim Eindampfen schließlich nicht das Kupfer, sondern das durch chemische Umsetzung entstandene Kupfernitrat zurückbleibt.

7. Osmose (Pfeffer 1877). Ein breites Glasrohr, das unten durch eine Schweinsblase verschlossen und mit einer Kupfersulfatlösung gefüllt ist, wird in Wasser getaucht. Der nun erfolgende gegenseitige Austausch der Flüssigkeiten durch die poröse Scheidewand, die Osmose genannt, erfolgt derartig, daß das Wasser leichter in das Rohr eintritt, als die Kupfersulfatlösung sich in umgekehrter Richtung bewegt, so daß die Flüssigkeit im Rohr steigt, weil die Poren den Flüssigkeitsdruck nicht nach außen wirken lassen. Ist die Scheidewand für die eine Flüssigkeit ganz undurchlässig (semipermeabel), so steigt die andere Flüssigkeit bis zur Erreichung eines Höchstwertes, dem osmotischen Druck, der vom Sättigungsgrad und der Temperatur abhängt.

8. Physikalische Lösungsmittel, außer Wasser. Auch andere Flüssigkeiten, wie das Wasser, vermögen physikalische Lösungsvorgänge zu bewirken, z. B. Alkohol, Äther, Erdölbestandteile (Benzin), Benzol, Terpentin, Glyzerin, Schwefelkohlenstoff u. a. m.[1]

9. Suspension. In der Technik gebraucht man mitunter den Ausdruck „Lösung", wo eine solche gar nicht vorliegt. Wir sagen z. B., Mennige wird zu Anstrichfarben in Leinöl gelöst; in Wirklichkeit ist die Mennige nur im Leinöl fein verteilt. Diese Erscheinung wäre richtiger als „Suspension" zu bezeichnen.

10. Ausscheidung amorpher und kristallisierter Körper aus Lösungen. Läßt man eine unverdünnte Lösung rasch erkalten, so scheiden sich die Stoffe in

---

[1] Durch Auflösen fester Stoffe steigen spez. Gewicht und Siedepunkt der Flüssigkeiten.

amorpher Form, d. h. in unregelmäßiger Gestalt aus, beim langsamen Erkalten bilden sich dagegen Kristalle von bestimmter gesetzmäßiger Gestalt (z. B. Kandis- zucker und Streuzucker). Die kristallisierten Körper sind im allgemeinen reiner und spezifisch schwerer als die amorphen.

In vielen Fällen haben die aus Wasser kristallisierten Salze eine bestimmte Menge Wasser an das Molekül gebunden; z. B.

$$\text{Soda} \quad \ldots \ldots \ldots \quad Na_2CO_3 + 10\,H_2O,$$
$$\text{Kupfervitriol} \quad \ldots \ldots \quad CuSO_4 + 5\,H_2O,$$
$$\text{Kalialaun} \quad \ldots \ldots \quad KAl(SO_4)_2 + 12\,H_2O.$$

Dieses Kristallwasser ist mitunter von kennzeichnendem Einfluß auf die physikalischen Eigenschaften des Stoffes. Treibt man z. B. aus dem Kupfer- vitriol durch Erhitzen das Wasser aus, so geht die blaue Farbe in weiß über.

11. Verwitternde und zerfließende Kristalle. Auch beim Liegen an der Luft verlieren die Kupfervitriolkristalle nach und nach zum Teil ihr Kristallwasser, ändern die Farbe und zerbröckeln schließlich. Diese auch bei anderen Kristallen auftretende Erscheinung bezeichnen wir als „Verwittern". Im Gegensatz hierzu steht die „Hygroskopizität" (Wasseranziehung), d. i. die Eigenschaft vieler Stoffe (Chlorkalzium, Chilesalpeter), aus der Luft Feuchtigkeit anzuziehen.

B. Auflösung von Flüssigkeiten in Flüssigkeiten.

Manche Flüssigkeiten vermögen einander glatt aufzulösen, z. B. Alkohol in Wasser, dagegen löst sich Öl nicht im Wasser, sondern schwimmt auf diesem als spezifisch leichtere Flüssigkeit. Beim Schütteln bilden beide vorübergehend ein einheitliches Gebilde von milchiger Trübung; bald aber trennen sich die Bestandteile wieder. Man nennt diesen Mischungszustand eine „Emulsion". Unter gewissen Verhältnissen kann die Emulsion auch von dauerndem Bestande sein, z. B. bei den Mischungen von Seifenlösung und Schmieröl, die bei der Bohrmaschine gebraucht werden.

C. Auflösung von Gasen in Flüssigkeiten (Absorption).

Schließlich haben die Flüssigkeiten, namentlich das Wasser, ein mehr oder minder großes Lösungsvermögen für Gase, besonders bei niedriger Temperatur. Durch die Aufnahme größerer Mengen von Gasen wird das spezifische Gewicht des Wassers erniedrigt.

D. Auflösung (Okklusion) von Gasen in festen Körpern.

Viele poröse Körper, wie Platinschwamm, Metalloxyde, saugen große Mengen von Gasen auf, zum Teil unter starker Erwärmung. Geschieht dies gleichzeitig mit verschiedenen Gasen, so tritt dabei mitunter eine chemische Um- setzung durch Kontaktwirkung ein und die poröse Masse heißt dann Kontaktsubstanz (Kontakt bedeutet Berührung).

E. Entfernung der gelösten Bestandteile aus einer Flüssigkeit.

Wollen wir nun umgekehrt das Wasser von allen gelösten Stoffen befreien, so müssen wir es zum Sieden bringen und den entstehenden Dampf durch Ab- kühlen verdichten (kondensieren).

Das Kondenswasser unserer Dampfanlagen stellt also ein derartig reines oder, wie wir zu sagen pflegen, „destilliertes Wasser" dar, das zum Nachfüllen der Akkumulatoren, sehr gut verwendet werden kann [1], ebenso zum Auflösen von Salzen usw.

Die Bezeichnung „destilliertes Wasser" stammt von Liebig (1803—1873), der seinen Destillationsapparat, wohl auch Kühler genannt, zuerst zum Herstellen von reinem Wasser gebrauchte. Die Einrichtung (vgl. Abb. 7) besteht aus dem Glaskolben a, in dem das zu reinigende Wasser erhitzt wird. Der Dampf geht durch das innere Rohr des Kühlers (derselbe besteht aus zwei konzentrischen Rohren), während durch das äußere, mittelst der Schläuche c und d kaltes Wasser zu- und abfließt. Hierdurch

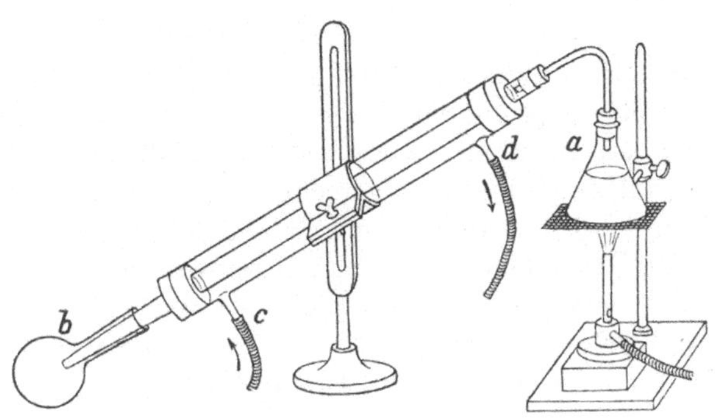

Abb. 7. Liebigs Kühler.

wird der Dampf verdichtet, und das reine Wasser sammelt sich dann in der Vorlage b.

In ganz entsprechender Weise kann durch Destillation jede Flüssigkeit gereinigt werden, die ohne chemische Zersetzung siedet. Abb. 8 zeigt eine zu Betriebszwecken eingerichtete Destillationsanlage. Auf Seeschiffen, die für so lange Zeit keinen Hafen anlaufen, daß die mitgenommenen Wasservorräte nicht ausreichen, ist man gezwungen, Seewasser zu Genußzwecken zu destillieren. Infolge des gänzlichen Fehlens von Salzen

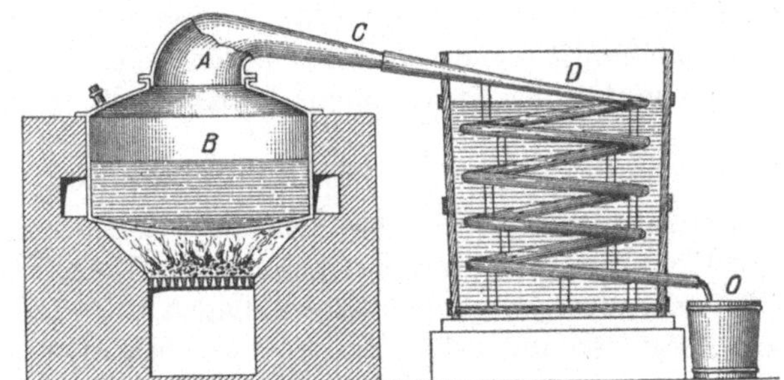

Abb. 8. Wasserdestillation.

schmeckt aber das destillierte Wasser schal (wie Regenwasser), so daß es sich ohne irgendwelche nachträglichen Zusätze zum Trinken wenig eignet.

18. Aufbereitung des Trinkwassers.

A. Quellwasser.

Für gewöhnliche Verhältnisse kommen für Genußzwecke nur Quell- und Grundwasser in Betracht und bei Mangel an diesen das gereinigte Flußwasser.

Das Quellwasser gewinnt man durch Fassen (Ummauern) der Quelle (Brunnenstube, Wasserschloß). Den gleichen Zweck erfüllen die Talsperren, die man zur Trinkwassergewinnung vielfach verwendet, indem man ein Tal, in dem sich das Wasser eines großen Niederschlagsgebietes sammelt, durch eine Sperrmauer von entsprechenden Größenverhältnissen abschließt, hinter der sich die Wasser-

---

[1] Voraussetzung ist ein ölfreies Kondensat.

massen sammeln. Bei genügend hohem Wasserstand kann man den Höhenunterschied zur Talsohle in Wasserkraftmaschinen, die mit Dynamos gekuppelt sind, zur Erzeugung elektrischer Energie ausnutzen. Dies geschieht z. B. bei der Edertalsperre, die 202 000 000 m³ Fassungsvermögen hat.

B. Grundwasser.

Das Grundwasser wird durch Brunnenanlagen gewonnen. Der Schacht (senkrechter Brunnenteil) wird an einer möglichst tiefen Stelle des Geländes angelegt, um alles zu Tal fließende Wasser abfangen zu können. Der Stollen (beinahe wagerechter Brunnenteil, aber mit etwas Neigung zum Schacht), wird so angeordnet, daß er zu den weiter gelegenen Wasseradern führt. Um den Zusammenhang zweier Grundwasserströme ermitteln zu können, benutzt man Fluoreszeïn, einen Teerfarbstoff, der auch noch in äußerst verdünnter Lösung durch die Eigenschaft des Fluoreszierens in Erscheinung tritt, d. h. er zeigt im auffallenden und durchfallenden Licht verschiedene Farben.

C. Flußwasser.

Ist man gezwungen, Flußwasser zu verwenden, so wird es, um es in möglichst reinem Zustande zu erhalten, oberhalb der Stadt und tunlichst in der Mitte des Flusses, wo die Strömung am stärksten ist, geschöpft und durch Sand- und Kiesfilter gereinigt, wodurch der Bakteriengehalt bis auf 60—100 Keime im Kubikzentimeter verringert wird. Das so gereinigte Wasser kann ohne Bedenken zu Trinkzwecken benutzt werden; allerdings erfordert aber jede derartige Anlage eine ständige bakteriologische Kontrolle (mikroskopische Untersuchung)[1].

D. Fabrikwasser.

Für Fabrikzwecke ist das Leitungswasser meistens zu teuer. Sofern die Möglichkeit bzw. die Berechtigung zur Wasserentnahme aus dem Flußlauf nicht vorhanden ist, sind Brunnenanlagen erforderlich. Für die Kesselspeisung (vgl. S. 86) ist auf jeden Fall für weiches Wasser zu sorgen.

E. Zweck der Hochdruckbehälter.

Während das durch Quellfassungen und Talsperren gewonnene Wasser meistens genügend Druck hat, um durch die Rohrleitungen bis in die höchst gelegenen Wohnungen der Stadt gelangen zu können, ist bei Brunnen- und Flußwasseranlagen die Errichtung von Hochdruckbehältern erforderlich, auf die das Wasser gepumpt wird. Der große Fassungsraum dieser Behälter dient zum Ausgleich bei ausnahmweise starkem Wasserverbrauch.

F. Werkstoffe für Leitungsrohre.

Für die Leitungen kommen Guß- und Schmiedeeisenrohre in Betracht. Gußeisenrohre haben geringe Bruchfestigkeit, rosten aber schwer bei längerem Leerstehen. Schmiedeeisenrohre zeigen das umgekehrte Verhalten. Die Hausanschlüsse werden aus Bleirohren hergestellt, die wegen der Giftigkeit des genannten Metalls innen verzinnt sind, neuerdings werden auch Kupferrohre dafür gebraucht.

---

[1] Über Trinkwasserreinigung mit Ozon vgl. S. 34.

G. Täglicher Wasserverbrauch.

Der tägliche Wasserverbrauch beträgt in den deutschen Städten 100 l mindestens im Durchschnitt für den Kopf der Bevölkerung. Die Erhebung des Wassergeldes erfolgt nach dem Stande der Wassermesser, die in den einzelnen Häusern aufgestellt sind.

H. Wassermesser.

Die Einrichtung der Wassermesser beruht darauf, daß das hindurchfließende Wasser ein Flügelrad in Umdrehung setzt. Die Zahl der Umdrehungen wird durch ein Zählwerk angezeigt, das durch entsprechende Eichung den Wasserverbrauch angibt.

19. Abwässer-Reinigung.

Die Beseitigung der Abwässer erfolgt durch Kanäle. Regen- und Schneeabwässer können dem Flußlauf unmittelbar zugeführt werden. Die Hausabwässer bedürfen erst einer besonderen Reinigung in den Klärbecken, ausgemauerten bzw. auszementierten Behältern, in denen die Schmutzstoffe zu Boden sinken und nach Abscheidung zu Düngezwecken verwendet werden, vielfach mit Torf vermischt. Aus den Abwässern kann man auch Fette abscheiden, ferner brennbare Gase, wie Methan CH_4, die wirtschaftlich ausgenutzt werden. Die Reinigung kann auch durch Rieselfelder erfolgen. Es sind dies große Ackerflächen, die durch die Aufsaugung der Schmutzstoffe gedüngt werden, während das gereinigte Wasser abfließt. Die Fabrikabwässer bedürfen je nach Beschaffenheit besonderer Reinigungsverfahren.

20. Darstellung von Sauerstoff O und Wasserstoff H.

A. Vorbemerkung.

Für die Technik spielt das Wasser, außer zur Kesselspeisung, als Kühl-, Reinigungs- und Lösungsmittel eine Rolle, ferner für die elektrolytische Gewinnung von Sauerstoff und Wasserstoff.

Beide Gase kommen in nahtlosen Stahlflaschen aus Mannesmannrohr unter einem Druck von 150 at komprimiert (nicht flüssig) in den Handel. Der Inhalt der Flaschen beträgt meistens 36 l, entsprechend einem Gasgehalt von 5,4 m³ (Flaschen der I. G. Farbenindustrie, Werk Griesheim-Elektron). Zur Unterscheidung der Wasserstoff- und Sauerstoffflaschen (Verwechslungen können leicht zu Unglücksfällen führen) haben erstere am Seitenzapfen der Verschlußventile Linksgewinde, die Sauerstoffflaschen dagegen Rechtsgewinde. Näheres über die Ventile vgl. S. 147. Zur weiteren Unterscheidung erhalten die Wasserstoffflaschen einen roten, die anderen einen blauen Anstrich. Bei den Sauerstoffflaschen ist jede Berührung des Gases mit brennbaren Stoffen (Dichtungsmaterialien, Fett und Öl) zu vermeiden.

B. Die Sauerstoffgewinnung.

Sie erfolgt nach Lindes Verfahren aus flüssiger Luft. Die Wirkung der Lindeschen Luftverflüssigungsmaschine (Abb. 9) beruht auf der Abkühlung, die die Luft beim Ausströmen von einem höheren auf einen niedrigeren Druck, durch

Leistung innerer Arbeit erfährt. Diese Abkühlung beträgt bei gewöhnlicher Temperatur 0,25° C für jede at Druckunterschied.

Die zu verflüssigende Luft muß zunächst vom Wasserdampf durch Chlorkalzium und vom Kohlendioxyd durch Ätzkali befreit werden, weil diese beiden Luftbestandteile bei den niedrigen Temperaturen, die erzeugt werden müssen, in den festen Aggregatzustand übergehend, das Verfahren sehr stören würden. —

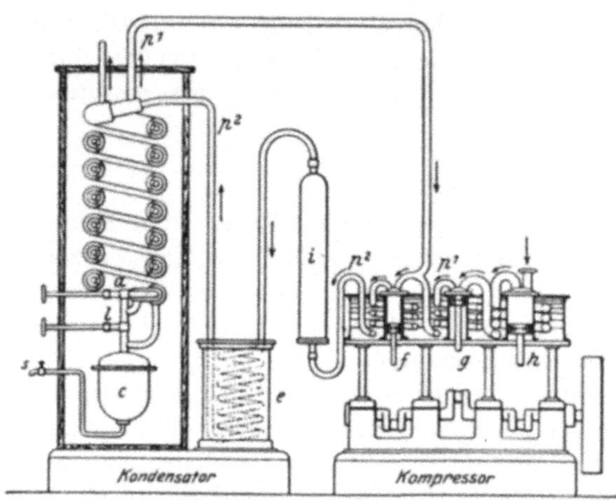

Abb: 9. Luftverflüssigungsmaschine nach Linde.

Die so gereinigte Luft kommt erst in den Kompressor, wo sie zunächst in den beiden Niederdruckzylindern g und h auf 16 at zusammengepreßt und dann wegen der dabei erfolgten Erwärmung in Spiralrohren mit Wasser gekühlt wird. Dann tritt die Luft in den Hochdruckzylinder f, wird hier auf 200 at zusammengepreßt und nach nochmaliger Abkühlung in den Kondensator geleitet, einem zylindrischen Gefäß, das innen drei konzentrische Rohre hat, die spiralförmig gebogen sind. Der Zwischenraum des Gefäßes ist mit einem guten Wärmeschutzstoff (Seide) ausgefüllt. Von oben her tritt nun die auf 200 at zusammengepreßte Luft in das innerste der konzentrischen Spiralrohre ein. Am unteren Ende desselben liegt das Druckreduktionsventil, das den Druck der Luft von 200 auf 16 at vermindert. Bei dieser Ausdehnung tritt eine Temperaturerniedrigung im Kondensator ein und die Luft wird, durch das mittlere Rohr weiterströmend, dem Hochdruckzylinder f wieder zugeführt, hier erneut auf 200 at gebracht, in der gleichen Weise wieder durch den Kondensator geleitet und der Druck von 200 auf 16 at vermindert, wodurch wiederum eine Temperaturerniedrigung eintritt. Dieser gleiche Vorgang wird nun so oft wiederholt, bis die Temperatur im Kondensator auf —200° C gesunken ist. Bei dieser Temperatur wird die Luft flüssig und sammelt sich im Gefäß c. Zur Herstellung von 1 Liter flüssiger Luft sind 500 Liter atmosphärischer Luft erforderlich. — In dem Sammelgefäß c tritt nun eine gewisse Erwärmung ein, wodurch der Stickstoff, der bei —194,4° C siedet, zuerst entweichend durch das äußerste der drei Spiralrohre abgeleitet und mit Kalziumkarbid CaC_2 bei 1000° C in einem Ofen nach dem Verfahren von Frank-Caro (1904) zu Kalkstickstoff $CaCN_2$, einem wichtigen Düngemittel, vereinigt wird. $CaC_2 + N_2 = CaCN_2 + C$.

Der im Gefäß c zurückbleibende, flüssige Sauerstoff siedet bei —182,2° und wird in einen Gasbehälter geleitet, um dann in Stahlflaschen auf 150 at komprimiert zu werden.

Es ist ein weit verbreiteter Irrtum, daß Sauerstoff und Wasserstoff in den Stahlflaschen flüssig wären. Dies ist unmöglich, weil die kritische Temperatur, d. i. der Wärme- oder Kältegrad, über den hinaus erwärmt das betreffende Gas unter keinem Druck ·mehr flüssig ist, für Sauerstoff —119°, für Wasserstoff —243° beträgt, also Temperaturen, wie wir sie nirgends von Natur aus auf der Erde finden.

C. Gefäße für flüssige Luft und flüssigen Sauerstoff.

Zum Befördern der flüssigen Luft dient der Dewarsche Kolben, ein doppelwandiges Glasgefäß, dessen Zwischenraum zum Schutz gegen Wärmeleitung luftleer gepumpt (evakuiert) ist; außerdem wird der Kolben zum Schutze gegen Wärmestrahlung mit einem Silberspiegel belegt.

Die Abb. 10 und 11 zeigen solche Kolben sowie die ganz entsprechenden Versuchsgefäße für flüssige Luft.

Neuerdings bringt die Gesellschaft für Industrieverwertung in Berlin-Britz geeignete Gefäße zum Transport von flüssigem Sauerstoff in den Handel, die eine wesentliche Transportverbilligung bedeuten. Ein solches Gefäß von 15 kg Gewicht enthält die gleiche Menge Sauerstoff, wie vier Stahlflaschen von je 75 kg.

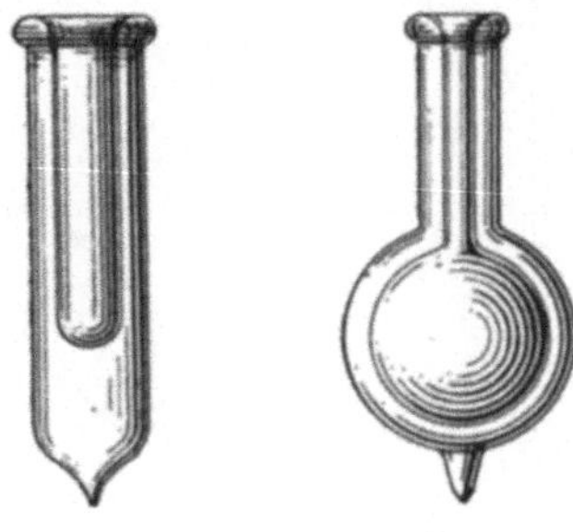

Abb. 10.   Abb. 11.
Gefäße für flüssige Luft.

D. Versuche mit flüssiger Luft.

Die meisten Versuche mit flüssiger Luft beruhen auf deren außerordentlich niedriger Temperatur. Quecksilber, Äther, Alkohol, Kohlendioxyd u. a. m. erstarren in der flüssigen Luft, Gummi wird darin hart wie Glas und spröde, ebenso Pflanzen, der Schwefel verliert seine Farbe. Ein glimmender Span brennt in der flüssigen Luft mit blendend weißer Flamme, offenbar wegen des hohen Sauerstoffgehaltes; aus dem gleichen Grunde verbrennt ein mit flüssiger Luft getränkter Wattebausch explosionsartig (Anwendung als Sprengstoff bei Tunnelbauten versucht). Die längere Aufbewahrung flüssiger Luft ist schwierig, sie kommt für Kühlzwecke daher fast nur da in Betracht, wo es sich um die Herstellung von Temperaturen unter —50° handelt.

E. Weitere Darstellungsverfahren für Sauerstoff.

Andere Gewinnungsarten für Sauerstoff, aber ohne Bedeutung für gewerbliche Zwecke, sind aus den Oxydationsmitteln, d. h. Stoffen, die Sauerstoff abgeben, oder, wie man zu sagen pflegt, oxydierend wirken, z. B.:

$$2 \, KClO_3 \; = \; 2 \, KCl \; + \; 3 \, O_2$$
Chlorsaures Kalium = Chlorkalium + Sauerstoff

$$2 \, MnO_2 \; = \; Mn_3O_4 \; + \; O_2$$
Mangansuperoxyd (Braunstein) = Manganoxydoxydul + Sauerstoff

F. Darstellung von Wasserstoff.

Der Wasserstoff H wird, außer durch Elektrolyse des Wassers, durch Zersetzung des Azetylens im elektrischen Ofen gewonnen (vgl. S. 75), ferner aus dem

Wassergas und durch Einwirkung von Säuren auf Metalle, z. B. verdünnte Schwefelsäure auf Zink:

$$Zn \; + \quad H_2SO_4 \; = \qquad ZnSO_4 \quad + \quad H_2$$

Zink +.Schwefelsäure = Schwefelsaures Zink + Wasserstoff.

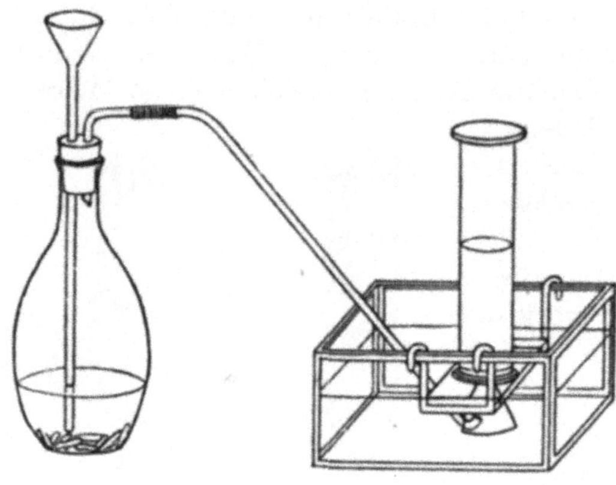

Abb. 12. Wasserstoffgewinnung.

Den Versuch zeigt Abb. 12. — Ferner wird mit Apparaten der Berlin - Anhaltischen - Maschinenbau-A.-G. durch Einwirkung von Wasserdampf auf glühendes Eisen der Wasserstoff hergestellt:

$$Fe_2 + 3\,H_2O \; = \; Fe_2O_3 + 3\,H_2.$$

Weitere technische Wasserstoffgewinnungsarten vgl. bei Wassergas und Azetylen.

G. Die Wertigkeit.

In ähnlicher Weise, wie auf Zink, kann man Säuren auch auf andere Metalle einwirken lassen:

$$K_2 \; + \quad H_2SO_4 \quad = \qquad K_2SO_4 \quad + \quad H_2$$

Kalium + Schwefelsäure = Schwefelsaures Kalium + Wasserstoff

$$Al_2 \quad + \quad 3\,H_2SO_4 \quad = \qquad Al_2(SO_4)_3 \quad + \quad 3\,H_2$$

Aluminum + Schwefelsäure = Schwefelsaures Aluminium + Wasserstoff

Wir sehen also, daß ein Kaliumatom ein Wasserstoffatom der Schwefelsäure ersetzt, das Zink zwei und das Aluminium drei Wasserstoffatome. Unter der Wertigkeit oder Valenz verstehen wir nach Frankland (1825—1899) die Zahl, die angibt, wieviel Atome Wasserstoff durch ein Atom des betreffenden Grundstoffs ersetzt werden können. Einwertig sind z. B. Wasserstoff, Kalium, Natrium, zweiwertig Zink, Magnesium, Kalzium, Quecksilber, dreiwertig Aluminium, Bor. Viele Elemente treten in verschiedenen Valenzen auf, z. B. Kohlenstoff zwei- und vierwertig, Phosphor, Arsen und Antimon drei- und fünfwertig.

21. Eigenschaften des Sauerstoffs.

A. Allgemeines.

Der Sauerstoff (zweiwertig) ist ein farb-, geruch- und geschmackloses Gas, vom spezifischen Gewicht 1,106 kg/dm³.

B. Versuche.

a) Holz und Schwefel verbrennen (vorher entzündet) darin mit hell leuchtender Flamme (vgl. Abb. 13).

b) Eine mittelst glimmendem Zunderschwammes vorgewärmte Uhrfeder verbrennt im Sauerstoff unter Funkensprühen: $2\,Fe + 3\,O = Fe_2O_3$. In einem Kugelröhrchen (vgl. Abb. 14) angewärmte Holzkohle verbrennt beim Überleiten

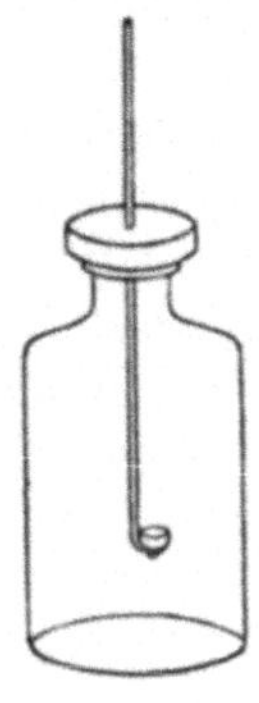

Abb. 13.
Schwefelverbrennung im Sauerstoff.

Abb. 14. Verbrennung von Holzkohle im Sauerstoff.

von Sauerstoff weißglühend zu CO_2 Kohlendioxyd. Leitet man letzteres in Kalkwasser (Auflösung einer geringen Menge gebrannten Kalkes in Wasser), so entsteht ein Niederschlag von $CaCO_3$ kohlensaurem Kalzium.

$$Ca(OH)_2 + CO_2 = CaCO_3 + H_2O.$$

Durch Sauerstoff wird das Kalkwasser nicht verändert, letzteres dient daher zum Nachweis oder, wie wir zu sagen pflegen, es ist ein „Reagens" für das Kohlendioxyd.

c) Erwärmen wir in einem Kugelrohre Kupfer unter gleichzeitiger Überleitung von Sauerstoff, so färbt letzteres sich schwarz; es hat sich unter Gewichtszunahme Kupferoxyd CuO gebildet; das Kupfer ist oxydiert worden.

d) Die bisherigen Versuche ergaben, daß die Verbrennung durch den Sauerstoff gefördert wird; hierauf beruht die Hauptanwendung des Sauerstoffs zur autogenen Schweißung (vgl. S. 145). Ohne Sauerstoff ist aber überhaupt keine Verbrennung möglich. — Setzen wir (vgl. Abb. 15) in eine mit Wasser gefüllte Schale eine Glasglocke und führen durch deren Öffnung eine brennende Kerze ein, so wird diese beim Verschließen der Glocke bald erlöschen, weil der erforderliche Sauerstoff verbraucht ist, und das Wasser steigt um etwa ein Fünftel des Luftraumes (entsprechend dem verbrauchten Sauerstoff) in der Glasglocke. Öffnen wir nun die Glasglocke wieder, so fällt das Wasser, es strömt frische Luft hinzu. Nunmehr sind aber nur 4% Sauerstoff unter der Glasglocke vorhanden, die zur Unterhaltung der Verbrennung nicht mehr genügen; ein brennend eingeführter Span erlischt in der Glasglocke.

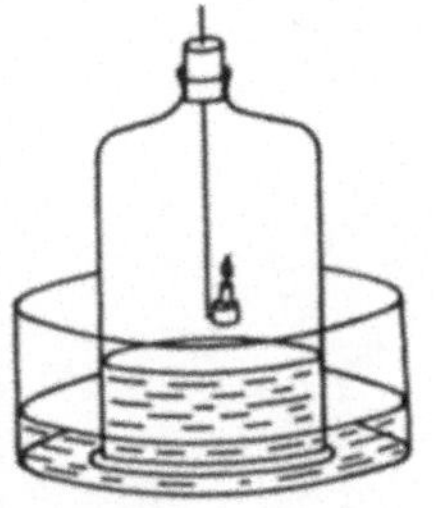

Abb. 15.
Kerze unter Glasglocke.

e) Die Verbrennung ist also eine Oxydation, eine Vereinigung mit dem Sauerstoff der Luft. Hiermit scheint die Beobachtung im Widerspruch zu stehen, daß die verbrennenden Körper leichter werden. Wiegt man aber deren Verbrennungsgase, so beobachtet man sofort, daß nicht eine Abnahme, sondern eine Zunahme des Gewichtes erfolgt ist.

Man stelle (vgl. Abb. 16) auf eine Wage eine Kerze und hänge über diese einen Zylinder, in dessen oberem Teil sich ein Drahtkorb mit Natronkalk [1] be-

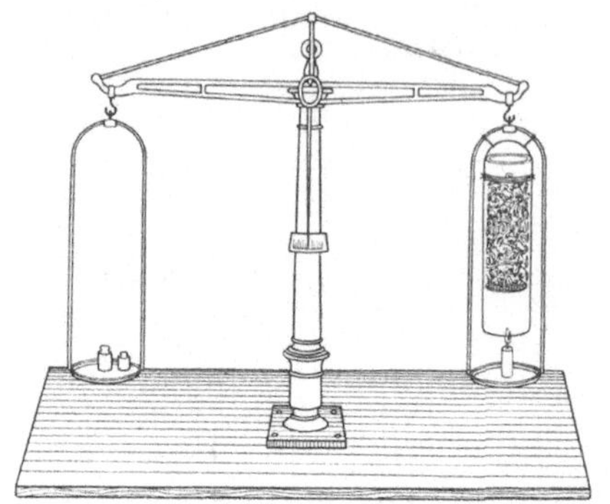

Abb. 16.   Gewicht der Verbrennungsgase.

findet. Nachdem die Waage ins Gleichgewicht gebracht ist, entzündet man die Kerze, deren Verbrennungsgase Wasserdampf und Kohlendioxyd vom Natronkalk gebunden werden. Bald beobachtet man, daß die Seite der Wage schwerer wird, an der sich Kerze und Zylinder befinden. Lavoisier entdeckte 1772, daß Verbrennung nichts anderes, wie Vereinigung der Körper mit Sauerstoff ist. Bis dahin glaubte man, daß alle brennbaren Körper einen geheimnisvollen Stoff, das Phlogiston, enthielten, der bei der Verbrennung zerstört wird. Lavoisier entdeckte auch den Wasserstoff durch Zersetzung von Wasserdampf über glühendem Metall (1783). Der Sauerstoff wurde schon 1774 von Priestley entdeckt.

C. Vollkommene und unvollkommene Verbrennung.

Ist nicht genügend Sauerstoff vorhanden, so entsteht statt des Kohlendioxyds CO_2, das Kohlenoxyd CO. Entsteht bei der Verbrennung der Kohle CO_2, so erhält man 8100 kcal/kg, wenn sich CO bildet, dagegen nur 2400 kcal/kg. Wir müssen daher dafür Sorge tragen, daß die Verbrennung in unseren Heizungsanlagen möglichst vollkommen verläuft, weil sonst die Ausnutzung der Brennstoffe keine wirtschaftliche ist. Aus dem gleichen Grunde müssen wir (außerdem auch wegen der Gefahr der die Gesundheit schädigenden Luftverschlechterung) für rauchlose Verbrennung sorgen. — Rauch nennen wir die Erscheinung, daß Kohlenstoffteilchen in den Verbrennungsgasen äußerst fein verteilt sind. Sie bedeuten, unverbrannt durch die Esse entweichend, eine mangelhafte Ausnutzung der Brennstoffe.

D. Die Flamme.

Diejenigen Brennstoffe, die mit Flamme verbrennen, enthalten (sofern sie nicht schon selbst Gase sind) Bestandteile, die bei der Erwärmung sich verflüchtigen und dann im

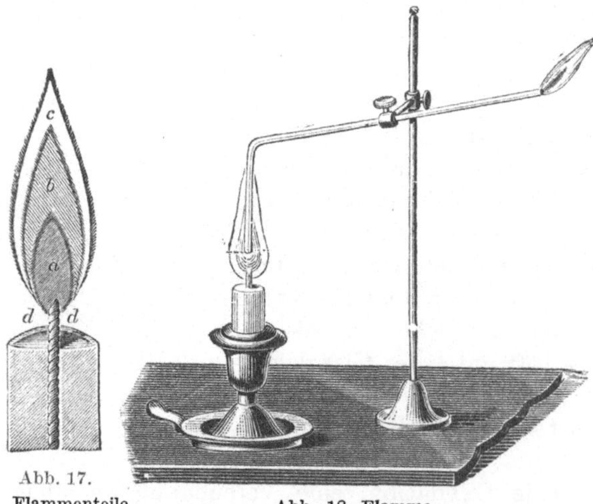

Abb. 17.
Flammenteile.   Abb. 18. Flamme.

luftförmigen Zustand verbrennen, z. B. Holz und Kohle. Eine Flamme ist daher eine verbrennende Gasmasse. Die am häufigsten vorkommenden

---

[1] Es ist dies mit Natronlauge gelöschter Kalk (vgl. S. 47).

leuchtenden Flammen entstehen meist durch Verbrennen von Kohlenstoffverbindungen. Bei jeder Kerzenflamme unterscheiden wir drei Teile (Abb. 17), nämlich erstens den dunklen Kern a, in dem noch keine Luft zutritt, also keine Verbrennung stattfindet (die Gase können von hier durch ein Röhrchen abgeleitet und entzündet werden, vgl. Abb. 18). Ferner besteht die Flamme aus der stark leuchtenden Zone b und dem schwach leuchtenden Saum c. — In b (helleuchtend) verbrennt der Wasserstoff und die glühenden Kohlenstoffteilchen werden hier abgeschieden, während in c, dem heißesten, aber kaum leuchtenden Teil der Flamme, die Verbrennung des Kohlenstoffs zum Abschluß gelangt. Genau so ist auch die gewöhnliche Leuchtgasflamme beschaffen.

E. Bunsenbrenner.

In Abb. 19—20 ist der Bunsenbrenner dargestellt. Derselbe besteht aus dem Fuß A und dem Brennerrohr B. Durch den Fuß gelangt das Leuchtgas in den Brenner und strömt aus der feinen Spitze in das Brennerrohr, mischt sich dabei mit Luft, die es durch die Löcher der Brennerrohre ansaugt, und verbrennt dann, am oberen Teil des Rohres entzündet, mit nichtleuchtender, aber sehr heißer Flamme [1]. Durch einen auf das Brennerrohr aufgesetzten verstellbaren Ring C läßt sich die Luftzuführung regeln.

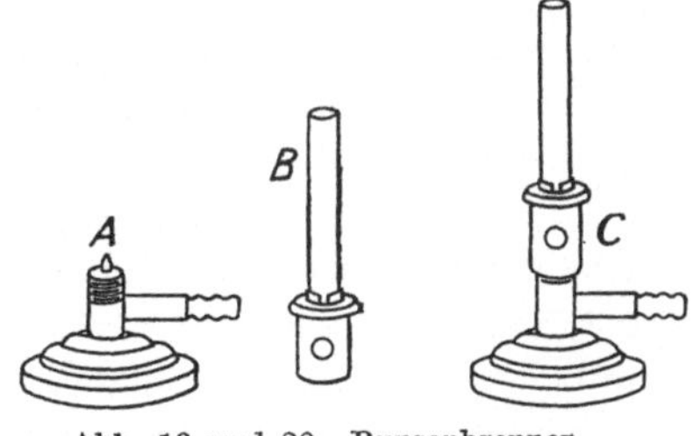

Abb. 19 und 20. Bunsenbrenner.

Bei den Gebläselampen (auch die Einrichtung des Blowers beim Schmiedefeuer ist ähnlich), z. B. Lötlampe, Daniellscher Hahn, wird die Verbrennungstemperatur durch Zuführung von Luft (bzw. Sauerstoff) unter Überdruck erhöht.

F. Feuerlöschmittel.

Da nun die Verbrennung auf der chemischen Bindung des Sauerstoffs beruht, so käme für gewerbliche Feuerungsanlagen, bei billigeren Herstellungspreisen, der Sauerstoff selbst oder wenigstens eine an Sauerstoff stark angereicherte Luft in Betracht.

Andererseits ergibt sich hieraus aber auch, daß die Feuerlöschvorrichtungen auf nichts anderem beruhen, als Verminderung oder vollständige Aufhebung der Sauerstoffzufuhr. Diesen Zweck erfüllt das Aufwerfen von Sand und Säcken; durch Aufspritzen von Wasser auf die Brandstelle bildet sich Wasserdampf, der den Sauerstoffgehalt in der nächsten Umgebung der Brandstelle verhältnismäßig verringert, und gleichzeitig wird der brennende Körper unter seine Entzündungstemperatur abgekühlt. Zur Vermeidung von Wasserschäden in Gebäuden empfiehlt es sich, nur kurze Zeit mit möglichst starkem Strahl zu löschen. In Fabriken (Modellschreinereien) bläst man zu Löschzwecken wohl auch unmittelbar Wasserdampf in den brennenden Raum ein.

Auf Schiffen dienen Kohlendioxyd CO_2 und Schwefeldioxyd SO_2 zur Brandbekämpfung. Letztere beiden Gase darf man aber wegen der Erstickungsgefahr

---

[1] Sogenannte Bunsenflamme.

nicht anwenden, wenn sich noch Menschen in den brennenden Räumen befinden. Über Schaumlöschverfahren vgl. S. 111.

G. Atmung.

Die Atmung beruht darauf, daß die Lungen dem menschlichen Körper die erforderliche Luft ansaugen, die dann in den Lungen in die Blutgefäße übertritt und an dem durch das Herz geregelten Blutlauf teilnimmt. Bei Rückkehr zu den Lungen tritt die Luft aus den Blutgefäßen wieder aus und wird durch entsprechende Mengen frischer Luft ersetzt. Die ausgeatmete Luft enthält vier Fünftel der ursprünglichen Sauerstoffmenge, dagegen die 150fache Menge Kohlendioxyd (500 l in 24 Stunden). Der Sauerstoff ist offenbar zur Bildung des Kohlendioxyds verbraucht worden, es hat somit eine Oxydation, eine Verbrennung, im Innern des Körpers stattgefunden. (Beweis: Die gewöhnliche Körpertemperatur beträgt 37^0. Das Kohlendioxyd weisen wir in der ausgeatmeten Luft durch Kalkwasser nach. (Trübung. Vgl. S. 53.)

Da somit die Atmung gleichbedeutend mit Sauerstoffaufnahme ist, so wird der Sauerstoff vielfach zur künstlichen Atmung benutzt für Taucher, Feuerwehrleute, Rettungsmannschaften bei Grubenbränden, für Flieger bei Fahrten in hohe (dünne) Luftschichten und zu Wiederbelebungsversuchen bei Ertrunkenen.

Die Menge des vom Menschen täglich ausgeatmeten Kohlendioxydes beträgt etwa $0,5\ m^3$, weil nun ein Kohlendioxydgehalt von mehr als 2% tödlich wirkt, so muß man in Räumen, in denen sich viele Personen aufhalten, für genügende Zufuhr von frischer Luft sorgen, durch häufiges Öffnen der Fenster bzw. Abführung der verbrauchten Luft durch Lüftungsschächte, die nötigenfalls mit elektrischen Lüftern (Ventilatoren) zu versehen sind. Da ferner Kohlenheizung und Gasbeleuchtung den Sauerstoff des Raumes verbrauchen und Kohlendioxyd bilden, so ist es zweckmäßiger, Dampfheizung und elektrisches Licht einzurichten. In Städten empfiehlt es sich auch, zur Luftverbesserung gärtnerische Anlagen zu schaffen; denn die Pflanzen binden das Kohlendioxyd, das heißt, sie atmen es ein, zerlegen es in Gegenwart von Wasser unter der Einwirkung des Sonnenlichtes in Zellulose, dem Hauptbestandteile aller Pflanzen, und Sauerstoff, der von den Pflanzen ausgeatmet wird.

$$6\,CO_2\ +\ 5\,H_2O = C_6H_{10}O_5 +\ 6\,O_2$$
Kohlendioxyd + Wasser = Zellulose + Sauerstoff.

Der hierdurch bedingte hohe Sauerstoffgehalt der Waldluft ist daher für Kranke und Genesende von großer Bedeutung. Zweifelhaft ist dagegen der gesundheitliche Wert der „ozonreichen Waldluft".

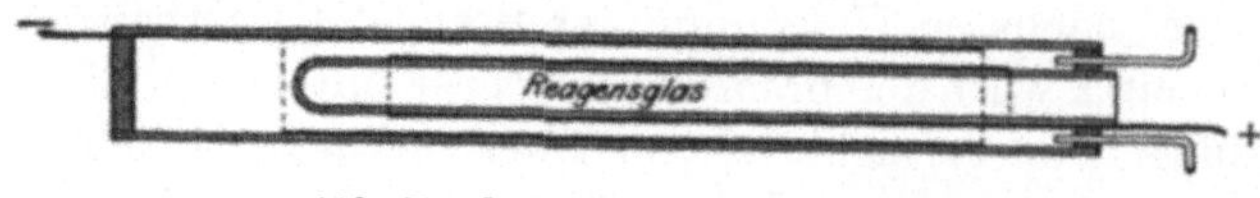

Abb. 21. Ozonröhre nach Siemens.

Ozon O_3 (Schönbein 1842) [1]. Es ist dreiatomiger Sauerstoff, der sich namentlich bei Gewittern in der Luft bildet, allmählich aber wieder in gewöhnlichen Sauerstoff übergeht. Das Ozon wirkt stark oxydierend, hat einen eigenartigen Geruch, in größerer Menge eingeatmet ruft es aber Vergiftungserschei-

---

[1] Das Vorkommen ein und desselben Elementes in zwei verschiedenen Formen, wie Sauerstoff und Ozon, bezeichnet man als Allotropie. (Berzelius 1841.)

nungen hervor. — Die Ozonröhre von W. v. Siemens besteht aus zwei ineinander stehenden Glasröhren; in dem zwischen beiden liegenden Luftraum findet die elektrische Entladung und damit die Ozonbildung statt, wenn eine Hochspannung von etwa 15 000 Volt an die Stanniolbeläge der inneren und äußeren Glaswandungen gebracht wird (vgl. Abb. 21). Bessere Ausbeute erhält man, wenn man Sauerstoff statt Luft in die Röhre leitet.

Die technische Ozondarstellungseinrichtung beruht auf der Bauart der Röhre von Siemens-Berthelot (Abb. 22), bei der die Stanniolbeläge durch Wasser derartig ersetzt sind, daß die äußere der zusammengeschmolzenen Glasröhren in einem Wassergefäß steht und der Innenraum der Innenröhre fast ganz mit Wasser gefüllt wird. In das äußere Wassergefäß taucht der eine, in das innere der andere Pol der Hochspannungsanlage. Der technische Ozonapparat der Ozongesellschaft in Berlin besteht (vgl. Abb. 23) aus 6—8 Ozonröhren, die in einem Gußeisenkasten liegen. Der mit Wasser gekühlte Außenpol ist aus Glas, der innere aus Aluminiumzylindern hergestellt. Der Kasten hat einen

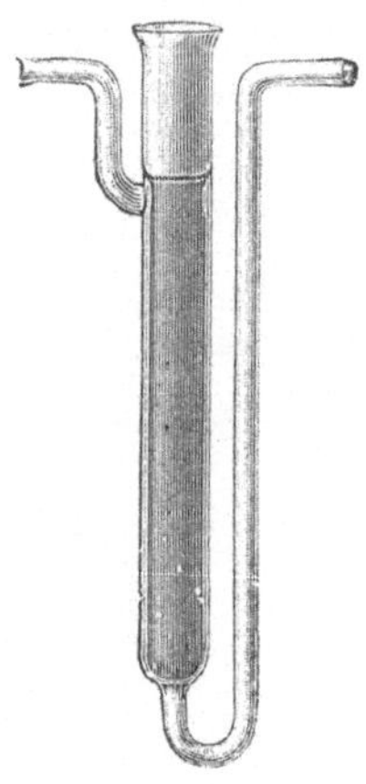

Abb. 22. Ozonröhre nach Siemens-Berthelot.

kammerartig erweiterten Boden und Dekkel, zur Zuleitung von Luft bzw. Ableitung von Ozon. Der Eisenkasten mit dem Kühlwasser und den Glaszylindern liegt an einem Pol der Hochspannung und ist geerdet, so daß er auch während des Betriebes gefahrlos berührt werden kann. Der andere Pol wird gut isoliert in das Kasteninnere geführt und ist während des Betriebes unzugänglich. Derartige Apparate werden zu Batterien vereinigt, vielfach bei Wasserreinigungsanlagen u. a. m. gebraucht.

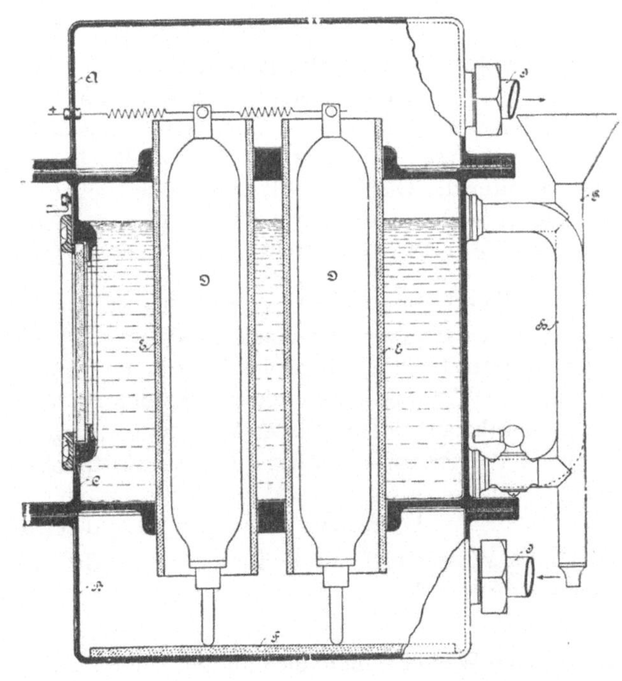

Abb. 23. Ozonapparat der Ozongesellschaft.

Das Ozon entsteht auch bei der Elektrisiermaschine und bei den Transformatoren. — In der Praxis benutzt man es zur Garnbleicherei, mit Ventilatoren verteilt, zur Keimfreimachung des Trinkwassers. Abb. 24 zeigt ein Ozonwasser-werk. Die Ozonisierung erfolgt hier in den zur Keimfreimachung bestimmten

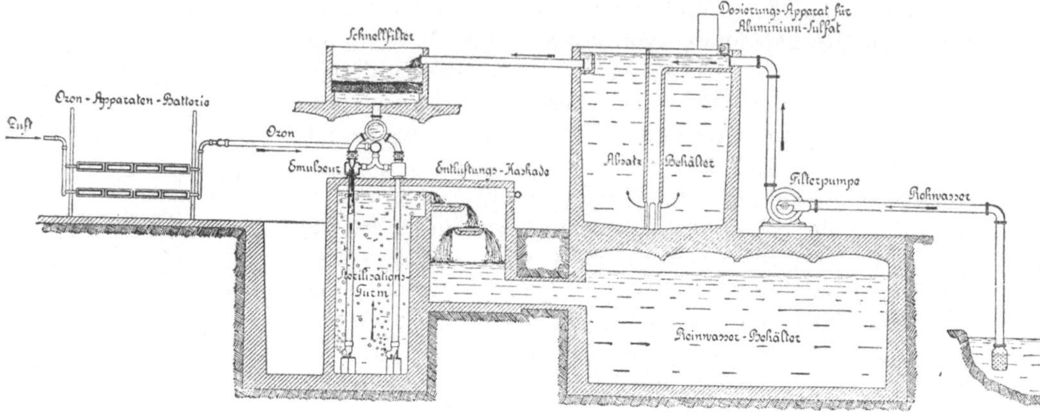

Abb. 24. Ozonwasserwerk.

Türmen, die mit Steinen gefüllt sind, über die das Wasser herabrieselt, während das Ozon von unten nach oben strömt.

22. Eigenschaften des Wasserstoffes.

A. Allgemeines.

Der Wasserstoff ist ein farb-, geschmack- und geruchloses Gas, spezifisches Gewicht 0,0693 kg/dm², also 14,5mal so leicht als die Luft, wie man durch Wägung leicht feststellen kann, indem man eine Glasglocke mit der Öffnung nach unten an eine Wage hängt und diese wieder ins Gleichgewicht bringt. Sowie man Wasserstoff unter die Glocke leitet, wird diese leichter. Der Wasserstoff brennt mit nicht leuchtender, aber sehr heißer Flamme; er hat den größten Heizwert aller Brennstoffe, nämlich 34 100 kcal/kg.

B. Wirtschaftliche Ausnutzung des Heizwertes.

Auf dem hohen Heizwert des Wasserstoffes beruht seine Verwendung zum Lö-ten und Schweißen beim Knallgasgebläse (vgl. S. 146). Auch der hohe Heizwert gewisser in der Technik gebrauchter Brennstoffe (Leuchtgas, Generatorgas, Wassergas) beruht auf deren Wasserstoffgehalt. Auch bei der Verflüssigung der Kohle mittels Wasserstoffs erhält man wasserstoffreiche Erzeugnisse von hohem Heizwert.

C. Reduktion und Oxydation.

Leitet man Wasserstoff durch ein erwärmtes Glasrohr, in dem sich Kupfer-oxyd (schwarz) befindet, so verwandelt sich letzteres in Kupfer:

$$CuO + H_2 = Cu + H_2O.$$

Das entstehende Wasser schlägt sich an den Röhrenwandungen nieder. Eine der-artige Sauerstoffentziehung nennt man Reduktion, im Gegensatz zur Sauer-stoffzufuhr, der Oxydation. Bei unserem Versuche wird also das Kupfer redu-ziert, der Wasserstoff oxydiert. Andere Reduktionsmittel der Technik sind Kohlenstoff, Kohlenoxyd und viele Metalle (Blei, Aluminium).

D. Die Begriffe Knallgas und Explosion.

Füllt man Seifenblasen mit einem Gemisch von zwei Raumteilen Wasserstoff und einem Raumteil Sauerstoff, so verbrennt dieses beim Entzünden unter heftiger Explosion; daher bezeichnet man das genannte Gemisch als „Knallgas". Eine Explosion ist eine meist durch chemische Ursache bedingte, mit starkem Knall verbundene, plötzliche bedeutende Raumausdehnung eines Stoffes (Gasbildung).

Ganz allgemein versteht man unter Knallgas das Gemisch von Sauerstoff oder Luft einerseits und einem brennbaren luftförmigen Körper, wie Wasserstoff, Leuchtgas, Azetylen, Benzin- oder Petroleumdampf, andererseits (Anwendung bei den Verbrennungskraftmaschinen).

Hieraus ergibt sich, besonders für geschlossene Räume, die Gefahr der undichten Leuchtgasleitungen, die die Bildung eines Knallgasgemisches zur Folge haben können, was eine Explosion herbeiführen kann. Man darf daher solche Räume ebensowenig mit einem brennenden Licht betreten, wie auch Hallen, in denen sich elektrische Akkumulatorenanlagen befinden, die bekanntlich bei der Ladung stets Wasserstoff entwickeln.

E. Wasserstoff in der Luftschiffahrt.

Wegen des geringen spezifischen Gewichtes benutzt man den Wasserstoff zum Füllen der Motorluftschiffe, während für Freiballons, wegen ihrer geringeren Belastung, das wesentlich schwerere, aber um 80% billigere Leuchtgas verwendet wird. Unter dem Eigengewicht des Luftschiffs versteht man die Summe aus dem Gewicht des Ballons und des zum Füllen benutzten Gases. Die Tragkraft ist gleich dem Unterschied zwischen Eigengewicht des Ballons und dem Gewicht der von ihm verdrängten Luft. Man kann aber die Tragkraft nie voll ausnutzen, muß vielmehr einen gewissen Unterschied bestehen lassen, sonst würde der Ballon keinen Auftrieb haben, d. h. er würde am Erdboden schweben, aber nicht hochsteigen. Der Ballon steigt so lange, bis er diejenige Höhe (d. h. eine so dünne Luftschicht) erreicht hat, in der sein Eigengewicht gleich dem der verdrängten Luft ist. Die größte Steighöhe beträgt für Motorballons 3000 m, für bemannte Freiballons 9000 m; denn der Luftdruck ist in 5600 m nur noch gleich der Hälfte und bei 10 000 m nur noch ein Viertel desjenigen an der Erdoberfläche.

V. Sauerstoffverbindungen (Säuren, Basen und Salze).

23. Verschiedene Oxydationsarten.

A. Versuche.

a) Natrium, ein Metall, das sich an der Luft so leicht oxydiert, daß es unter Petroleum aufbewahrt werden muß, wird in einem Porzellanschälchen verbrannt. Es entsteht eine weiße Asche, das Natriumoxyd Na_2O, das sich in Wasser zu NaOH Natriumhydroxyd (Natronlauge) löst. Letzteres färbt die Lösung von Phenolphthaleïn (Teerabkömmling) rot und vorher rotes Lackmus (Pflanzenfarbstoff) blau. Solche Hydroxyde werden auch Laugen oder Basen genannt, z. B. KOH und NaOH (Kennzeichen die Hydroxylgruppe OH).

b) Schwefel wird verbrannt. Es entsteht ein stechend riechendes Gas: SO_2 Schwefligsäureanhydrid (Schwefeldioxyd), das sich in Wasser zu schwefliger Säure H_2SO_3 löst. Letztere entfärbt vorher rotes Phenolphthaleïn und färbt blaues Lackmus rot.

B. Folgerungen.

Säuren und Basen zeigen also ein entgegengesetztes Verhalten sowohl gegen Phenolphthalein als gegen Lackmus. Da diese Farbstoffe zur Unterscheidung von Säuren und Basen dienen, so bezeichnet man sie als Reagentien. Sie geben mit Säuren die sogenannte saure Reaktion, mit Basen die basische oder alkalische Reaktion[1]. Zur Erkennung der Säuren und Basen bringt man auch sogenanntes Reagenzpapier in den Handel, das mit Phenolphthaleïn bzw. Lackmus getränkt ist.

24. Metalle und Nichtmetalle.

Man kann die Elemente nach ihrem Verhalten bei der Oxydation als Metalle und Nichtmetalle unterscheiden.

Nichtmetalle, wie der Schwefel, vereinigen sich mit Sauerstoff zu Säureanhydriden, die sich in Wasser zu Säuren lösen, welch letztere die oben erwähnte saure Reaktion geben. — Metalle, wie das Natrium, vereinigen sich dagegen mit Sauerstoff zu Oxyden, diese mit Wasser zu Hydroxyden, die die basische (alkalische) Reaktion geben.

Ganz streng läßt sich die Unterscheidung nicht durchführen, manche Metalle zeigen die Eigenschaften der Nichtmetalle und umgekehrt. Im allgemeinen haben aber beide Arten von Elementen noch folgende Unterschiede:

Die Metalle besitzen Glanz, sind gute Leiter für Wärme und Elektrizität und befinden sich bei gewöhnlicher Temperatur im festen Aggregatzustand, außer dem luftförmigen Wasserstoff und dem flüssigen Quecksilber.

Die Nichtmetalle sind dagegen glanzlos, schlechte Wärme- und Elektrizitätsleiter (zum Teil sogar Isolatoren); auch ist bei ihnen der feste Aggregatzustand nicht vorherrschend.

Metalle sind also z. B. Gold, Platin, Eisen, Kupfer u. a. m. Nichtmetalle sind dagegen Sauerstoff, Stickstoff, Schwefel, Phosphor, Kohlenstoff u. a. m.

25. Salzbildung.

A. Begriff des Salzes (Rouelle 1744).

Fügen wir zu einer bestimmten Menge Schwefelsäure tropfenweise Natron-Lage, so wird schließlich ein Mischungsverhältnis erreicht werden, bei dem die Lösung weder Lackmus noch Phenolphthaleïn verändert; es hat sich aus beiden Stoffen ein neuer gebildet, der auf die genannten Reagentien ohne Einfluß ist, sich also neutral verhält. Dieser neue Stoff ist ein Salz, das schwefelsaure Natrium oder Natriumsulfat Na_2SO_4

$$H_2SO_4 + 2\,NaOH = Na_2SO_4 + H_2O$$
Schwefelsäure + Natronlauge = Natriumsulfat + Wasser

---

[1] Alle Stoffe mit alkalischer Reaktion nennt man Alkalien. Diese zeigen also gegen Lackmus und Phenolphthaleïn das entgegengesetzte Verhalten wie die Säuren.

Durch Vereinigung von Säuren und Basen entstehen also Salze, und zwar meist unter starker Wärmeentwicklung. — Die Hinzufügung einer Base zu einer Säure oder umgekehrt bis zum Eintritt des neutralen Verhaltens, der sogenannten neutralen Reaktion, bezeichnen wir als „Neutralisation".

Solche Neutralisationen müssen häufig in der Praxis vorgenommen werden, wenn Fabrikabwässer, die freie Säuren oder Basen enthalten, dem Flußlaufe zugeführt werden sollen, da die Salze im allgemeinen weniger schädlich sind, wie freie Säuren oder Basen (z. B. die Abwässer der Metallbeizereien).

B. Saure und basische Salze.

Ist ein Salz so beschaffen, daß der Wasserstoff der Säure nicht vollständig durch Metall ersetzt ist, so bezeichnen wir es als saures Salz. — Ist bei einem Salz im Molekül noch die Hydroxylgruppe der Basen enthalten, so ist es ein basisches Salz. — Im Gegensatz zu beiden stehen die neutralen Salze, bei denen der Wasserstoff der Säure vollständig durch Metall ersetzt ist, und die im Molekül nicht mehr die Hydroxylgruppe enthalten, z. B.:

$$CaH_2(CO_3)_2$$
Saures kohlensaures Kalzium

$$Pb_3{(CO_3)_2 \atop (OH)_2}$$
Basisch kohlensaures Blei (Bleiweiß).

und ein neutrales Salz:

$$CaSO_4$$
Schwefelsaures Kalzium.

26. Elektrolyse.

A. Allgemeines.

Bei der Wasserzersetzung (Nicolson und Carlisle 1800) haben wir ein Beispiel für die chemische Umsetzung durch den elektrischen Strom, kurz die Elektrolyse genannt, kennen gelernt. Der Strom ging hierbei von der einen Elektrode zur anderen durch die Flüssigkeit, dem sogenannten Elektrolyten, die dabei den Strom leitete. (Flüssigkeiten leiten bekanntlich den Strom nur, wenn sie von demselben chemisch zersetzt werden.) Die vom Strom zuerst berührte Elektrode bezeichnen wir als positive oder Anode, die andere als negative oder Kathode. — Bei der Elektrolyse des Wassers entsteht der Wasserstoff an der Kathode, der Sauerstoff an der Anode.

B. Erklärung des elektrolytischen Vorgangs.

In der Lösung befinden sich die Ionen, die man, je nachdem, ob sie positiv oder negativ sind, als Anionen bzw. Kationen bezeichnet. Sie werden von dem elektrischen Strome den Elektroden zugeführt.

Kationen sind: H·, K·, Cu··, Anionen dagegen S″, OH′, NO$_3$′, SO$_4$″ usw. Die Punkte bei den Kationen bzw. die Striche bei den Anionen geben die Wertigkeitszahl an, mit der die Ionen in Erscheinung treten. An den Elektroden angelangt, geben die Ionen ihre geringen Elektrizitätsmengen ab und werden molekular abgeschieden oder nachträglich mit Wasser oder dem Elektrodenstoff selbst erst noch chemisch umgesetzt.

C. Beispiele.

a) Ist z. B. das Wasser bei der Elektrolyse mit Schwefelsäure versetzt, so ist H_2 das Kation und SO_2 das Anion; letzteres setzt sich mit dem Wasser wieder in Schwefelsäure und Sauerstoff um:

$$\underset{\text{Kathode}}{H_2SO_4 = H_2} + \underset{\text{Anode}}{SO_4} \quad \text{und} \quad SO_4 + H_2O = \underbrace{H_2SO_4 + O}_{\text{Anode.}}$$

b) Zersetzen wir in ähnlicher Weise eine Lösung von Kupfervitriol $CuSO_4$ in Wasser, so entsteht Kupfer an der Kathode und Sauerstoff an der Anode (vgl. „Galvanotechnik" S. 135):

$$\underset{\text{Kathode}}{CuSO_4 = Cu} + \underset{\text{Anode}}{SO_4} \quad \text{und} \quad SO_4 + H_2O = \underbrace{H_2SO_4 + O}_{\text{Anode.}}$$

c) Ebenso verläuft die Elektrolyse von Höllensteinlösung (salpetersaures Silber in Wasser gelöst):

$$\underset{\text{Kathode}}{AgNO_3 = Ag} + \underset{\text{Anode}}{NO_3} \quad \text{und} \quad NO_3 + H_2O = \underbrace{2\,HNO_3 + O}_{\text{Anode.}}$$

D. Polreagenzpapier.

In ganz entsprechender Weise zerfällt eine Lösung von Natriumsulfat (Na_2SO_4) in Wasser, in Natronlauge $NaOH$ an der Kathode und Schwefelsäure H_2SO_4 an der Anode. — Die metallischen Zersetzungsbestandteile scheiden sich also bei der Elektrolyse stets an der Kathode, die nichtmetallischen dagegen an der Anode ab. Hiervon machen wir beim sogenannten „Polreagenzpapier" Anwendung, das zur Erkennung des negativen Pols einer elektrischen Anlage dient. Dies Papier ist mit einer Lösung von Natriumsulfat und Phenolphthaleïn getränkt und dann getrocknet. Wird das Papier angefeuchtet und mit den Polen einer elektrischen Batterie verbunden, so tritt eine elektrolytische Umsetzung (wie oben angegeben) ein, an der Kathode entsteht Natronlauge, die das Phenolphthaleïn rot färbt und so den negativen Pol der Batterie leicht erkennen läßt.

E. Gesetze von Ohm und Faraday.

Für die Theorie dieser Vorgänge ist die Kenntnis der Gesetze von Ohm und Faraday erforderlich, deren ausführliche Begründung aber der Elektrotechnik vorbehalten bleiben muß:

a) Das Ohmsche Gesetz. Wenn ein elektrischer Strom durch einen Leiter geht, so hat man drei Größen zu beachten: erstens die nach Volt gemessene Spannung (elektromotorische Kraft), die an den Enden eines Leiters in Erscheinung tritt, und den Strom durch den Leiter treibt, zweitens den nach Ohm gemessenen Widerstand, den der Leiter, je nach seiner stofflichen Beschaffenheit, der Spannung entgegensetzt, drittens die nach Ampere gemessene Stromstärke, d. i. die Strommenge, die den Leiter in der Sekunde durchströmt. Diese drei Größen stehen nach dem Ohmschen Gesetz in der Beziehung: Stromstärke (I) gleich Spannung (E) durch Widerstand (R), also:

$$I = \frac{E}{R}$$

Ein Volt ist die Spannung, die die Einheit der Strommenge, d. i. ein Coulomb, in der Sekunde durch den Widerstand von einem Ohm treibt. — Ein

57,4 m langer Kupferdraht von 1 mm² Querschnitt hat den Widerstand von einem Ohm. Gehen durch einen Leiter während 1½ Stunde 400 Coulomb hindurch, so ist die Stromstärke 400 : 90 = 4,45 Ampere. Das Watt ist die Leistung eines Stromes von 1 Ampere bei einer Spannung von 1 Volt. 1000 Watt sind gleich 1 Kilowatt (kW), gleich der mechanischen Arbeit von 102 mkg in der Sekunde. Die Stromstärke von 1 Ampere scheidet in der Sekunde 0,001118 g Silber aus der Lösung aus.

b) **Faradays Gesetz:** Nach dem Gesetz von Faraday werden von gleich starken Strömen in der Zeiteinheit aus den zu zersetzenden Elektrolyten die Bestandteile im Verhältnis ihrer Atomgewichte, dividiert durch ihre Wertigkeitszahlen, abgeschieden. In der gleichen Zeit werden also durch gleich starke Ströme $\frac{107,9}{1}$ g Silber, dagegen $\frac{63,6}{2}$ g Kupfer aus ihren Lösungen ausgeschieden. — Nach den obigen Erklärungen des elektrolytischen Vorgangs kann zu elektrochemischen Zersetzungen unter gewöhnlichen Verhältnissen nur Gleichstrom, nie Wechselstrom zur Verwendung kommen.

27. Übersicht über die wichtigsten Säuren.

Name der Säure	Formel der Säure	Formel des Anhydrids	Name der Salze
Schweflige Säure. .	H_2SO_3	SO_2	Sulfite
Schwefelsäure . . .	H_2SO_4	SO_3	Sulfate
Salpetersäure . . .	HNO_3	N_2O_5	Nitrate
Salzsäure	HCl	—	Chloride
Chlorsäure	$HClO_3$	Cl_2O_5	Chlorate
Kohlensäure . . .	H_2CO_3	CO_2	Karbonate
Phosphorsäure ·. .	H_3PO_4	P_2O_5	Phosphate
Kieselsäure	H_4SiO_4	SiO_2	Silikate

28. Übersicht über die wichtigsten Oxyde und Hydroxyde (s. S. 40).

29. Schweflige H_2SO_3 und Schwefelsäure H_2SO_4.

A. Vorkommen und Eigenschaften des Schwefels.

Der Schwefel S (2-, 4- und 6wertig) findet sich als gediegenes Mineral in Sizilien, Louisians, Texas und Japan. Er wird dort vom tauben Gestein durch Ausschmelzen und Destillieren gereinigt (Schmelzpunkt: 115°, Siedepunkt 445° C. spez. Gew. 2,04 kg/dm³) und kommt in Pulverform (Schwefelblumen) oder in festen Stücken (Stangenschwefel) in den Handel. Welterzeugung jährlich 2 000 000 t. Er hat die bekannte hellgelbe Farbe, wird aber beim Schmelzen hellbraun und verwandelt sich beim Sieden in einen rotbraunen Dampf. Flüssiger Schwefel, in Wasser gegossen, bildet eine zähe, knetbare, gummiartige Masse, die nach einiger Zeit wieder erstarrt und deswegen zum Modellieren gebraucht wird. — Außerdem findet sich der Schwefel mit Metallen chemisch verbunden, in den Schwefelerzen, den Kiesen, Glanzen und Blenden, z. B. Pyrit oder Schwefelkies FeS_2, Bleiglanz PbS und Zinkblende ZnS, sowie im Gips $CaSO_4$ $+ 2 H_2O$ und in den Rückständen der Gasreinigungsmasse.

28. Übersicht über die wichtigsten Oxyde und Hydroxyde.

Metall	Oxyd		Hydroxyd		Chlorid	
Al Aluminium	Al_2O_3	Aluminiumoxyd	$Al(OH)_3$	Aluminiumhydroxyd	$AlCl_3$	Aluminiumchlorid
Ba Barium . .	BaO	Bariumoxyd	$Ba(OH)_2$	Bariumhydroxyd	$BaCl_2$	Bariumchlorid
Pb Blei	PbO	Bleioxyd (Bleiglätte)	$Pb(OH)_2$	Bleihydroxyd	$PbCl_2$	Bleichlorid
	Pb_3O_4	Bleioxydoxydul (Mennige)				
	PbO_2	Bleisuperoxyd				
Fe Eisen . . .	FeO	Eisenoxydul	$Fe(OH)_2$	Eisenhydroxydul (Ferrohydroxyd)	$FeCl_2$	Eisenchlorür (Ferrochlorid)
	Fe_2O_3	Eisenoxyd	$Fe(OH)_3$	Eisenhydroxyd (Ferrihydroxyd)	$FeCl_3$	Eisenchlorid (Ferrichlorid)
	Fe_3O_4	Eisenoxydoxydul				
K Kalium . .	K_2O	Kaliumoxyd	$K(OH)$	Kalilauge	KCl	Kaliumchlorid
Ca Kalzium . .	CaO	Kalziumoxyd	$Ca(OH)_2$	Kalziumhydroxyd	$CaCl_2$	Kalziumchlorid
Cu Kupfer . .	Cu_2O	Kupferoxydul	$Cu_2(OH)_2$	Kupferhydroxydul (Kuprohydroxyd)	Cu_2Cl_2	Kupferchlorür (Kuprochlorid)
	CuO	Kupferoxyd	$Cu(OH)_2$	Kupferhydroxyd (Kuprihydroxyd)	$CuCl_2$	Kupferchlorid (Kuprichlorid)
Na Natrium . .	Na_2O	Natriumoxyd	$Na(OH)$	Natriumhydroxyd (Natronlauge)	$NaCl$	Natriumchlorid
Hg Quecksilber	Hg_2O	Quecksilberoxydul	$Hg_2(OH)_2$	Quecksilberhydroxydul (Merkuro-hydroxyd)	Hg_2Cl_2	Quecksilberchlorür (Merkuro-chlorid)
	HgO	Quecksilberoxyd	$Hg(OH)_2$	Quecksilberhydroxyd (Merkuri-hydroxyd	$HgCl_2$	Quecksilberchlorid (Merkuri-chlorid)
Ag Silber . . .	Ag_2O	Silberoxyd	$Ag(OH)$	Silberhydroxyd (unbeständig)	$AgCl$	Silberchlorid
Zn Zink. . . .	ZnO	Zinkoxyd	$Zn(OH)_2$	Zinkhydroxyd	$ZnCl_2$	Zinkchlorid
Sn Zinn. . . .	SnO	Zinnoxydul	$Sn(OH)_2$	Zinnhydroxydul (Stannohydroxyd)	$SnCl_2$	Zinnchlorür (Stannochlorid)
	SnO_2	Zinnoxyd	$Sn(OH)_4$	Zinnhydroxyd (Stannihydroxyd)	$SnCl_4$	Zinnchlorid (Stannichlorid)

Wir ersehen aus dieser Tabelle, daß wenn ein Metall außer dem gewöhnlichen Oxyd noch an Sauerstoff ärmere bzw. reichere Oxyde bildet, so werden diese als Oxydule, Oxydoxydule und Superoxyde bezeichnet. — Die Salze der Oxydule erhalten den Endvokal „o“, um sie von den Salzen der Oxyde zu unterscheiden, die den Endvokal „i“ bekommen; z. B. Ferrochlorid und Ferrichlorid.

B. Praktische Verwendung des Schwefels.

Herstellung von Zündhölzern und Schießpulver, Vulkanisierung des Kautschuks (Gummi), der dadurch die Klebrigkeit verliert und die Elastizität behält. Ferner zur Herstellung eines Kittes für poröse Gußeisenstücke, bestehend aus Schwefel und Roggenmehl, kochend hergestellt und nach dem Erkalten aufgetragen. — Nicht mehr gebräuchlich ist das Einkitten der Porzellanisolatoren für elektrische Leitungen mit Schwefel, weil er sich nachträglich ausdehnt, wodurch die Isolatoren leicht springen können. Als Ersatz dient ein Gemisch von Bleiglätte und Glyzerin. — Dagegen werden Eisenstangen oder Verankerungen in Stein mit flüssigem Schwefel befestigt, der sich hierbei mit dem Eisen zu Schwefeleisen verbindet. Ferner verbindet sich der Schwefeldampf in einem sauerstofffreien Ofen mit glühenden Kohlen zum Schwefelkohlenstoff CS_2, einer gelblichen, widerlich riechenden, stark lichtbrechenden und feuergefährlichen Flüssigkeit, in der sich Schwefel, Jod und Phosphor leicht auflösen. Sie findet bei der Vulkanisierung und Keimfreimachung Verwendung. Ebenso dient zur Vulkanisierung das Schwefelchlorür S_2Cl_2, eine rotbraune, übelriechende Flüssigkeit die beim Überleiten von Chlor über flüssigen Schwefel entsteht. Endlich entsteht beim Verbrennen des Schwefels das Schwefeldioxyd SO_2.

C. Schwefelwasserstoff.

Alle vorerwähnten Schwefelerze sind Salze des Schwefelwasserstoffs H_2S, sogenannte Sulfide, aus denen durch Säuren der Schwefelwasserstoff in Freiheit gesetzt wird. Beispiel:

$$ZnS \quad + 2\,HCl \; = ZnCl_2 \quad + \quad H_2S$$
Zinkblende (Zinksulfid) + Salzsäure = Zinkchlorid + Schwefelwasserstoff.

Der Schwefelwasserstoff ist ein farbloses, wasserlösliches Gas von widerlichem Geruch, das auch bei der Eiweißfäulnis entsteht (giftig). Es ist stets im rohen Leuchtgas enthalten. Zum Nachweis von Schwefelwasserstoff dient Bleipapier (mit Bleisalzlösung getränktes Papier), das durch den Schwefelwasserstoff dunkelbraun gefärbt wird, infolge der Bildung von Bleisulfid PbS.

D. Schwefeldioxyd.

Durch Erhitzen von Schwefelerzen (Sulfiden) an der Luft, wohl auch Rösten genannt, entsteht Schwefeldioxyd SO_2. Beispiel: $2\,PbS + 3\,O_2 = 2\,PbO + 2\,SO_2$. Durch Rösten wird bedeutend mehr SO_2 in der Praxis erzeugt, als durch Verbrennung von Schwefel.

Das Schwefeldioxyd ist ein farbloses Gas von stechendem Geruch, das bei -10^0 siedet; es wird in Stahlflaschen verflüssigt in den Handel gebracht. In Wasser löst es sich, wie erwähnt, zu H_2SO_3, schweflige Säure, auf, die aber beim Eindampfen der Lösung wieder in $SO_2 + H_2O$ zerfällt. Die schwefligsauren Salze, die Sulfite, werden z. B. bei der Herstellung des Papiers gebraucht (vgl. S. 102). Wichtig ist ebenfalls das Natriumsalz der unterschwefligen Säure, auch Thioschwefelsäure genannt (welch letztere aber im freien Zustand nicht vorkommt), das Natriumthiosulfat $Na_2S_2O_3 + 5\,H_2O$. Dasselbe entsteht aus Natriumsulfit und Schwefel $NaSO_3 + S = Na_2S_2O_3$ und findet zum Fixieren in der Photographie Verwendung.

Das Schwefeldioxyd selbst wird in der Technik zu folgenden Zwecken verwendet:

a) als Verdunstungsflüssigkeit bei der Eismaschine (vgl. S. 54);

b) bei der Kaltdampfmaschine, die darauf beruht, daß das Schwefeldioxyd, durch den Abdampf erwärmt, schon bei verhältnismäßig niedriger Temperatur hohe Spannungen liefert, die zu Kraftzwecken ausgenutzt werden können;

c) zum Bleichen von Wolle und Seide;

d) zum Keimfreimachen (Ausschwefeln von Fässern und Konservenbüchsen);

e) bei Feuerlöschapparaten (sogenannten Clayton-Apparaten zur Löschung von Schiffsbränden), insbesondere löscht man auch Schornsteinbrände, indem man Schwefel in dem gefährdeten Kamin entzündet; das entstehende SO_2 erstickt die Flamme. Einer besonderen Beachtung bedarf dagegen das Schwefeldioxyd, falls es sich ständig in größeren Mengen beim Verbrennen der Steinkohlen bildet (infolge des Schwefelgehaltes der Kohlen). In reichlicher Menge der Luft beigemischt wirkt es ungünstig auf die Atmung und greift auch kalkhaltige Bausteine an, zerstört eiserne Schornsteine u. a. m. Es erklärt sich dies durch die allmähliche Bildung von Schwefelsäure, durch Oxydation;

f) zur Schwefelsäurefabrikation.

E. Schwefelsäure.

In dem in Abb. 25 dargestellten Apparate leiten wir durch die Glasröhren a und b Sauerstoff ein. Der durch b strömende geht durch das Reagenzglas C, in dem sich brennender Schwefel befindet. Das so gebildete Schwefeldioxyd

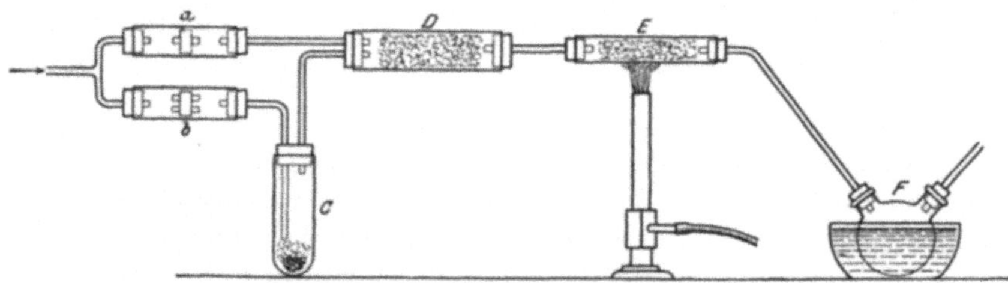

Abb. 25.   Schwefelsäurefabrikation.

strömt mit dem Sauerstoff durch das Rohr D, das ein Wattefilter zur Reinigung des Gasgemisches enthält, dann durch das Rohr E, das mit platiniertem Asbest (d. i. Asbest, der äußerst fein verteiltes Platin enthält) gefüllt ist und durch den darunter befindlichen Bunsenbrenner erhitzt wird. Durch den platinierten Asbest vereinigen sich beide Gase, indem sie durch denselben aufgesaugt und verdichtet werden, zu Schwefeltrioxyd SO_3, das in der gut gekühlten Vorlage F gesammelt wird.

$$SO_2 + O - SO_3.$$

Das Schwefeltrioxyd (Schwefelsäureanhydrid) vereinigt sich mit Wasser zu konzentrierter Schwefelsäure. — Diese im großen (auch mit Eisenoxyd, statt Platinschwamm) vielfach benutzte von Knietsch 1891 eingeführte Darstellungsart wird das Kontaktverfahren genannt[1], im Gegensatz zu dem in der

---

[1] Die Bezeichnung kommt daher, daß der Chemiker solche Stoffe, mit denen berührt, sich zwei andere vereinigen, Kontaktstoffe nennt.

Technik ebenfalls gebräuchlichen, älteren **Bleikammerverfahren** bei dem man zunächst verdünnte Schwefelsäure in den bis 30 000 m³ fassenden Bleikammern erhält (das sind mit Blei ausgeschlagene Räume), indem man auf SO_2, Salpetersäuredämpfe, Luft und Wasserdampf einwirken läßt. Die entstandene Säure wird zunächst in Bleipfannen, dann in Platingefäßen, eingedampft.

Die reine konzentrierte Schwefelsäure ist eine farblose ölartige Flüssigkeit (Oleum) (spezifisches Gewicht 1,85 kg/dm³), die bei 338° siedet und eine große chemische Verwandtschaft zum Wasser zeigt, das bzw. dessen Grundstoffe sie anderen Stoffen entzieht. Aus diesem Grunde verkohlen Holz und Zucker in Berührung mit Schwefelsäure (infolge Wasserentziehung).

$$C_6H_{10}O_5 = 5\,H_2O + 6\,C$$
Holz (Zellulose) = Wasser + Kohlenstoff

$$C_{12}H_{22}O_{11} = 11\,H_2O + 12\,C$$
Zucker = Wasser + Kohlenstoff.

Die große Affinität der Schwefelsäure zum Wasser, die übrigens darauf zu beruhen scheint, daß H_6SO_6 durch Aufnahme von zwei Molekülen Wasser entsteht, tritt auch durch die außerordentliche Temperaturerhöhung bei Mischung beider Flüssigkeiten in Erscheinung. **Um Unfälle zu verhüten, muß man daher die Säure zum Wasser gießen, niemals umgekehrt.** Die Konzentration der Schwefelsäure muß vielfach nach Beaumé-Graden angegeben (mit Hilfe einer nach Beaumé-Graden geteilten Aräometerspindel gemessen). Es sind

$$x^0 \text{ Beaumé} = \left(\frac{x}{66} \cdot 0{,}842 + 1\right) \text{ kg/dm}^3.$$

Die Schwefelsäure findet folgende Verwendungen:

a) zum Trocknen von Gasen (wegen der Wasserentziehung);

b) zur Darstellung anderer Säuren. Die Schwefelsäure setzt als stärkste Säure alle anderen Säuren aus ihren Salzen in Freiheit, wie wir im folgenden sehen werden;

c) im Gemisch mit Salpetersäure zur Sprengstoffherstellung (vgl. S. 83);

d) Verdünnte Schwefelsäure dient zur Metallbeize. Das Verfahren beruht darauf, daß die Oxyde leichter in Säure löslich sind als die Metalle (vgl. S. 135);

e) Bei den elektrischen Akkumulatoren findet verdünnte Schwefelsäure als Leitflüssigkeit Verwendung (spezifisches Gewicht 1,18 kg/dm³);

f) zur Wasserstoffdarstellung durch Einwirkung auf Zink.

Die schwefelsauren Salze heißen **Sulfate**, die Sulfate der Schwermetalle bezeichnet man als „Vitriole".

G. Überschwefelsäure.

Durch galvanische Zersetzung einer mäßig konzentrierten Schwefelsäure unter gleichzeitiger Eiskühlung entsteht die Überschwefelsäure $H_2S_2O_8$ unter gleichzeitiger Wasserstoffentwicklung nach der Gleichung:

$$2\,H_2SO_4 = H_2S_2O_8 + H_2.$$

Die überschwefelsauren Salze heißen **Persulfate**.

F. Die wichtigsten Sulfate.

Formel	Namen	Bemerkungen
$Al_2(SO_4)_3$	Aluminiumsulfat	Beim Schaumlöschverfahren benutzt
$K_2SO_4 + Al_2(SO_4)_3 + 24\ H_2O$.	Kaliumaluminiumsulfat, Kalialaun	Zur Ledergerberei gebraucht
$K_2SO_4 + Cr_2(SO_4)_3 + 24\ H_2O$.	Kaliumchromsulfat, Chromalaun	Ensteht in Chromsäureelementen
$MgSO_4 + 7\ H_2O$.	Magnesiumsulfat, Bittersalz	Im Quellwasser enthalten
$CaSO_4 + 2\ H_2O$	Kalziumsulfat, Gips	Dient zum Formen
$Na_2SO_4 + 10\ H_2O$	Natriumsulfat, Glaubersalz	Dient zur Herstellung von Soda und Glas
$PbSO_4$	Bleisulfat, Bleivitriol	Mineral, fast wasserunlöslich
$FeSO_4 + 7\ H_2O$	Ferrosulfat, Eisenvitriol	Mittel zur Keimfreimachung
$ZnSO_4 + 7\ H_2O$	Zinksulfat, Zinkvitriol	Mineral
$CuSO_4 + 5\ H_2O$	Kupfersulfat, Kupfervitriol	In der Galvanoplastik gebraucht

H. Selen.

Ein dem Schwefel verwandtes, 1817 von Berzelius entdecktes Element ist das verhältnismäßig selten vorkommende Selen Se, das sich in einigen Schwefelerzen findet. Es hat in der neuesten Zeit bei der elektrischen Fernphotographie (elektrische Fernübertragung von Bildern) Verwendung gefunden, da es die Eigenschaft zeigt, den elektrischen Strom im belichteten Zustand besser zu leiten als im unbelichteten. (Selenzelle.)

30. Salzsäure HCl, Kalilauge KOH und Natronlauge NaOH.

A. Kalisalz und Kochsalz.

Zur Darstellung der Salzsäure dienen ihre Salze, die Chloride[1], KCl Kaliumchlorid (Staßfurt) wird unter dem Namen „Kalisalz" als Düngemittel hauptsächlich benutzt, während NaCl Kochsalz oder Natriumchlorid, neben seinen vielen sonstigen Verwendungen in der Technik, zur Salzsäuregewinnung gebraucht wird.

Nach seinem Vorkommen, nämlich im gelösten Zustand im Meeres- und Solwasser, ferner im festen Zustand im Erdinnern, unterscheidet man das Kochsalz als Seesalz, Quellsalz und Steinsalz.

Das Seesalz gewinnt man in südlichen Ländern, indem man das Meereswasser in flache Behälter leitet, in denen es durch die Sonnenwärme verdunstet, so daß das Salz als Rückstand bleibt.

Das Quellsalz wird ähnlich gewonnen, indem man das Solwasser auf Gradierwerke (Salinen) pumpt, über deren an Fachwerk befestigte Dornenwände es herabfließt, wobei eine Verdunstung stattfindet, so daß sich unten eine gesättigte Salzsole ansammelt, die ohne erheblichen Brennstoffaufwand eingedampft und

---

[1] Die salzsauren Salze der Metalloxyde nennt man Chloride, diejenigen der Metalloxydule dagegen Chlorüre, also z. B. $CuCl_2$ Kupferchlorid und Cu_2Cl_2 Kupferchlorür.

dabei das Salz ausgeschieden werden kann. Das Steinsalz wird durch bergmännischen Abbau gewonnen. Das so erhaltene Rohsalz wird durch Lösen in Wasser und nachherige Wiederausscheidung gereinigt.

Das Kochsalz wird, sofern es zu Genußzwecken (Würzung der Speisen, Haltbarmachung der Nahrungsmittel) dient, einer Steuer unterworfen. — Da es für gewerbliche Zwecke steuerfrei ist, so muß es für solche Verwendungen vergällt (denaturiert), d. h. ungenießbar gemacht werden, durch Zusatz von Eisenverbindungen (Viehsalz), Bitterstoffen oder Farbstoffen. — Solche technische Anwendungen des Kochsalzes sind: Darstellung von Salzsäure, Chlor, Glaubersalz und Soda, in der Gerberei (vgl. S. 103), in der Seifen- und Tonwarenfabrikation (vgl. S. 83 und 92), dann zu Kältemischungen, zum Auftauen von Eis und Schnee, zur Salzfütterung und als Düngemittel.

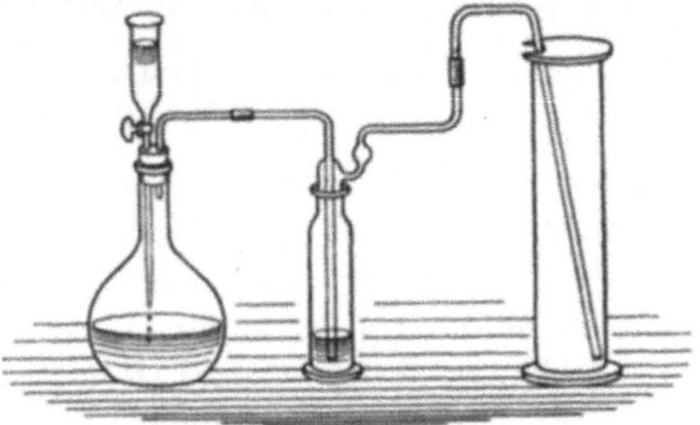

B. Die Salzsäure.

Es ist dies die Auflösung von Chlorwasserstoff HCl in Wasser [1]. Letzterer entsteht bei der Zersetzung von Kochsalz mit Schwefelsäure (vgl. Abb. 26).

Abb. 26. Salzsäuredarstellung.

$$2\,NaCl + H_2SO_4 = 2\,HCl + Na_2SO_4$$

Kochsalz + Schwefelsäure = Chlorwasserstoff (Salzsäure) + Natriumsulfat

Das Chlorwasserstoffgas, das durch obige Umsetzung in der Kochflasche entsteht, geht durch die Waschflasche, in der es durch Schwefelsäure getrocknet wird; dann sammelt es sich im Zylinder, der mit einer Glasplatte bedeckt ist. Es bildet sich der Chlorwasserstoff als ein stechend riechendes Gas, dessen außerordentliche Löslichkeit in Wasser wir dadurch zeigen (vgl. Abb. 27), daß wir eine Flasche *A* mit Chlorwasserstoff füllen (Flasche muß trocken sein), mit einem Stopfen verschließen, durch dessen Durchbohrung ein Glasrohr *b* geht, das in der Spitze *a* endigt. Dann stellen wir die Flasche umgekehrt mittelst des Ringes *R* über das Wassergefäß *S*. Allmählich steigt das Wasser durch *b* in die Höhe, löst etwas Gas, und durch den so gebildeten luftverdünnten Raum wird das Wasser weiter springbrunnenartig in die Flasche gesaugt, bis zum Abschluß der Auflösung.

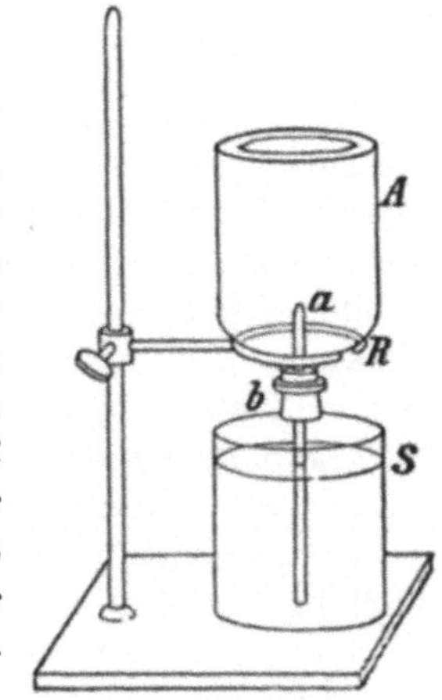

Abb. 27. Salzsäureabsorption.

Ganz ähnlich dem obigen Verfahren erfolgt die Salzsäuregewinnung in der Technik. Das als Nebenerzeugnis entstehende (Glaubersalz) Na_2SO_4, kurz „Sulfat" genannt, dient vorwiegend zur Sodagewinnung und zur Herstellung des Glases.

---

[1] Die Lösung von HCl in Alkohol ist die alkoholische Salzsäure, die in der Metallographie gebraucht wird.

Die rohe Salzsäure ist durch Eisenverbindungen gelb gefärbt, die reine dagegen farblos. Sie zeigt den Geruch des Chlorwasserstoffs. Die meisten unedlen Metalle löst sie auf unter Bildung der betreffenden Chloride. — Die Salzsäure findet folgende Verwendungen:

a) als Lötwasser (vgl. S. 140).
b) zur Herstellung des Königswassers (vgl. S. 50).
c) zur Chlorgewinnung.

C. Chlor.

Die Chlorgewinnung erfolgt durch Erhitzen mit MnO_2 Mangansuperoxyd, auch Braunstein genannt, mit Salzsäure.

$$4\,HCl + MnO_2 = MnCl_2 + 2\,H_2O + 2\,Cl$$
Salzsäure + Mangansuperoxyd = Manganchlorür + Wasser + Chlor.

Auch durch die Elektrolyse des Kochsalzes entsteht das Chlor, und zwar bei Verwendung des geschmolzenen $NaCl$, neben metallischem Natrium Na, dagegen bei Anwendung von Kochsalzlösung, neben $NaOH$ Natronlauge. Bei Verwendung des Kaliumchlorids KCl entsteht entsprechend Kalium K bzw. Kalilauge KOH. (Davy 1804.)

Die Umsetzung bei Elektrolyse der Kochsalzlösung ist:

$$2\,NaCl = 2\,Na + Cl_2$$
Kathode   Anode

und

$$2\,Na + H_2O = \underbrace{2\,NaOH + H_2}_{Kathode}$$

Der als Nebenerzeugnis entstehende Wasserstoff wird in Stahlflaschen unter 150 at Druck in den Handel gebracht.

Kalium und Natrium sind zwei Metalle, die als solche keine große technische Bedeutung haben. (Aufbewahrung unter Petroleum wegen leichter Oxydation.) Bei den Zeppelinluftschiffen werden zur Bestimmung der Windgeschwindigkeit Peilbomben auf das Seewasser geworfen, die Kalium enthalten. Letzteres entzündet sich in Berührung mit dem Wasser und dient als Leuchtpunkt für die erwähnte Bestimmung. Kali- bzw. Natronlauge sind die stärksten Basen, im reinen Zustand farblos; dampft man sie zur Trockne ein, so entsteht festes Ätzkali bzw. Ätznatron. Kali- und Natronlauge werden (auch unter dem Namen kaustische Soda bzw. kaustische Pottasche bekannt) hauptsächlich zum Lösen tierischer und pflanzlicher Fette von Metallen gebraucht und zur Herstellung der Seife.

Das bei obigen Versuchen entstehende Chlor Cl (ein- und mehrwertig) ist ein grünlichgelbes, stechend riechendes Gas, das sich in Wasser leicht löst. Die Lösung geht allmählich in Salzsäure über, unter gleichzeitigem Entweichen von Sauerstoff

$$H_2O + Cl_2 = 2\,HCl + O.$$

Das Chlor hat also offenbar eine große chemische Verwandtschaft zum Wasserstoff, den es dem Wasser entzieht und so den Sauerstoff in Freiheit setzt, so daß letzterer dann zur Wirkung gelangen kann. Daher bezeichnet man das Chlor auch als Oxydationsmittel. Auf dieser Eigenschaft des Chlors beruht seine Verwendung zum Bleichen von Baumwolle, Leinen und Stroh. (Wolle und Seide werden durch das Chlor zerstört.) Ferner dient das Chlor zur Keimfreimachung des Wassers in den Schwimmbecken der Badeanstalten.

Das Chlor kommt in Stahlzylindern verflüssigt in den Handel. — Es dient heute in der Technik vielfach zur Herstellung von reinem Chlorwasserstoff durch Vereinigung von Chlor und Wasserstoff durch den elektrischen Funken, ferner zur Rückgewinnung des Zinns aus Weißblechabfällen.

D. Kalzium- und Ammonium-Hydroxyd.

Zu den starken Basen, wohl auch Alkalien genannt, gehören, außer Kali- und Natronlauge, auch Kalziumhydroxyd $Ca(OH)_2$ und Ammoniumhydroxyd $NH_4(OH)$. — Erhitzt man den in der Natur vorkommenden Kalkstein $CaCO_3$ (stofflich zusammengesetzt wie Kreide und Marmor), so zerfällt er in Kalziumoxyd und Kohlendioxyd.

$$CaCO_3 \quad = \quad CaO \quad + \quad CO_2$$

Kalziumkarbonat (Kalkstein) = Kalziumoxyd + Kohlendioxyd.

Das Kalziumoxyd (gebrannter Kalk) vereinigt sich mit Wasser unter starker Wärmeentwicklung zu $Ca(OH)_2$ Kalziumhydroxyd (Ätzkalk oder gelöschter Kalk) [1].

$$CaO + H_2O = Ca(OH)_2.$$

Das Kalziumhydroxyd ist im Wasser nur im Verhältnis 1 : 750 löslich; die Lösung heißt „Kalkwasser". Dieses setzt sich mit Kohlendioxyd (vgl. S. 53) in Kalziumkarbonat und Wasser um. Das Kalkwasser ist eine starke Base. — Größere Mengen Kalziumhydroxyd in Wasser gebracht, bilden mit diesem ein unlösliches Gemisch, die sogenannte „Kalkmilch". Vereinigt man Kalkmilch oder Kalziumkarbonat mit Salzsäure, so entsteht $CaCl_2$ Kalziumchlorid, ein weißes Salz, das stark das Wasser anzieht, weswegen es in der Technik vielfach zu Trocknungszwecken benutzt wird (Kesselrostschutz). — Mit Schwefelsäure vereinigt sich Kalkmilch zu Kalziumsulfat (Gips) $CaSO_4$ [2]. Leitet man Chlorgas in Kalkmilch, so entsteht Chlorkalk (Thénard 1799), ein Gemisch von Kalziumhypochlorit (Salz der unterchlorigen Säure HClO) und Kalziumchlorid, $Ca(ClO)_2 + CaCl_2$. Es ist eine weiße Masse, die bei der Zersetzung Chlor entwickelt, weswegen sie vielfach zum Keimfreimachen und Bleichen benutzt wird. Chlorkalk mit Alkohol bildet Chloroform $CHCl_3$, eine wasserhelle Flüssigkeit von süßlichem Geruch (Betäubungsmittel), in der viele Stoffe löslich sind.

Leitet man das Chlorgas, statt in Kalkmilch, in Kalilauge bzw. Natronlauge, so entsteht KClO oder NaClO Kalium- bzw. Natriumhypochlorit, die ebenfalls zum Bleichen benutzt werden (Eau de Javelle). Erhitzt man diese beiden Salze in Lösung, so entsteht $KClO_3$ oder $NaClO_3$, Kalium- bzw. Natriumchlorat (Salze

---

[1] Benutzt man statt des Wassers Natronlauge zum Löschen des Kalkes, so entsteht der S. 30 erwähnte Natronkalk.

[2] Gips ist in Wasser fast unlöslich.

der Chlorsäure $HClO_3$). Es sind dies zwei gute Oxydationsmittel (Feuerwerkerei, Sprengstoffdarstellung); denn sie geben leicht ihren gesamten Sauerstoff ab:

$$2\,KClO_3 = 2\,KCl + 3\,O_2.$$

Die andere erwähnte Base, das Ammoniumhydroxyd $NH_4(OH)$ (Salmiakgeist) entsteht durch Vereinigung von Wasser mit Ammoniak NH_3, einem stechend riechenden Gase, Nebenerzeugnis bei der Kokerei und Leuchtgasgewinnung, das in Stahlflaschen verflüssigt in den Handel gebracht und hauptsächlich als Verdunstungsflüssigkeit bei der Eismaschine (vgl. S. 54) sowie zur Salpetersäuredarstellung gebraucht wird. Zur letzteren Verwendung gewinnt man das Ammoniak nach dem Verfahren von Haber-Bosch (1910) aus dem Luftstickstoff, der mit Wasserstoff über einer hauptsächlich aus Eisenoxyd bestehenden Kontaktmasse bei 600° C und 250 at zu Ammoniak vereinigt und dieses dann zu Salpetersäure HNO_3 weiter oxydiert wird. (Verfahren der Leunawerke.) Auch durch Einwirkung von Wasser auf den Kalkstickstoff erzeugt die Praxis Ammoniak.

$$CaCN_2 + 3\,H_2O = 2\,NH_3 + CaCO_3.$$

Die Vereinigung von Ammoniak und Wasser erfolgt nach der Gleichung:

$$NH_3 \quad + \quad H_2O = \quad NH_4(OH)$$
$$\text{Ammoniak} + \text{Wasser} = \text{Ammoniumhydroxyd.}$$

Das Ammoniumhydroxyd ist eine etwas schwächere Base als Kali- und Natronlauge, es dient ebenfalls zum Entfetten der Metalle.

Wie das Ammoniak selbst, so vereinigt sich auch das Ammoniumhydroxyd unmittelbar mit den betreffenden Säuren zu entsprechenden Salzen (Ammoniumsalzen).

$$NH_3 \quad + \quad HCl = \quad NH_4Cl$$
$$\text{Ammoniak} + \text{Salzsäure} = \text{Ammoniumchlorid (Salmiak)}$$

$$2\,NH_3 \quad + \quad H_2SO_4 \quad = \quad (NH_4)_2SO_4$$
$$\text{Ammoniak} + \text{Schwefelsäure} = \text{Ammoniumsulfat.}$$

Salmiak NH_4Cl ist ein weißes, wasserlösliches Pulver, das die Eigenschaft des Sublimierens zeigt, d. h. beim Erwärmen wird es ohne vorheriges Schmelzen luftförmig (Schmelz- und Siedepunkt liegen sehr dicht zusammen). Der Salmiak findet beim Löten und Verzinnen Verwendung, als Metallputzmittel und zu galvanischen Elementen. Durch Erwärmen des Salmiaks mit Schwefelsäure entsteht Chlorwasserstoff und durch Erwärmen mit gelöschtem Kalk das Ammoniakgas, wie dies die folgenden Gleichungen zeigen:

$$2\,NH_4Cl \quad + \quad H_2SO_4 \quad = \quad (NH_4)_2SO_4 \quad + \quad 2\,HCl$$
$$\text{Ammoniumchlorid} + \text{Schwefelsäure} = \text{Ammoniumsulfat} + \text{Salzsäure}$$

$$2\,NH_4Cl \quad + \quad Ca(OH)_2 \quad = \quad CaCl_2 \quad + \quad 2\,H_2O + \quad 2\,NH_3$$
$$\text{Ammoniumchlorid} + \text{Kalziumhydroxyd} = \text{Kalziumchlorid} + \text{Wasser} + \text{Ammoniak.}$$

Das Ammoniumsulfat $(NH_4)_2SO_4$ ist ein wasserlösliches Pulver, das, außer als Düngemittel (20,6% N), zur Behandlung leicht entzündlicher Ausstattungsstoffe für Theater dient. Es wird dadurch erreicht, daß diese Stoffe im Falle eines Bühnenbrandes nur verglimmen, nicht entflammen (also verringerte Feuersgefahr).

E. Die wichtigsten Chloride.

Formel	Namen	Bemerkung
KCl	Kaliumchlorid (Kalisalz)	Düngemittel
NaCl	Natriumchlorid (Kochsalz)	Wichtigste Chlorverbindung
NH_4Cl	Ammoniumchlorid (Salmiak)	Beim Löten gebraucht
$CaCl_2$	Kalziumchlorid	Trocknungsmittel
$ZnCl_2$	Zinkchlorid	Als Lötwasser benutzt
Cu_2Cl_2	Kuprochlorid (Kupferchlorür)	Bindet CO
$CuCl_2$	Kuprichlorid (Kupferchlorid)	Ausgangsstoff für Cu_2Cl_2
AgCl	Silberchlorid	Lichtempfindlich

F. Brom, Jod und Fluor.

Dem Chlor verwandte Elemente (von gleicher Wertigkeit) sind Brom Br, Jod J und Fluor F. Die beiden erstgenannten und ihre Verbindungen haben nur als Heilmittel Bedeutung, mit Ausnahme ihrer für die Photographie wichtigen, lichtempfindlichen Silbersalze (vgl. S. 107). Das Fluor findet sich in dem Mineral Flußspath CaF_2, Kalziumfluorid. Dieses gibt, mit Schwefelsäure übergossen, HF Flußsäure oder Fluorwasserstoff. Hält man eine teilweise mit Wachs überzogene Glasplatte in Flußsäuredämpfe, so werden die nicht bedeckten Glasteile geätzt, infolge Bildung von Fluorsilizium SiF_4. Die Flußsäure greift die meisten gebräuchlichen Stoffe an; sie kann daher nur in den sehr widerstandsfähigen Guttaperchaflaschen aufbewahrt werden.

31. Die Salpetersäure [1].

A. Kali- und Natronsalpeter.

a) Zur Darstellung der Salpetersäure dienen ihre in der Natur vorkommenden Salze, nämlich KNO_3 und $NaNO_3$, Kalium- bzw. Natriumnitrat.

a) KNO_3 Kaliumnitrat oder Kalisalpeter (Ungarn, Indien), ein weißes, nicht wasseranziehendes Salz, findet seine Hauptanwendung zur Herstellung des Schießpulvers, einem Gemisch von 75% Kalisalpeter, 13% Holzkohlepulver und 12% Schwefel. Die Oxydationswirkung des Salpeters verläuft nach der Formel:

$$2\,KNO_3 + S + 2\,C = K_2SO_4 + N_2 + 2\,CO$$

(Entzündung durch Schlag oder durch Erwärmung auf 300° C). 1 kg Pulver liefert bis zu 285 l Gas (N und CO), wobei bis zu 640 kcal frei werden. Druck etwa 4400 at, entsprechend einer Arbeit von 6400 mkg.

b) $NaNO_3$ Natriumnitrat, Natron- oder Chile-Salpeter (Südamerika) ist wasseranziehend und daher zur Schießpulverdarstellung ungeeignet. Man braucht ihn als Düngemittel und zur Herstellung von Salpetersäure HNO_3.

B. Darstellung der Salpetersäure.

a) Aus Chilesalpeter durch Erwärmen mit Schwefelsäure:

$$NaNO_3 \;+\; H_2SO_4 \;=\; NaHSO_4 \;+\; HNO_3$$
Natriumnitrat + Schwefelsäure = Saures Natriumsulfat + Salpetersäure.

---

[1] Der Stickstoff ist 3- und 5-wertig.

Im kleinen erfolgt diese Umsetzung in Glaskolben (Abb. 28), in der Technik in großen gußeisernen Retorten,

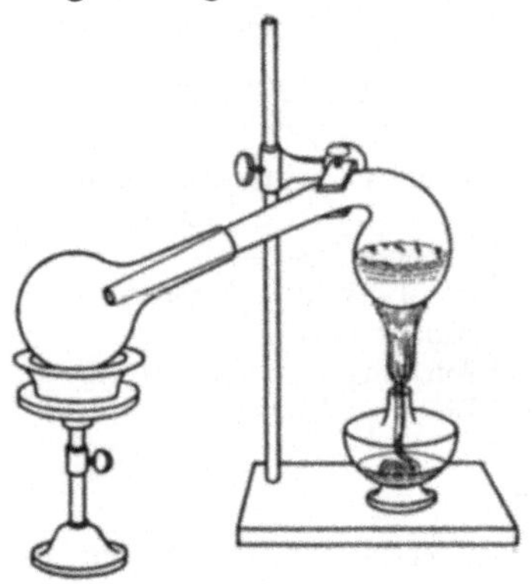

Abb. 28. Salpetersäuredarstellung.

b) Aus Luftstickstoff. α) Unmittelbar aus der Luft: Nach dem Verfahren von Birkeland und Eyde (1905) vereinigt man Stickstoff und Sauerstoff im elektrischen Lichtbogen bei 3500⁰ C zu Stickstoffsuperoxyd NO_2, einem rotbraunen Gase, das auch beim Auflösen von Metallen in Salpetersäure entsteht. Dies wird mit Wasser in Salpetersäure und Stickoxyd NO umgesetzt, welch letzteres sich an der Luft wieder in NO_2 verwandelt. $3\,NO_2 + H_2O = 2\,HNO_3 + NO$.

β) Aus dem aus Luftstickstoff gewonnenen Ammoniak (vgl. S. 48): Ammoniak und Sauerstoff werden bei 500⁰ C über eine aus den Oxyden von Eisen, Mangan, Chrom und Wismut bestehende Kontaktmasse zu Stickoxyd NO vereinigt. Dieses verwandelt sich an der Luft in Stickstoffsuperoxyd NO_2 und letzteres bildet mit Wasser die Salpetersäure.

$$2\,NH_3 + 5\,O_2 = 4\,NO + H_2O.$$

Die Darstellung der Salpetersäure aus dem Luftstickstoff hatte während des Weltkrieges für Deutschland, dem damals die Zufuhr von Chilesalpeter abgeschnitten war, eine besondere Bedeutung. Gegenwärtig beträgt unsere Einfuhr von Chilesalpeter nur noch 25% der Vorkriegszeit, wodurch weniger deutsches Geld ins Ausland geht.

C. Eigenschaften und Verwendung der Salpetersäure.

Die Salpetersäure ist eine im reinen Zustand farblose Flüssigkeit von stechendem Geruch. Durch das Sonnenlicht tritt allmähliche Zersetzung ein, wobei sich gewisse Stickoxyde bilden, die die Säure gelb färben. Bei der Einwirkung der Säure auf Metalle entstehen rotbraune Dämpfe von Stickstoffsuperoxyd NO_2.

Alle unedlen Metalle lösen sich in der Salpetersäure auf, außer dem Zinn, das wohl oxydiert, aber nicht gelöst wird. Die Säure sowohl als ihre Salze haben eine stark oxydierende Wirkung (Beweis z. B. die bleichende Wirkung auf die Farben der Kleiderstoffe). Da auch das Silber, im Gegensatze zum Golde, in der Salpetersäure löslich, also von diesem leicht trennbar ist, so bezeichnet man die Salpetersäure auch als „Scheidewasser". — Die Salpetersäure findet folgende Verwendungen:

a) Bereitung des Königswassers, eines Gemisches von drei Raumteilen konzentrierter Salzsäure und einem Raumteil konzentrierter Salpetersäure, das in Berührung mit Edelmetallen Chlor entwickelt und diese in Form von Chloriden auflöst, z. B. $PtCl_4$ Platinchlorid, $AuCl_3$ Goldchlorid;

b) zum Ätzen der Metalle, z. B. für Schablonen, Maßstäbe, Stempel, Schilder usw. Zu diesem Zwecke werden die Metallplatten mit Wachs überzogen, das an den zu ätzenden Stellen nachträglich wieder fortgenommen wird. Bei Schablonen wird vollständig bis auf die andere Seite durchgeätzt, bei Schildern nur eine Vertiefung erzeugt und letztere mit einer Lackmasse ausgefüllt;

c) als Metallbeizen (Gelbbrennen) für erwärmtes Kupfer oder Messing;

d) zur Sprengstoffdarstellung verwendet man ein Gemisch von Salpetersäure und Schwefelsäure.

D. Ammoniumnitrat.

Durch Vereinigung von Ammoniak mit Salpetersäure entsteht das Ammoniumnitrat NH_4NO_3, das zur Herstellung von Sprengstoffen dient und sich mit Ammoniumsulfat zu einem Doppelsalz Ammonium-Sulfat-Nitrat NH_4NO_3 + $(NH_4)_2SO_4$ vereinigt, das man nach seiner Herstellung in den Leunawerken als Leunasalpeter bezeichnet, der als Düngemittel und zur Herstellung von Sprengstoffen gebraucht wird.

E. Silbernitrat.

Außer Kali- und Natronsalpeter ist von salpetersauren Salzen noch das Silbernitrat $AgNO_3$ von praktischer Bedeutung, eine wasserlösliche, weiße Masse, die unter dem Namen „Höllenstein" als Heilmittel zum Ätzen benutzt wird. Die wäßrige Lösung dieses Salzes mit organischen Stoffen (Gewebe, Haut) in Berührung gebracht, zersetzt sich leicht unter Bildung von schwarzem Silberoxyd Ag_2O. Hierauf beruht die Anwendung der Höllensteinlösung als unverwaschbare Wäschetinte. Außerdem dient das Silbernitrat zur Herstellung von Silberspiegelbelägen und zur Darstellung der in der Photographie verwandten, lichtempfindlichen Silbersalze, nämlich des Chlor-, Brom- und Jodsilbers, $AgCl$, $AgBr$ und AgJ.

32. Phosphorsäure H_3PO_4.

A. Phosphorhaltige Rohstoffe.

Das phosphorsaure Kalzium oder Kalziumphosphat $Ca_3P_2O_8$ kommt in der Natur als das Mineral Phosphorit vor, sowie in Verbindung mit dem Kalziumfluorid und -Chlorid als Apatit. Ferner wird Kalziumphosphat aus den Knochen gewonnen, sowie als Nebenerzeugnis bei der Stahlgewinnung, als sogenannte Thomasschlacke. Durch Einwirkung verdünnter Schwefelsäure verwandelt es sich in das saure Kalziumphosphat einem wichtigen Düngemittel (Superphosphat) $CaH_4P_2O_8$.

B. Phosphorsäure.

Durch weitere Einwirkung von Schwefelsäure auf Kalziumphosphat entsteht die Phosphorsäure H_3PO_4, eine farblose, sirupartige Flüssigkeit, die nach vollständiger Wasserentziehung farblose Kristalle bildet, aber selbst keine wichtige technische Bedeutung hat.

C. Darstellung des Phosphors.

Man erhitzt Kalziumphosphat mit Quarz und Kohle im elektrischen Ofen auf 1400^0.

D. Eigenschaften des Phosphors.

Der Phosphor (Entdecker: Brand 1669) (3- und 5 wertig) ist eine gelblichweiße, wachsweiche Masse, sehr giftig und selbstentzündlich (Aufbewahrung unter Wasser), die zu Phosphorpentoxyd oder Phosphorsäureanhydrid P_2O_5 verbrennt. Letzteres vereinigt sich mit Wasser wieder zu Phosphorsäure.

$$P_2O_5 + 3\,H_2O = 2\,H_3PO_4.$$

4*

Im Dunkeln leuchtet der Phosphor; man nennt diese Eigenschaft Phosphoreszenz. — Beim Erhitzen des gelben Phosphors unter Luftabschluß auf 300^0, geht er in den roten Phosphor über, der ungiftig und erst 430^0 entzündlich ist. Zwischen dem gelben und roten Phosphor liegt ebenso eine Allotropie vor, wie zwischen Sauerstoff und Ozon.

Der Phosphor macht das Gußeisen dünnflüssig, aber auch kaltbrüchig. Er ist ferner in der Phosphorbronze enthalten.

E. Phosphorwasserstoff.

Wird der gelbe Phosphor mit Kalilauge längere Zeit ohne Gegenwart von Sauerstoff erhitzt, so entsteht Phosphorwasserstoff H_3P, ein farbloses, an der Luft selbstentzündliches Gas, dessen Salze, die Phosphide, eine gewisse technische Bedeutung haben. Die Eisensorten enthalten mitunter Eisenphosphide; ferner sind im Kalziumkarbid (vgl. S. 74) häufig Kalziumphosphide vorhanden, und infolgedessen im Azetylen auch Phosphorwasserstoff, wodurch eine noch erhöhte Explosionsgefahr des Azetylens bedingt wird.

F. Zündhölzer.

Die Hauptanwendung findet der Phosphor zur Herstellung von Zündhölzern (Iriny 1835). Die sogenannten Schwefelhölzer (seit 1. Januar 1907 verboten, wegen ihrer Feuergefährlichkeit und Giftigkeit), enthielten als Zündmasse ein Gemisch von Schwefel und gelbem Phosphor; sie waren an jeder Reibfläche entzündlich. Bei den sogenannten schwedischen (sie wurden 1848 zuerst in Schweden hergestellt) oder Sicherheitszündhölzern, die nur an einer Reibfläche von rotem Phosphor entzündlich sind, enthalten die Köpfchen ein Gemisch von Kaliumchlorat und Antimonsulfid (vgl. S. 113).

G. Borax.

Ein dem Phosphor verwandtes Element ist das Bor B, von dem aber nur der Borax $Na_2B_4O_7 + 10\,H_2O$, Natriumtetraborat, das sich in Toskana als Mineral findet, technisch wichtig ist; es löst im geschmolzenen Zustande viele Metalloxyde auf, wovon man beim Löten Gebrauch macht.

33. Kohlensäure H_2CO_3.

A. Natürliche Karbonate.

Von den kohlensauren Salzen oder Karbonaten findet man in der Natur Kalziumkarbonat $CaCO_3$ (Kalkstein, Kreide, Marmor), Kaliumkarbonat K_2CO_3 (Pottasche, Landpflanzenasche) und Natriumkarbonat Na_2CO_3 (Soda, Seepflanzenasche).

B. Darstellung von Kohlensäureanhydrid oder Kohlendioxyd CO_2.

Kalziumkarbonat wird erhitzt oder mit Salzsäure zersetzt. Ersteren Vorgang führt man in der Praxis beim Kalkbrennen aus. $CaCO_3 = CaO + CO_2$ und $CaCO_3 + 2\,HCl = CaCl_2 + H_2O + CO_2$.

C. Eigenschaften des Kohlendioxyds.

Kohlendioxyd ist ein farb-, geruch- und geschmackloses Gas, das Atmung und Verbrennung nicht unterhält, 1,5 mal so schwer wie Luft (spez. Gewicht

$1{,}520\ kg/dm^3$), Siedepunkt -57^0, Gefrierpunkt -79^0 C. — Mit Wasser vereinigt es sich zu Kohlensäure H_2CO_3, die aber beim Eindampfen der Lösung wieder in H_2O und CO_2 zerfällt, ähnlich der schwefligen Säure H_2SO_3 in H_2O und SO_2. Kohlendioxyd entsteht auch bei der Atmung und der vollkommenen Verbrennung, sowie bei der Gärung und Verwesung (Keller, Kanäle, Gruben). Ebenso enthält Quellwasser häufig CO_2 (Rhens, Apollinaris, Selters). Das in vulkanischen Gegenden den Erdspalten entweichende Kohlendioxyd (Eifel) wird technisch gewonnen und in Stahlzylindern verflüssigt in den Handel gebracht. Um den Bedarf an flüssigem Kohlendioxyd in Deutschland von jährlich 20 000 t decken zu können, hat man auch schon erfolgreich versucht, das in den Verbrennungsgasen enthaltene CO_2 in Sodalösung Na_2CO_3 zu leiten, wobei saures Natriumkarbonat $NaHCO_3$ entsteht, das beim Erwärmen wieder in Soda und CO_2 zerfällt. Ferner gewinnt man CO_2 aus den Abgasen der Kalköfen.

D. Versuche mit Kohlendioxyd.

a) Kohlendioxyd in Kalkwasser eingeleitet (vgl. S. 47) gibt einen unlöslichen Niederschlag von Kalziumkarbonat.

$$Ca(OH)_2 + CO_2 = CaCO_3{}'' + H_2O.$$

Beim weiteren Einleiten von Kohlendioxyd verschwindet allmählich die Trübung; es ist wasserlösliches, saures kohlensaures Kalzium entstanden, $CaH_2\text{-}(CO_3)_2$, nämlich:

$$CaCO_3 + CO_2 + H_2O = CaH_2(CO_3)_2.$$

Beim Verdunsten, ebenso beim Verdampfen der Lösung scheidet sich wieder das neutrale Karbonat $CaCO_3$ aus. Hierauf beruht die Bildung von Tropfsteinen (Dechenhöhle, Hermannshöhle), ferner die Entstehung des Kesselsteins (vgl. S. 86).

b) Leitet man in der gleichen Weise Kohlendioxyd in Kali- oder Natronlauge ein, so entstehen die entsprechenden Karbonate (wasserlöslich, also kein Niederschlag), nämlich K_2CO_3 Pottasche und Na_2CO_3 Soda. Man bindet daher Kohlendioxyd mit diesen Laugen (vgl. Luftuntersuchung, Rauchgasanalyse u. a. m.). — Beim weiteren Einleiten von Kohlendioxyd in die Laugen entstehen die entsprechenden sauren (doppeltkohlensauren) Salze (Bikarbonate) $KHCO_3$ und $NaHCO_3$[1]. In dieser Weise werden heute auch in der Technik Pottasche und Soda meist hergestellt. — Pottasche dient zur Darstellung des Wasserglases (vgl. S. 58). Beim Natriumkarbonat unterscheidet man die kristallisierte Soda $Na_2CO_3 + 10\,H_2O$ und die kalzinierte Soda Na_2CO_3. Beide sind weiß und wasserlöslich. Die kalzinierte Soda, die durch Erhitzen der kristallisierten entsteht (Wasserentziehung) hat geringeres Gewicht (Frachtkostenersparnis). — Die Soda dient, außer zu Waschzwecken, zur Reinigung der Metalle von tierischen und pflanzlichen Fetten (mineralische Fette werden durch Benzin entfernt) und zur Kesselspeisewasserreinigung. Das saure Natriumkarbonat $NaHCO_3$ wird beim Schaumlöschverfahren benutzt (vgl. S. 111).

c) Leitet man Kohlendioxyd in die Lösung von Ammoniumhydroxyd ein, so entsteht wasserlösliches Ammoniumkarbonat (Hirschhornsalz) $(NH_4)_2CO_3$, das als Metallputzpulver und zur Herstellung von Gummiwaren verwendet wird.

---

[1] Entdeckt von Carthäuser 1757.

d) Gießt man Kohlendioxyd aus einem Glaszylinder (vgl. Abb. 29) wie eine Flüssigkeit über eine brennende Kerze, so erlischt diese, weil CO_2 die Verbrennung (und die Atmung) nicht unterhält. Ebenso können wir mit Hilfe einer Wage das hohe spezifische Gewicht des Kohlendioxyds zeigen (vgl. Abb. 30). Man untersucht daher Kanalschächte, Gruben u. a. m. vor dem Einsteigen erst mit einem brennenden Licht; wenn dasselbe erlischt, darf man die Räume nicht befahren. Auf dieser

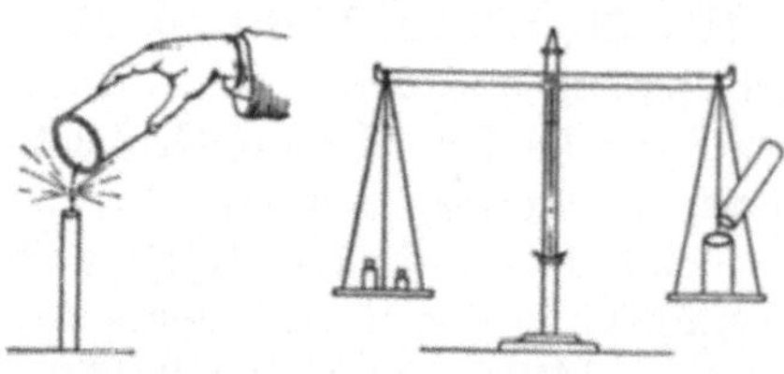

Abb. 29 und 30. Versuche mit Kohlendioxyd.

Eigenschaft des Kohlendioxyds beruht auch seine Anwendung zum Feuerlöschen (Brände in Kohlenbunkern).

e) Verbindet man die mit flüssigem Kohlendioxyd gefüllte Stahlflasche mit einem Tuchbeutel und läßt in diesen das CO_2 strömen, so findet durch die Druckverminderung die Vergasung der Flüssigkeit statt, und infolge des starken Wärmeverbrauches kühlt sich der Beutel derartig ab, daß das Kohlendioxyd darin zu einer weißen, schneeartigen Masse erstarrt, die eine Temperatur von -60^0 besitzt, mit Äther gemischt, sogar -85^0. Man kann mit dieser Masse Wasser und Quecksilber leicht zum Gefrieren bringen, Pflanzenblätter und Gummistücke werden darin hart und spröde. — Füllt man einige Stücke festes Kohlendioxyd in die Flasche A (Abb. 31) und verschließt deren senkrechtes Rohr mit dem Finger, so wird durch den Druck des verdunstenden CO_2 die Flüssigkeit in der Flasche B in deren Steigrohr gepreßt und entweicht aus

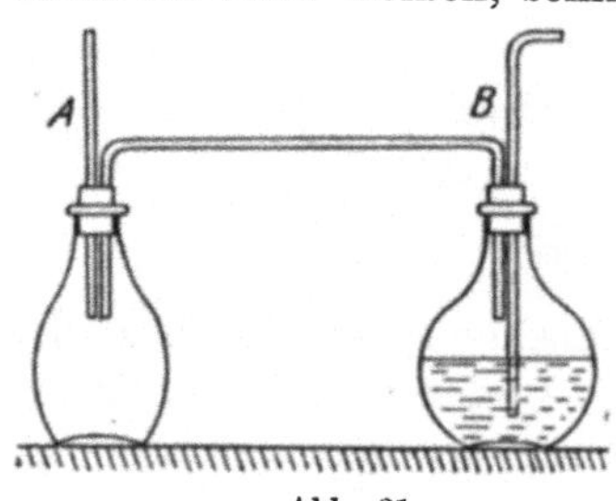

Abb. 31.
Wirkung des Bierdruckapparates.

diesem in Form eines Strahles. Hierauf beruht die Anwendung des Kohlendioxyds zu Bierdruck- und Feuerlöschapparaten.

E. Kälteerzeugung.

Wegen der hohen Verdunstungskälte findet das Kohlendioxyd, ebenso wie Schwefeldioxyd und Ammoniak, bei der Eismaschine bzw. Kaltluftmaschine Verwendung.

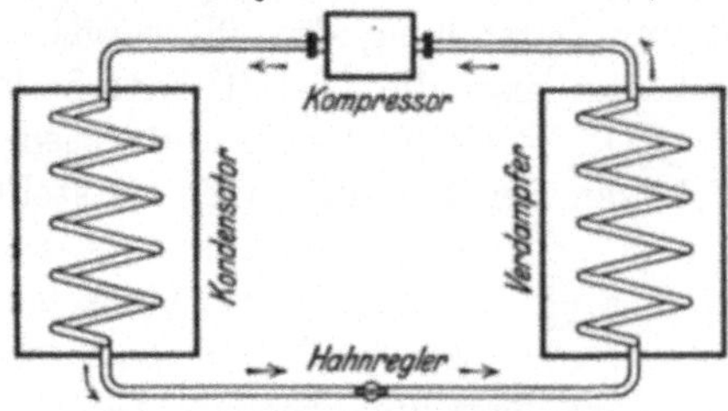

Abb. 32. Schema der Eismaschine.

Die 4 Hauptteile jeder Eismaschine sind Kompressor (Saug- und Druckpumpe), Kondensator, Verdampfer und Regulierventil[1] (Abb. 32). Die zur Kälteerzeugung gebrauchte Verdampfungsflüssigkeit ist flüssiges Kohlendioxyd, Ammoniak oder Schwefeldioxyd. Die Verflüssigung dieser Stoffe erfolgt in der Weise, daß sie im luftförmigen Zustand vom Kompressor in den Kondensator gedrückt und dort unter gleichzeitiger Temperaturerniedrigung durch Kühlwasser verflüssigt werden. Das so verflüssigte Gas gelangt nun,

---

[1] Hahnregler.

vom Kompressor angesaugt, durch das Regulierventil in das Rohrsystem des Verdampfers. In diesem ist der Druck wesentlich niedriger, als im Kondensator, so daß das verflüssigte Gas wieder verdampft und, dabei Wärme verbrauchend, das Rohrsystem des Verdampfers abkühlt. Alsdann saugt der Kompressor das Gas wieder an und der soeben beschriebene Kreislauf beginnt von neuem. Das Rohrsystem des Verdampfers liegt in einem Behälter mit einer Salzlösung, die sich dadurch bis auf -10^0 abkühlt. Zur Eiserzeugung hängt man in diese Salzlösung mit Wasser gefüllte, annähernd prismatische Kästen aus Zinkblech. Das darin befindliche Wasser erstarrt dann zu den bekannten Eisblöcken. Will man kalte Luft erzeugen, so muß man die Luft durch ein Schlangenrohr durch den Verdampfer führen [1]. Abb. 33 zeigt die vollständige Anlage einer Linde-schen Eismaschine.

F. Die wichtigsten Karbonate.

Formel	Namen	Bemerkungen
K_2CO_3	Kaliumkarbonat (Pottasche)	Landpflanzenasche
$Na_2CO_3 + 10 H_2O$	Natriumkarbonat (Soda)	Entfettungsmittel, Kesselstein-lösemittel
$(NH_4)_2CO_3$	Ammoniumkarbonat	Hirschhornsalz
$CaCO_3$	Kalziumkarbonat	Kalkstein, Kreide, Marmor
$MgCO_3$	Magnesiumkarbonat	Magnesit (Mineral)
$CaH_2(CO_3)_2$	Kalziumbikarbonat	Kesselsteinbildner
$FeCO_3$	Eisenkarbonat	Spatheisenstein (Mineral)
$ZnCO_3$	Zinkkarbonat	Galmei (Mineral)
$PbCO_3$	Bleikarbonat	Weißbleierz (Mineral)
$2 PbCO_3 + Pb(OH)_2$ . .	Basisches Bleikarbonat	Bleiweiß (Anstrichfarbe)
$CaCO_3 + MgCO_3$	Kalzium-Magnesium-Karbonat	Dolomit (Mineral), liefert basisches Herdfutter (Thomasverfahren).

G. Kohlenoxyd.

Leitet man Kohlendioxyd durch ein eisernes Rohr, in dem Kohle erhitzt wird, so bildet sich Kohlenoxyd:

$$CO_2 + C = 2 CO.$$

Ebenso entsteht Kohlenoxyd, wenn man das Kohlendioxyd über 1000^0 C erhitzt:

$$CO_2 = CO + O.$$

Man kann daher bei Verbrennung der Kohle zu Kohlendioxyd Temperaturen über 1200^0 nur bei Anwendung des erhitzten Gebläsewindes erhalten (z. B. in Hüttenwerken).

Das Kohlenoxyd ist ein farbloses Gas, spez. Gew. $0,967$ kg/dm^3, sehr giftig, das mit bläulicher Flamme zu Kohlendioxyd verbrennt:

$$CO + O = CO_2.$$

Das Kohlenoxyd entsteht in jedem Zimmerofen (Gefahr der Ofenklappen); ferner ist es in vielen in der Technik gebrauchten luftförmigen Brennstoffen enthalten, z. B. im Leuchtgas, Generatorgas, Wassergas u. a. m. Der Heizwert

---

[1] Auf ähnlichen Grundsätzen beruht das im Tiefbau gebräuchliche Gefrierschacht-verfahren.

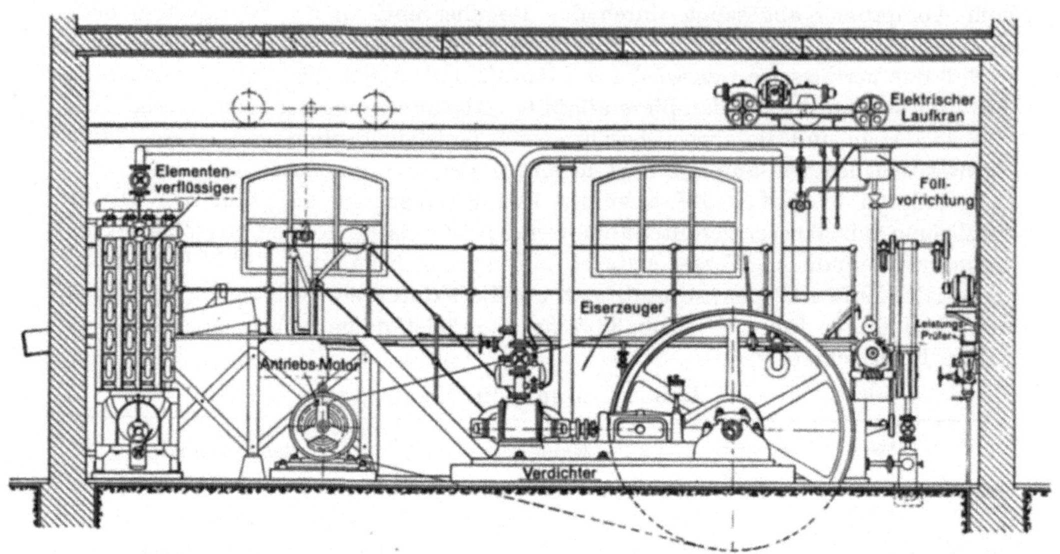

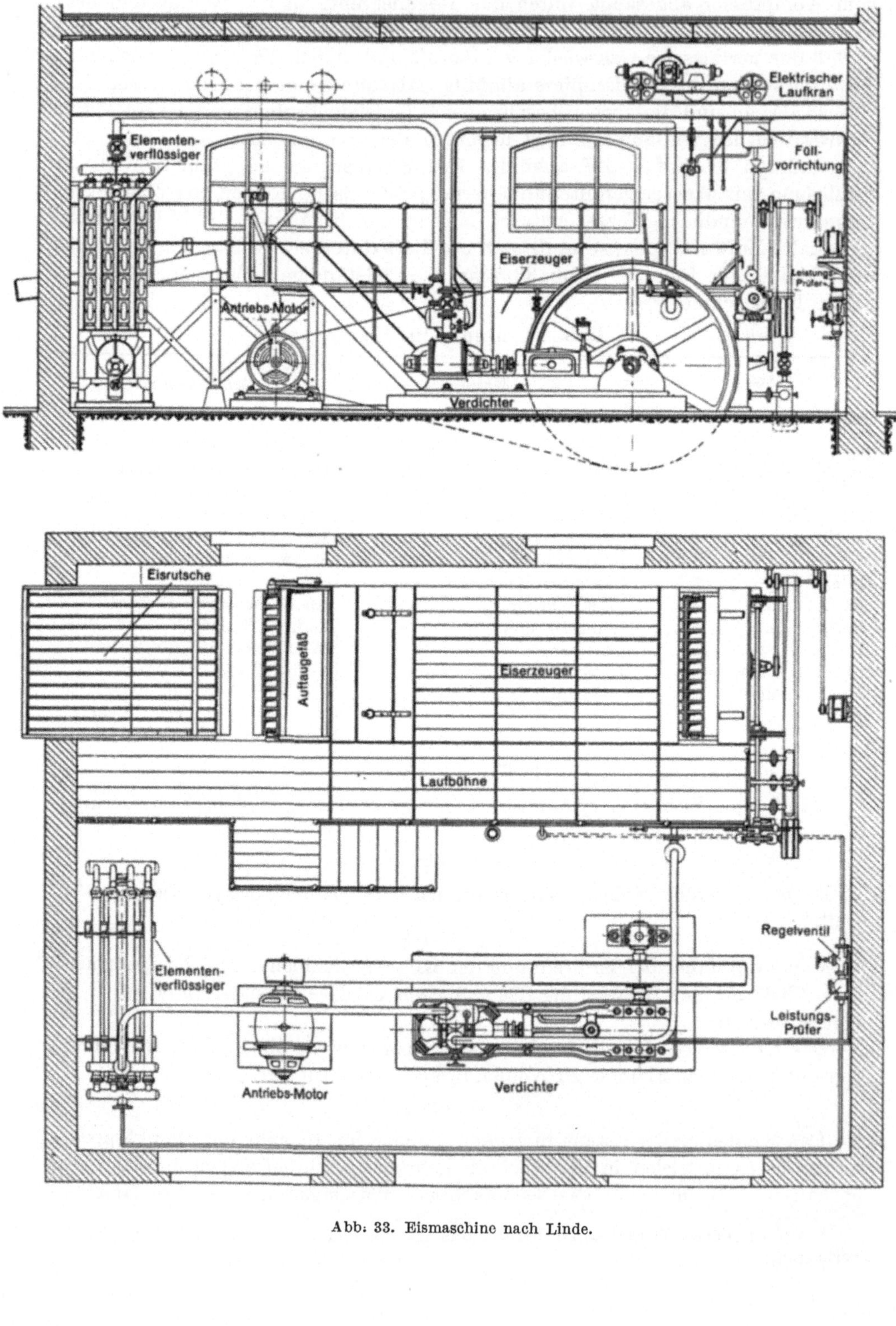

Abb. 33. Eismaschine nach Linde.

von Kohlenoxyd bei der Verbrennung zu Kohlendioxyd ist 3100 kcal/kg, dagegen derjenige der Kohle bei Verbrennung zu Kohlenoxyd 2400 kcal/kg, und bei Verbrennung zu Kohlendioxyd 8100 kcal/kg.

Zur Mengenbestimmung [1] des Kohlenoxyds dient Kupferchlorürlösung, die dieses Gas bindet, unter Bildung von $Cu_2Cl_2(CO)$, einer von Berthelot zuerst gefundenen Verbindung.

Das Kohlenoxyd hat stark reduzierende Eigenschaften, es verwandelt z. B. Eisenoxyd in Eisen (vgl. Eisenhochofenverfahren)

$$Fe_2O_3 + 3\,CO = 3\,CO_2 + Fe_2.$$

H. Der Kohlenstoff.

Der Kohlenstoff selbst findet sich als Diamant, Graphit und gewöhnliche Kohle, dann im Erdöl und in allen organischen, d. h. dem Tier- und Pflanzenreich entstammenden Stoffen.

a) Der Diamant (Indien, Südafrika, Brasilien) ist kristallisierter Kohlenstoff. Er wird wegen seines hohen Lichtbrechungsvermögens im geschliffenen Zustand zu Schmucksteinen verwendet. Wegen seiner großen Härte benutzt man den Diamanten als Glasschneider, Gesteinsbohrer (Tunnel- und Bergwerksbau), dann zum Abdrehen von Schmirgelscheiben, zum Schneiden von Papierwalzen und zum Ziehen feiner Drähte. — Die meisten Nachahmungen des Diamanten bestehen aus Glas. Man hat aber auch richtige Diamanten (in Splittergröße) künstlich hergestellt durch Schmelzen von kohlenstoffreichem Eisen im elektrischen Ofen und nachheriges langsames Abkühlen.

b) Der Graphit (Sibirien, Ceylon, Wales, Passau) bildet eine grauschwarze unlösliche Masse, die den elektrischen Strom gut leitet und auch sehr hohe Temperaturen gut verträgt. Die hauptsächlichsten Anwendungen sind, mit Ton gemischt, zur Herstellung feuerfester Schmelztiegel (Tiegelgußstahlverfahren), Schmier- und Dichtungsmittel für Gegenstände, die einer hohen Temperatur ausgesetzt werden, so daß Schmieröl nicht verwendet werden kann, bei Mannlochdichtungen, zum Ausstreichen der Formen in der Eisengießerei, zum Innenanstrich von Dampfkesseln (mit Milch gemischt), zum Eisenanstrich (Ofenschwärze). Endlich findet der Graphit mit Ton gemischt (um so härter, je höher der Tongehalt) zur Herstellung von Bleistiften Verwendung. Das Gemisch wird gepreßt, gebrannt und die so erhaltenen Stifte in Holz gefaßt (meistens westindisches Zedernholz) [2].

Die übrigen Vorkommnisse des Kohlenstoffs werden bei den Brennstoffen besprochen.

34. Die Kieselsäuren.

A. Ortho- und Metakieselsäure.

Die Orthokieselsäure H_4SiO_4 und die Metakieselsäure H_2SiO_3 finden sich in Form ihrer Salze, den Silikaten, von sehr vielartiger Zusammensetzung in den wichtigsten Mineralien und Gesteinen; daher ist das Silizium nächst dem Sauerstoff das verbreiteste Element.

---

[1] Zum stofflichen Nachweis von CO dient Palladiumpapier (vgl. S. 109).

[2] Der Name „Bleistift“ stammt von der früheren Anwendung des metallischen Bleies zu Schreibstiften.

B. Kieselsäureanhydrid.

Das Anhydrid beider Säuren SiO_2, Siliziumdioxyd, bildet den Quarz (Quarzsand und Kiesel), Bergkristall, Topas u. a. m.

C. Silikatmineralien.

Die wichtigsten aus Silikaten bestehenden Mineralien sind Quarz, Sand, Ton, Feldspat, Glimmer, Hornblende, Augit, Labrador, Dialag, Lava (letztere vulkanischen Ursprungs). Über die aus diesen Mineralien gebildeten Gesteine vgl. S. 95.

D. Kieselgur, Asbest und Speckstein.

Von besonderem Belang sind noch außerdem die Mineralien Kieselgur und Asbest. — Kieselgur oder Diatomeenerde (weiß oder braun) ist eigentlich organischen Ursprungs; denn die Masse besteht aus den Kieselpanzern der Diatomeen (Stabtierchen aus der Gruppe der Algen). Man gebraucht die Kieselgur zur Herstellung von Dynamit und als Wärmeschutzmasse. Für letzteren Zweck sind Seidenabfälle (Krefelder Webereien) besonders geeignet und nächst diesen der Asbest (Mineralfaser), ein feinfaseriges Mineral, das auch wegen seiner Feuerbeständigkeit (Asbestpappe, Asbestanzüge) vielfach verwendet wird. Auch zu Dichtungsringen und Stopfbüchsenpackungen wird er benutzt. — Von sonstigen Silikatmineralien sei noch der Speckstein erwähnt, der namentlich für Zündkerzen gebraucht wird und früher auch für die Köpfe der Gasschnittbrenner verwendet wurde.

E. Karborund.

Quarz im elektrischen Ofen mit Kohle zusammen erhitzt liefert Siliziumkarbi SiCp

$$SiO_2 + 3\,C = SiC + 2\,CO.$$

Siliziumkarbid, meist Karborund genannt, findet als Schleifmittel Verwendung, da es beinahe so hart wie Diamant ist. Der sonst gebräuchliche Schmirgel[1] ist Al_2O_3 Aluminiumoxyd. Die Schmirgelscheiben erhält man aus dem Schmirgelpulver durch ein Bindemittel (Öl, Gummi oder mineralische Bindemittel). Auch Schmirgelleinen und -papier werden hergestellt, indem man das Schmirgelpulver mittelst eines Klebstoffes auf dem Leinen bzw. Papier bindet (Glaspapier).

F. Wasserglas.

Quarz und Pottasche werden zusammengeschmolzen, wobei je nach den Gewichtsmengen das Salz der Ortho- und Metakieselsäure entsteht:

$$SiO_2 + 2\,K_2CO_3 = K_4SiO_4 + 2\,CO_2$$
$$SiO_2 + K_2CO_3 = K_2SiO_3 + CO_2.$$

Zersetzt man K_4SiO_4 mit Salzsäure, so entsteht die Orthokieselsäure, H_4SiO_4, als gallertartige Masse, die beim Trocknen in die Metakieselsäure H_2SiO_3 übergeht.

Kalium- und Natriumsilikat sind wasserlöslich, amorph und leicht schmelzbar, Kalziumsilikat dagegen wasserunlöslich, kristallinisch und schwer schmelzbar.

Das Kalziumsilikat dient unter dem Namen „Wasserglas" zum Feuer-

---

[1] Hauptsächlich von der Insel Naxos.

sichermachen des Holzes, zur Herstellung von Kitten und wetterbeständigen Anstrichfarben, sowie zum Wasserdichtmachen von Kalkwänden. Sandstein wird dadurch beständiger und Malerfarben haltbarer.

G. Einfluß des Siliziums auf das Eisen.

Begünstigung der Graphitabscheidung im Roheisen.

VI. Die Brennstoffe.

35. Natürliche feste Brennstoffe.

A. Die Steinkohle.

1. Steinkohlenbergbau. Die Steinkohle ist aus dem Holz durch Vermoderung bei hohem Druck und hoher Temperatur entstanden. Bei großen Veränderungen der Erdoberfläche versanken ganze Wälder ins Erdinnere und erlitten dort die erwähnte Umwandlung. Die Gewinnung der Steinkohle erfolgt durch Tiefbau, d. h. durch Niederführung von Schächten, an die sich entsprechend der Richtung der Flötze (Kohlenadern) die Stollen anschließen [1]. Die Abbautiefe beträgt allgemein bis zu 1200 m, in größeren Tiefen wird das Arbeiten infolge der hohen Temperatur unmöglich.

2. Hauptfundstätten. In Deutschland findet sich die Steinkohle hauptsächlich im Saar-, Wurm- und Ruhrgebiet, Sachsen und Schlesien, im Auslande in Belgien, Großbritannien, Illinois, Pennsylvanien und in China (Schantunggebiet). — Nach fachmännischen Schätzungen reichen, die gegenwärtige Jahresförderung vorausgesetzt, die Kohlenvorräte in den Vereinigten Staaten von Amerika noch 1200 Jahre, die deutschen 900 und die englischen 500 Jahre.

3. Gefahren des Bergbaus. Nächst dem Eindringen von Wasser in die Schächte durch Anschlagen von Wasseradern (Beseitigung dieser Gefahr durch die Wasserhaltungsanlagen), ist der Steinkohlenbergbau vielfach durch die schlagenden und stickenden Wetter bedroht, sowie durch Kohlenstaubexplosionen.

Die stickenden Wetter beruhen auf der Entwicklung von Kohlendioxyd, das in der Grube in größeren Mengen auftretend, das Leben (Erstickungsgefahr) der Bergleute bedroht. — Unter den schlagenden Wettern verstehen wir die Entwicklung von CH_4, Grubengas oder Methan, das mit Luft gemischt, leicht explodiert. Beim Auftreten schlagender Wetter sind daher Sprengungsarbeiten zu vermeiden, außerdem sind stets besondere Grubenlampen (Davys Sicherheitslampen) zu verwenden. Die Einrichtung dieser Lampen beruht darauf, daß,

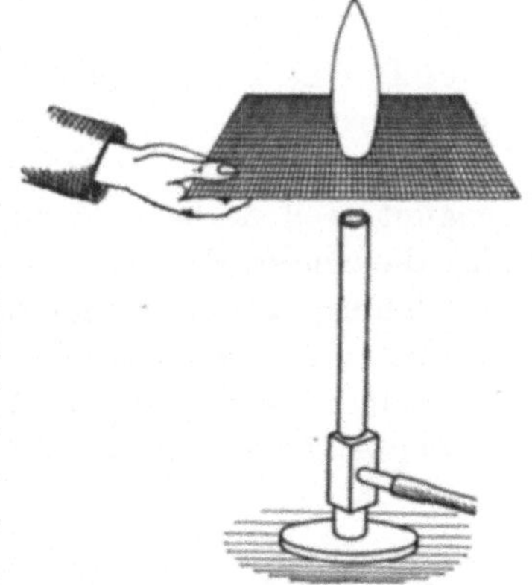
Abb. 34. Drahtnetz mit Flamme.

wenn man Leuchtgas gegen ein engmaschiges Drahtnetz strömen läßt (Abb. 34), die Flamme nur auf der Seite des Drahtnetzes brennt, auf der die Entzündung

---

[1] Man bezeichnet die Kohlenbergwerke auch als „Zechen".

erfolgte, weil das Metall des Drahtnetzes ein guter Wärmeleiter ist. Die erwähnte Bergmannslampe (Abb. 35) ist eine Benzinlampe, bei der die Flamme vollständig von einem Drahtnetz umgeben ist. Kommt nun das Grubengas, durch das Drahtnetz dringend, mit der Flamme in Brührung, so kann wohl eine Entzündung innerhalb des Drahtnetzes stattfinden, sie pflanzt sich aber nicht nach außen fort. Ist die Flamme erloschen, so wird sie ohne Öffnung der Lampe wieder entzündet, durch einen besonderen eingebauten Bolzen, der gegen ein Zündhütchen schlägt und so die Benzindämpfe in Brand setzt. — Neuerdings sind auch elektr. Lampen mit Akkumulatoren im Gebrauch.

Zur Entfernung der stickenden und schlagenden Wetter dient eine Lüftungsanlage, Wetterförderung genannt.

Die Kohlenstaubexplosionen entstehen durch die Aufsaugung der Luft durch trockenen Kohlenstaub, wobei eine Temperatursteigerung bis zur Entzündung eintritt. Man verhütet dies durch Anfeuchten des Kohlenstaubs.

Die geförderten Steinkohlen werden gewaschen, dann durch Siebvorrichtungen nach Größe getrennt und verladen.

4. **Aufbereitung der geförderten Kohlen.** Aus den Abwässern der Kohlenwäschen, die früher ungereinigt in die Flußläufe gelangten, gewinnt jetzt die Emscher-Genossenschaft in Essen-Karnap jährlich 100 000 t Kohlenschlamm, der getrocknet und im Rheinisch-Westfälischen

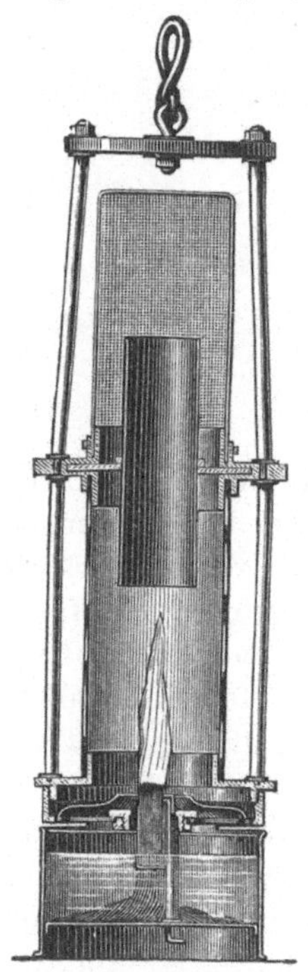

Abb. 35. Sicherheitslampe.

Elektrizitätswerk verfeuert wird.

5. **Steinkohlenarten.** a) Sand- oder Magerkohlen verbrennen, ohne zusammenzubacken und geben eine sandige Asche (Anthrazit z. B.),

b) Sinterkohlen zeigen beim Verbrennen Anzeichen von Schmelzung, die Asche sintert zusammen,

c) Back- oder Fettkohlen schmelzen beim Verbrennen und backen zusammen.

Die letztgenannte Kohlenart wird auch langflammig oder Flammkohle genannt, weil sie beim Verbrennen große Mengen luftförmiger Bestandteile abgibt, die eine starke Flammenentwicklung zur Folge haben, im Gegensatz zu den kurzflammigen Sand- oder Magerkohlen, die fast ohne Flamme brennen.

Um auch das Steinkohlenklein nutzbar zu machen, wird es mit Hartpech gemischt, zu Briketts gepreßt.

Deutschland förderte 150 876 000 t Steinkohle im Jahre 1928.

B. Die Braunkohle.

Die Braunkohle ist auch durch Vermoderung des Holzes entstanden, aber jünger und daher wesentlich kohlenstoffärmer, dagegen wasserhaltiger als die Steinkohle. Hauptsächlich findet sich die Braunkohle in der Eifel, in Sachsen, Oberbayern und in der Tschechoslowakei. Die Gewinnung erfolgt durch Tagebau, d. h. Abhebung der ganzen Erddecke. Wegen ihres hohen Wassergehaltes eignet sich die Braunkohle für weit entfernte Verbrauchsorte nur schlecht; man verwendet sie daher meistens an der Grube selbst, und zwar:

a) zur Herstellung von Braunkohlenbriketts durch Trocknen und Pressen der Rohkohle,

b) zur Erzeugung von elektrischer Energie, entweder durch Verbrennung unter Dampfkesseln, die zum Betrieb einer Dampfdynamoanlage dienen, oder durch Erzeugung von Generatorgas, das in einer Gasdynamo zur Wirkung gelangt.

Deutschland förderte 166 224 000 t Braunkohle im Jahre 1928.

C. Das Holz.

Das Holz spielt als Brennstoff nur in sehr waldreichen Gegenden eine größere Rolle (Rußland). Sonst gebraucht man das Holz fast nur zu Anmachezwecken, insbesondere harzreiche Nadelhölzer.

D. Der Torf.

Der Torf, das Vermoderungsprodukt gewisser Pflanzen, der sogenannten Sphagnumarten, mit bis zu 90% Wasser, findet sich vorwiegend in der norddeutschen Tiefebene, Schwaben, Bayern und der Schweiz. Wegen seines geringen Heizwertes hat er als Brennstoff nur wenig Bedeutung. Er wird im getrockneten Zustand unmittelbar verfeuert oder im Generator vergast bzw. in Koks übergeführt [1]. Sonst findet der Torf als Streumittel für Ställe und als Wärmeschutzmasse weitgehende Verwendung.

36. Chemische Umformung der festen Brennstoffe.

A. Die Kokerei und Kohleverflüssigung.

1. **Vorversuche:** a) In einem bedeckten Platintiegel erhitzen wir eine bestimmte Menge fette Steinkohle. Nach Entweichen und Verbrennen der flüchtigen Bestandteile bleibt eine feste, poröse Kohle zurück, die an der Luft erhitzt, ohne wesentliche Flammenentwicklung verbrennt; wir nennen dies Erzeugnis „Koks". Beim Verbrennen des Kokses entsteht die Asche. Dieser Versuch bietet uns die Möglichkeit, durch Wägung die Koksausbeute und den Aschengehalt einer Kohle zu bestimmen.

b) In ähnlicher Weise erhalten wir Koks, wenn wir in einer eisernen Retorte Steinkohle erhitzen. Abb. 36 zeigt die ganz entsprechende Darstellung von Holzkohle aus Holz durch Erhitzen in einer Glasretorte unter Luftabschluß. Die aus der Retorte entweichenden Stoffe gehen durch das kugelförmige Waschgefäß mit

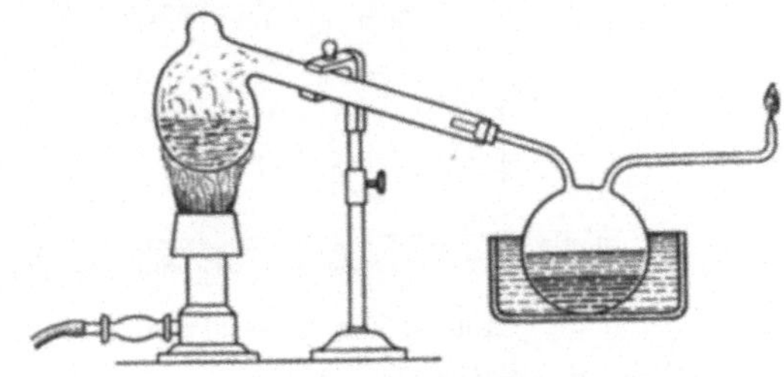

Abb. 36. Koksdarstellung.

Natronlauge, in dem sich der Teer absetzt; die dann übrigbleibenden luftförmigen Bestandteile leitet man durch ein Rohr ab und weist ihre Brennbarkeit

---

[1] In den Müllverbrennungsöfen wird Müll mit Torf vermischt verbrannt. 1 kg Müll liefert 0,6 kg Dampf, der in Turbogeneratoren nutzbar gemacht wird. Die zurückbleibende Asche dient als Zusatz zum Luft- und Wassermörtel, sowie mit Kalk gemischt zur Herstellung von Schlackensteinen.

durch Entzünden nach. Der Versuch zeigt gleichzeitig die Kokerei und die Leuchtgasgewinnung im kleinen. Beide Verfahren unterscheiden sich in Wirklichkeit wesentlich nur durch die Temperatur, auf die man die Kohle erhitzt. Die Kokerei, die hauptsächlich feste Stoffe erzeugen soll (Koksausbeute 75% der angewandten Steinkohle), arbeitet daher bei wesentlich niedrigerer Temperatur und langsamer, als bei der Leuchtgasgewinnung üblich, die ja möglichst viel luftförmige Brennstoffe erzeugen soll.

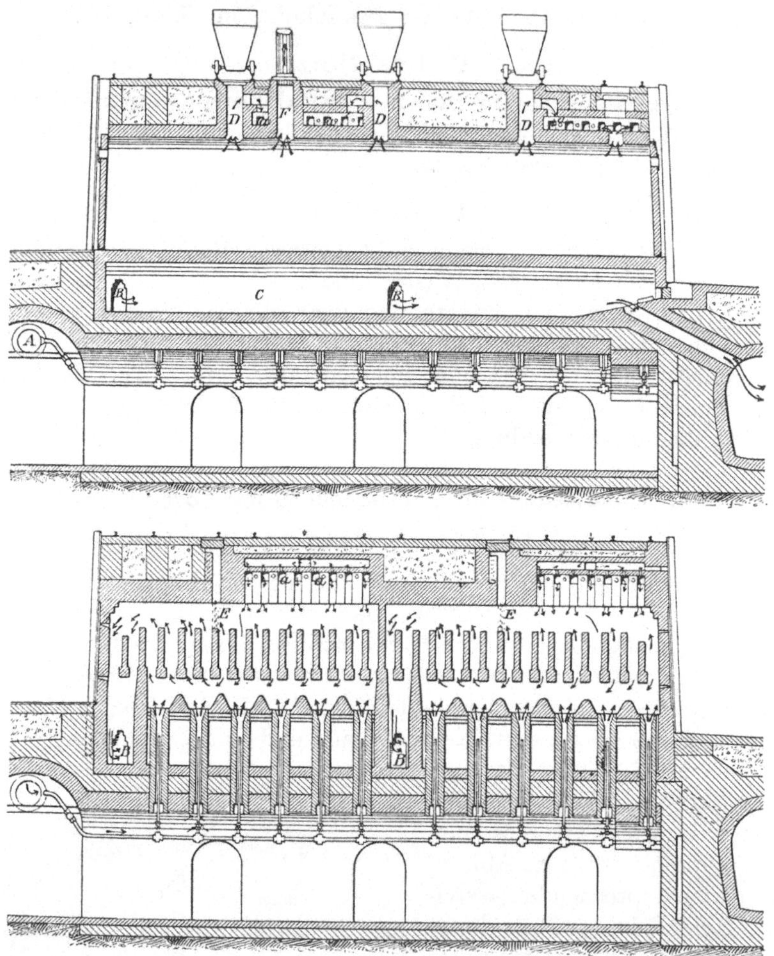

Abb. 37 und 38. Koksofen. (Aus Schmitz, Flüssige Brennstoffe.)

Eine derartige Erhitzung unter Luftabschluß, wie oben beschrieben, bezeichnen wir als trockene Destillation.

2. Steinkohlenkokerei. Die Abb. 37 und 38 zeigen einen Koksofen von Otto-Hofmann. Die großen, von Heizgasen umspülten Verkokungskammern werden von oben mit fetter Steinkohle beschickt, die sich bei der Erhitzung unter Abschluß der Luft in Koks verwandelt. Hierbei entstehen als Nebenerzeugnisse: a) zur Heizung verwertbare Kohlenwasserstoffe im gasförmigen Zustande, b) Steinkohlenteer und c) Ammoniak.

4. Übersicht der Erzeugnisse

bei der Verkokung von 1000 kg Steinkohle und fraktionierter Destillation des dabei entstehenden Teers.

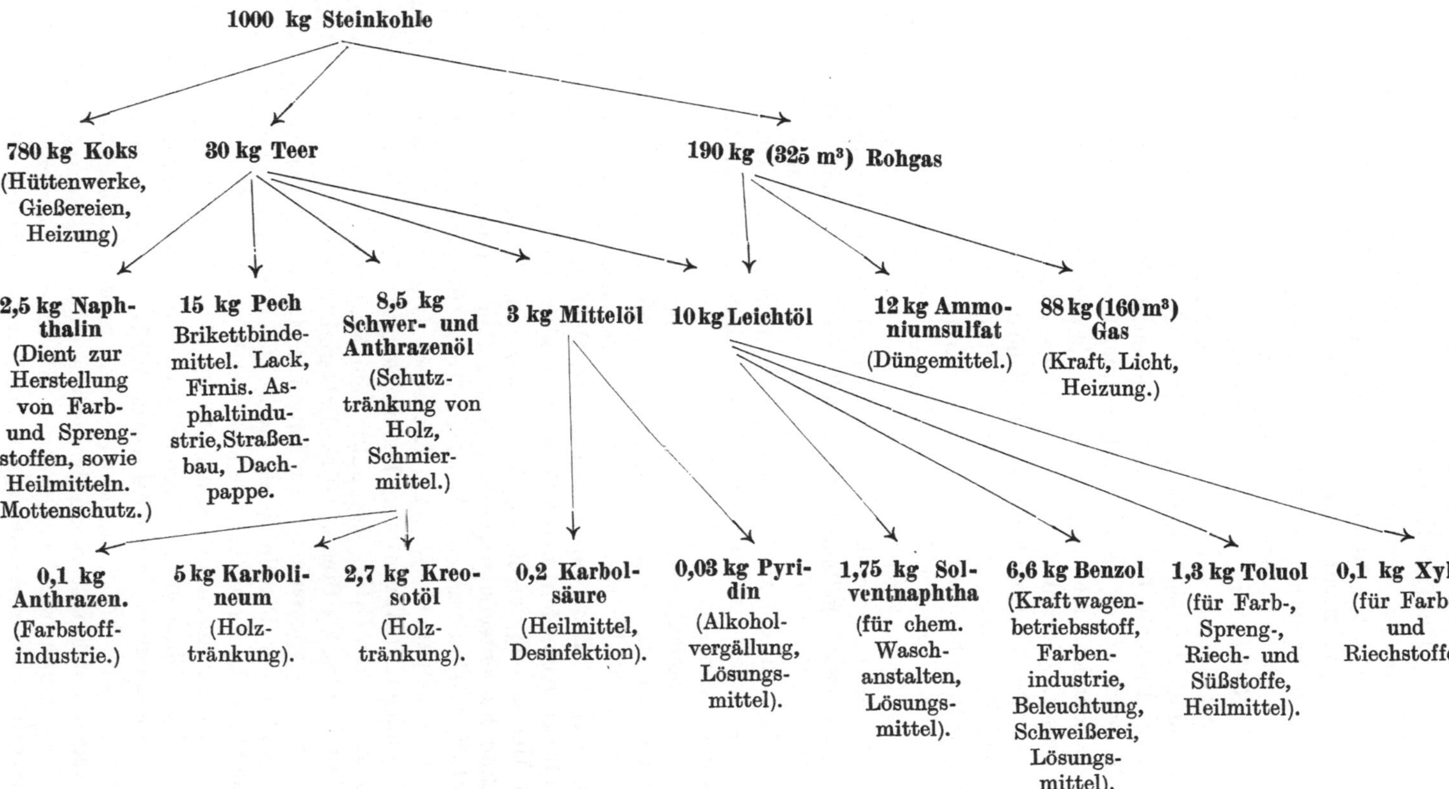

3. Steinkohlenteerdestillation. Der Steinkohlenteer wird durch sogenannte fraktionierte Destillation weiterverarbeitet, das heißt, der Teer wird destilliert, und die bei den verschiedenen Temperaturen siedenden Einzelbestandteile fängt man, für sich getrennt, auf. (Übersicht Seite 63.)

5. Bemerkungen zur umstehenden Übersicht. a) Der Koks eignet sich für Hüttenzwecke besser als Steinkohle, weil er fester, poröser und schwefelärmer als diese ist und einen höheren Heizwert hat.

b) Das Koksofengas ist ein vollwertiger Ersatz für Leuchtgas und wesentlich billiger, als dieses. Es dient daher vielfach zur Ferngasversorgung der Städte, die allmählich ihre eigenen Gasanstalten stillegen.

c) Die Teeröle finden eine weitgehende Verwendung für die Ölfeuerung und als Betriebsstoff für die Verbrennungskraftmaschinen, in gewissen Fällen auch als Schmiermittel, also Ersatz für die aus dem Ausland kommenden Erdölerzeugnisse. (Vorteil: Deutsches Geld geht nicht ins Ausland.)

d) Das Pech vermindert die Staubplage der Kraftwagenstraßen. Neuerdings gilt jedoch Kleinpflasterung als wirtschaftlicher.

e) Kohlenwasserstoffe: Von den Endprodukten sind Kohlenwasserstoffe Benzol C_6H_6, Toluol C_7H_8, Xylol C_8H_{10}, Naphthalin $C_{10}H_8$ und Anthrazen $C_{14}H_{10}$. Die drei erstgenannten spielen als Lösungsmittel (auch für Kautschuk) eine Rolle, Benzol besonders als Betriebsstoff für Kraftwagen, es ist eine farblose oder schwach gelbliche Flüssigkeit, vom spez. Gew. $0,9 \text{ kg/dm}^3$, die bei 80^0 C siedet. Naphthalin ist eine weiße, blättrige, leicht flüchtige Masse von starkem Geruch, die als Mottenschutz auch verwendet wird. Das Naphthalin ist eine besonders unangenehme Verunreinigung des Leuchtgases, da es leicht die Rohre verstopft.

6. Braunkohlenkokerei. Der Vorgang, wohl auch Schwelerei genannt, verläuft ganz ähnlich, wie bei der Steinkohle in einem von Rolle 1858 konstruierten Ofen. Aus 1000 kg Rohbraunkohle erhält man 550 kg Wasser, 70 kg Teer, 0,5 kg Leichtöl (Kraftwagenbetriebsstoff, Reinigungsmittel) 79,5 kg Gas (Heizstoff für den Koksofen) und 300 kg Koks oder Grude (Haus- und Werkstattheizung), Herstellung von Kohle-Elektroden). Durch die fraktionierte Destillation des Braunkohlenteers gewinnt man aus den vorerwähnten 70 kg: 2 kg Gas (Heizstoff, Gaskraftmaschine), 1,5 kg Koks (Brennstoff, Kohlenbürsten), 2 kg Asphalt (Dachpappe), je 2 kg Kreosotöl (vgl. Steinkohlenteer) und Fresol (Schmiermittel für Wagen), 2 kg Benzin (Gemisch der Kohlenwasserstoffe Heptan C_7H_{16} und Hexan C_6H_{14}, das, außer zum Kraftwagenbetrieb, als Lösungs- und Putzmittel, sowie als Brennstoff für Löt- und Grubenlampen dient), 3 kg Solaröl (wie Petroleum verwendet), 7 kg Putzöl (Putz- und Schmiermittel), 25 kg Gasöl (Betriebsstoff der Dieselmotoren, auch zur Herstellung von Öl- und Blaugas gebraucht), 12 kg Paraffinöl (Schmiermittel) und 7,5 kg Weich- und Hart-Paraffin (Herstellung durchscheinender Papiere, Kerzen, elektrische Isolierung).

7. Kohleverflüssigung. Dieser wohl auch Kohlehydrierung oder Berginverfahren genannte Prozeß (Bergius 1913), das jetzt von den Leuna-Werken im großen ausgeführt wird, bezweckt den immer höher steigenden Bedarf der Kraftwagen und Flugzeuge an flüssigen, aus dem Auslande eingeführten Brennstoffen durch einheimische zu ersetzen. Da diese vorwiegend aus Kohlenwasserstoffen bestehen, kommt es darauf an, den Wasserstoff mit der Kohle (meist Braunkohle) in geeigneter Weise zu vereinigen. Dies geschieht, indem man feingemahlene, mit Öl vermengte Kohle und Wasserstoff in ein mit einer Kontaktmasse versehenes Gefäß preßt und unter einem Druck von 150 at auf 480° C erhitzt und dann durch ein gekühltes Schlangenrohr in ein Auffanggefäß leitet, in dem dann die flüssigen Bestandteile zurück bleiben, während die luftförmigen in einen Gasbehälter abgeführt werden. Aus 1 t Kohlen erhält man 0,3 t Pech, 0,21 t Gas und 0,49 t Rohöl und aus letzterem durch fraktionierte Destillation 0,08 t Heizöl, 0,06 t Schmieröl und 0,35 t Treiböl, das aus 0,15 t Benzin und 0,2 t Dieselmaschinenöl besteht.

B. Die Holzkohle.

1. Meilerverkohlung. Vor Einführung des Kokses wurde in der Hüttentechnik nur Holzkohle verwendet, was eine äußerst unwirtschaftliche Ausnutzung unserer Waldbestände zur Folge hatte. Die Holzkohle wurde in Meilern erzeugt (Abb. 39). Die senkrecht aufgebauten Holzscheite wurden mit Erde abgedeckt, in der Mitte erfolgte im Schacht die Entzündung. Die Holzkohle entstand dann nach der Art der trockenen Destillation. Nebenerzeugnisse wurden hierbei nicht abgeschieden.

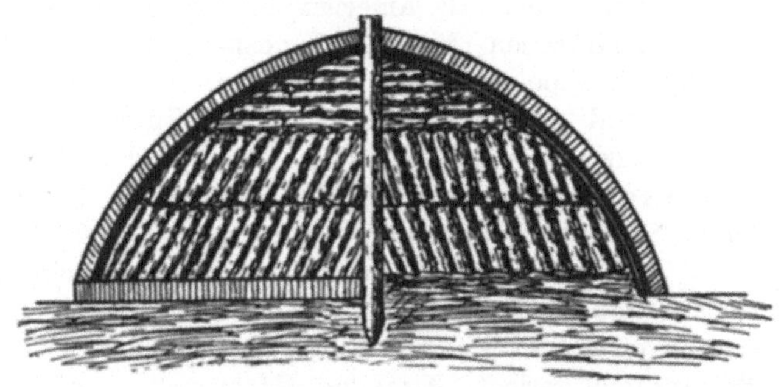

Abb. 39. Holzkohlenmeiler.

2. Retortenverkohlung. Bei der trockenen Destillation des Holzes in Retorten entsteht, außer Holzkohle (beim Schmieden, Löten, sowie beim Filtrieren von Wasser und Rohspiritus gebraucht) hauptsächlich Holzteer und Holzessig, sowie bei Verwendung von Nadelhölzern auch Kienöl, das auf Terpentinöl weiter verarbeitet wird. Der Teer enthält hauptsächlich Kreosotöl (keimtötende Wirkung) und Schiffspech (zum Kalfatern, nämlich Dichten der mit Werg ausgefüllten Nähte zwischen den Schiffsplanken). Fichtenholz enthält noch das Faß- oder Brauerpech.

Nach Trennung vom Teer wird der Holzessig mit Kalkmilch in essigsauren Kalk oder Graukalk verwandelt. Beim Eindampfen der Lösung scheidet sich der **Holzgeist oder Methylalkohol** ab. Ferner liefert der Graukalk mit Schwefelsäure zersetzt die **Essigsäure** und bei der trockenen Destillation das **Azeton.**

Die **Essigsäure** $C_2H_4O_2$ wird auch bei der Alkoholgärung erzeugt (Holz- und Weinessig). Eigenschaften und Verwendung vgl. S. 69.

Der **Methylalkohol** (Holzgeist) CH_4O, giftig, von aromatischem Geruch, dient zum Auflösen von Lacken und Farben, sowie, mit Azeton gemischt, zum Vergällen des Brennspiritus. Durch Oxydation geht der Methylalkohol in Formaldehyd oder Formalin (Keimtötungsmittel) über.

Das **Azeton** C_3H_6O entsteht als aromatisch riechende, wasserklare Flüssigkeit auch beim Überleiten von Essigsäure über eine auf 350° C erhitzte Kontaktmasse aus Mangan- und Cer-Verbindungen. Azeton ist das Bindemittel für Zelluloid und dient auch zum Auflösen von Azetylen.

Weitere Gewinnungsarten für Essigsäure und Methylalkohol, vgl. bei Azetylen und Wassergas, S. 74 und 76.

37. Flüssige Brennstoffe.

A. Vorbemerkung.

In Abschnitt 36 haben wir bereits eine Anzahl flüssiger Brennstoffe kennen gelernt, die aus Kohle und Holz entstehen. Nachfolgend werden die in der Natur im Erdöl vorkommenden, flüssigen Brennstoffe und der Alkohol besprochen.

B. Erdöl.

1. Entstehung. Es ist aus dem Fett gewisser Seetiere durch Vermoderung im Erdinnern entstanden als dunkelgrüne, schaumige Flüssigkeit die hauptsächlich aus Kohlenwasserstoffen besteht.

2. Vorkommen. In Amerika in Pennsylvanien, Ohio, Illionois, Lousiana, Texas, Kalifornien, Mexiko, Venezuela, Peru und Argentinien. In Asien in Persien, Mesopotamien, Sunda-Inseln; in Europa findet es sich hauptsächlich in Rußland (Baku, Kaukasus, Ural), Rumänien und Galizien. Deutschland fördert nur wenig Erdöl, in Peine, Lehe und Neuengamme.

3. Gewinnung. Beginn 1855 mit Erfindung der Erdöllampe durch den Amerikaner Silliman. — Durch Tiefbohren oder Meißeln wird die Quelle freigelegt, deren Erdöl dann meist unter so starkem Druck steht, daß es dem Bohrloch springbrunnenartig entweicht. Es wird in gemauerten Behältern aufgefangen und in einer Kesselanlage durch fraktionierte Destillation in seine stofflichen Bestandteile zerlegt. Das den Erdölquellen entweichende Naturgas wird zur Beleuchtung gebraucht. — Bei der fraktionierten Destillation erhält man bei einer Temperatur bis zu 150^0 C Rohbenzin, bis 300^0 Rohleuchtöl und der Rückstand besteht hauptsächlich aus Schmieröl und Masut. Nach einer nochmaligen Destillation dieser Stoffe erhält man die einzelnen Erdölbestandteile.

4. Erdölbestandteile. a) Gasolin oder Petroläther, eine stark lichtbrechende und feuergefährliche Flüssigkeit, wird zur Wollentfettung gebraucht, ferner für tragbare Lampen (bei Erdarbeiten), zur Herstellung von Luftgas usw.

b) Benzin (nicht mit Benzol zu verwechseln), ein Gemisch der Kohlenwasserstoffe Hexan C_6H_{14} und Heptan C_7H_{16}, ist eine im reinen Zustand farblose Flüssigkeit vom spezifischen Gewicht 0,66—0,75 kg/dm³, leicht entzündlich, Siedepunkt etwa 80^0. Als Brennstoff findet es für den Motorbetrieb Verwendung, für die Lötlampe und die Bergmannslampe. Wegen seines außerordentlich guten Lösungsvermögens für Fette und Harze wird es in der chemischen Wäscherei gebraucht, dann zum Reinigen verharzter Lager, zum Entfernen mineralischer Fette von Maschinenteilen, die vernickelt werden sollen, und zum Lösen des Gummis, sowie in Betrieben, die Firnis und Fett verarbeiten. Wegen der außerordentlichen Feuergefährlichkeit erfordert das Arbeiten mit Benzin größte Vorsicht.

Verursacht durch die große Nachfrage nach Benzin, hat man sich in Amerika erfolgreich bemüht, die Benzinausbeute aus dem Erdöl zu steigern, indem man nach dem Krackverfahren das Erdöl stark erhitzte und dabei andere Kohlenwasserstoffe in Benzin verwandelte, wodurch die Benzinausbeute aus Erdöl von 19 auf 36% stieg. — Für Motorzwecke wird Benzin nicht nur allein gebraucht,

sondern auch im Gemisch mit Benzol oder Alkohol, wie aus nachfolgender Tabelle
ersichtlich.

Kraftwagenbetriebsstoffe.

Betriebsstoff	Lieferndes Werk	Bestandteile	Spez. Gewicht in kg/dm³
B. V. Benzol	Benzol-Verband	Benzol	0,875
B. V. Aral	„	Benzin/Benzol	0,800
Bevaulin	„	Benzin	0,750
Monopolin	Reichskraftsprit	Benzin/Alkohol	0,760
Dapolin	D. A. P. G.[1]	Benzin	0,740
Esso	„	Benzin/Benzol	0,800
Shell	Shell	Benzin	0,740
Dynamin	„	Benzin/Benzol	0,800
Strax	Olex D. P. V. G.[2]	Benzin	0,735
Olexin	„	Benzin/Benzol	0,790
Rekordin	Ölhag	Benzin	0,756
Rekordin-Benzol	„	Benzol	0,875

c) Petroleum. Das gewonnene Rohpetroleum wird erst von gewissen,
noch darin befindlichen, leicht entzündlichen Verunreinigungen durch Schwefelsäure und nachheriger Neutralisation mit Natronlauge gereinigt.

Die Hauptanwendung findet das Petroleum als Leuchtöl. (Der Docht saugt
das Petroleum in den Brenner.) Der Flammpunkt des Petroleums muß möglichst
hoch liegen. Außerdem dient das Petroleum zum Motorbetrieb, ferner als Putzmittel für Metalle und zur Entfernung des Rostes von Eisenteilen. Zu letzterem
Zwecke werden die Stücke mit Petroleum begossen und dieses entzündet, wodurch eine Auflockerung und infolgedessen eine leichte Loslösung des Rostes
bewirkt wird.

d) Vaselin gebraucht man zu Salben, zum Schmieren feiner Lager und zum
Rostschutz für blanke Metallteile.

e) Die Schmieröle werden nach der Verwendungsart als Spindel-, Ma-
schinen- und Zylinderöl unterschieden, ihre spezifischen Gewichte sollen
entsprechend 0,9—0,925 kg/dm³ betragen. — An ihre technischen Eigenschaften
sind folgende Ansprüche zu stellen:

α) möglichst tiefliegender Erstarrungspunkt, damit die Öle auch bei strenger
Winterkälte flüssig bleiben (sogenannte Winteröle);

β) möglichst hochliegender Flammpunkt zur Vermeidung der Entzündungsgefahr bei der Erwärmung. Als untere Grenze gilt für Maschinenöl 200° und
für Zylinderöl 300°;

γ) möglichst große Zähflüssigkeit (Viskosität), damit ein Ausfließen aus den
Lagern und damit ein Heißlaufen derselben verhindert wird;

δ) völlige Freiheit von Harz (Harzsäuren), das die Maschinenteile stofflich
verändert.

Das russische Erdöl enthält mehr Schmieröl als das amerikanische, dieses
wiederum mehr Paraffin als das russische. Das daraus abgeschiedene Paraffin

---

[1] Deutsch-Amerikanische Petroleum-Gesellschaft.
[2] Deutsche Petroleum-Verkaufs-Gesellschaft.

wird wie das aus dem Braunkohlenteer gewonnene verwendet. — Für die Schmierung der Achsen der Eisenbahnwagenräder muß man im Winter ein schwer erstarrendes Öl benutzen. — Spindel- und Dynamo-Öle sollen sehr rein und nicht zu zähflüssig sein. Besonders hohe Ansprüche an die Reinheit stellt man bei den Transformatoren-Ölen.

f) Masut und Naphtha finden sowohl zum Motorbetrieb als auch zur Kesselheizung Verwendung. Namentlich für die Schiffskesselheizung (Einblasen durch Düsen) sind diese Erdölbestandteile geeignet, wegen der bequemen Verbunkerung, dem hohen Heizwert und dem Fortfall der Schlackenbildung.

g) Gudron findet die gleiche Verwendung wie der Asphalt. Letzterer ist ein Gemisch gewisser verharzter Kohlenwasserstoffe (Hauptvorkommen auf Trinidad). Die Asphaltsteine bestehen aus Kalkstein mit Asphalt gemischt. Sie finden sich in Hannover und in der Schweiz.

Stampfasphalt wird hergestellt, indem man gemahlenes Asphaltsteinpulver auf einer Betonunterlage heiß aufwalzt oder aufstampft. Gußasphalt ist ein geschmolzenes Gemisch von Asphalt und Asphaltsteinen, das auf die zu bedeckende Fläche warm aufgetragen wird. — Stampfasphalt hat größere Festigkeit als Gußasphalt.

Asphalt ist für Wasser so gut wie undurchdringlich (wasserdichtes Mauerwerk, Dachpappe). Asphaltbeton ist elastisch, weswegen man ihn zu schalldämpfenden Maschinenunterbauten gebraucht. Außerdem findet Asphalt zum Rostschutz und in Terpentin gelöst, als Asphaltlack in der Photographie Verwendung.

C. Spiritus.

1. Gewinnung. Spiritus oder Weingeist ist verdünnter Alkohol (Äthylalkohol) $C_2H_5(OH)$. Dieser entsteht neben Kohlendioxyd bei der Gärung von Stoffen, die Zucker oder Stärkemehl enthalten. (Stärkemehl wird durch gewisse Umsetzungen in Zucker verwandelt.) Zur Alkoholgewinnung (Spiritusbrennerei) dienen hauptsächlich Kartoffeln. Der erhaltene Rohspiritus wird durch Filtrieren über Knochenkohle von dem verunreinigenden Fuselöl (Amylalkohol $C_5H_{11}(OH)$) befreit und durch eine besondere Destillation gereinigt.

2. Eigenschaften. Reiner Alkohol ist eine farblose Flüssigkeit von eigenartigem Geruch. Spezifisches Gewicht $0,8\ kg/dm^3$ Siedepunkt 79^0. Der Alkohol ist im Bier zu 4% enthalten, im Wein zu 10% und im Branntwein zu 50%. Da der Alkohol nur zu Genußzwecken einer Steuer unterworfen ist, so muß er zu gewerblichen Anwendungen ungenießbar gemacht werden, durch Zusatz eines widerlich riechenden und schmeckenden, aber ungiftigen Stoffes, wie z. B. Pyridin, ein Teererzeugnis [1]. — Die wichtigsten gewerblichen Anwendungen des Spiritus sind folgende:

a) als Brennstoff und zum Motorbetrieb,

b) zum Lösen von Farbstoffen und Lacken,

c) zur Darstellung der Essigsäure. Dieselbe entsteht bei der weiteren Gärung des Alkohols (Weingärung), wobei eine Oxydation eintritt. Andere Gewinnung von Essigsäure vgl. unter Azetylen (S. 74).

---

[1] Es entsteht denaturierter oder vergällter Spiritus.

3. Essigsäure. Die so erhaltene Essigsäure $C_2H_4O_2$ wird auch **Weinessig** genannt, im Gegensatz zu dem bei der Holzdestillation gewonnenen, aber chemisch damit übereinstimmenden Holzessig. — Die verdünnte Essigsäure wird **Essig** genannt, die wenig verdünnte bezeichnet man als **Essigessenz** (farblose Flüssigkeiten). Die ganz wasserfreie Essigsäure, die unter 16° eine eisartige, farblose Masse bildet, nennen wir **Eisessig.** — Von den essigsauren Salzen, den **Azetaten**, sind folgende besonders wichtig:

Bleiazetat oder Bleizucker $Pb(C_3H_3O_2)_2 + 3\,H_2O$ und Aluminiumazetat oder essigsaure Tonerde $Al(C_2H_3O_2)_3$, die beide zum Wasserdichtmachen von Geweben dienen. Besonders giftig ist das basisch essigsaure Kupfer[1] oder Grünspan $Cu(OH)(C_2H_3O_2)$, das leicht entsteht wenn Speisen in unverzinnten oder schlecht verzinnten Kupfergefäßen aufbewahrt werden (Vorsicht!) Grünspan mit Arsenik gekocht gibt Schweinfurter Grün, einen sehr giftigen Farbstoff. Durch Vereinigung der Essigsäure mit Amylalkohol entsteht das Amylazetat, eine farblose Flüssigkeit, die als Brennstoff für die Normallampen zur Photometrie (vgl. S. 81) und zum Auflösen von Schießbaumwolle (Bildung von Zaponlack) gebraucht wird.

4. Äther. Die Darstellung des Äthers, fälschlich auch Schwefeläther genannt, $C_4H_{10}O$ (Valerius Cordus 1530), erfolgt durch Einwirkung von Schwefelsäure auf Alkohol. Äther ist eine farblose, bei 35° siedende Flüssigkeit, leicht entzündlich, die ein großes Lösungsvermögen für andere Stoffe besitzt (Schießbaumwolle). Der Äther zeigt die Neigung, leicht zu verdunsten, wobei er eine bedeutende Temperaturerniedrigung bewirkt.

38. Luftförmige Brennstoffe.

(In Abschnitt 36 schon kurz behandelt.)

A. Leuchtgas.

(1792 von Murdoch zuerst zur Beleuchtung der Maschinenfabrik von James Watt in Soho gebraucht.)

1. Vorbemerkung. Wie bereits erwähnt, hat die Leuchtgasgewinnung mit der Kokerei viel Ähnlichkeit. Aus 1 t Steinkohle erhält man $0{,}17\,t = 310\,m^3$ Leuchtgas und als Nebenerzeugnisse 0,6 t Koks, 0,11 t Ammoniakwasser (von $1{,}75\%$ NH_3, das sich mit Schwefelsäure zu 7,5 kg Ammoniumsulfat vereinigt), 0,0625 t Teer und 0,0575 t sonstige Bestandteile (Retortengraphit, Zyanverbindungen, Naphthalin). — Das Leuchtgas ist farblos, giftig, von eigenartigem Geruch und vom spez. Gew. $0{,}444\,kg/dm^3$. Für die Zwecke der Luftschiffahrt wird aus dem Leuchtgas durch Zersetzung der schweren Kohlenwasserstoffe in leichte durch Erhitzen das Leichtgas (Oechelhäuser) vom spez. Gewicht $0{,}225\,kg/dm^3$ gewonnen. — Das gewöhnliche Leuchtgas besteht aus 34% Methan, 6% anderen Kohlenwasserstoffen, 46% Wasserstoff, 10% Kohlenoxyd und 4% Kohlendioxyd.

2. Gewinnung und Reinigung. a) **Kohlezersetzung.** In schrägen oder senkrechten Retorten aus Schamott werden die Kohlen unter Luftabschluß auf 1200° C erhitzt, oder neuerdings auch in den den Koksöfen sehr ähnlichen

---

[1] Neutrales Kupferazetat wird zur elektrolytischen Verkupferung gebraucht.

Kammeröfen (Abb. 40). — Bei diesem Vorgang entstehen Gas und Teer einerseits, die durch besondere Rohre dem Zersetzungsofen entweichend Graphit und Koks zurücklassen. Der Graphit findet wegen seines guten Stromleitungsvermögens in der Elektrotechnik (Kohlenstifte und -Platten, Elementkohlen) und der Koks als Brennstoff für Sammel-(Zentral-)Heizungen Verwendung.

b) Teer-Entfernung. Das dem Zersetzungsofen entweichende Gas enthält als Hauptverunreinigung den Teer, daneben aber noch Naphthalin, Zyanverbindungen, Ammoniak und Schwefelwasserstoff, die nach der Teerabscheidung ebenfalls entfernt werden müssen. — Zunächst sammelt sich das aus den einzelnen Öfen kommende Gas in der Hydraulik, einem halb mit Wasser gefüllten Rohr, in dem sich die Hauptmenge des Teers als zähflüssige Masse absetzt. Zur weiteren Teerabscheidung wird das Gas durch die Kondensatoranlagen geleitet, in Röhren, die von außen mit Luft bzw. mit Wasser gekühlt werden. (Abb. 41.) Schließlich führt man das Gas durch Siebtrommeln, in denen die letzten Reste Teer zurückbleiben.

c) Naphthalin-Entfernung. Da Naphthalin die Leitungen verstopft, so wird es mit Anthrazenöl aus dem Leuchtgas sehr sorgfältig ausgewaschen in großen trommelförmigen Gefäßen, ähnlich dem weiter unten beschriebenen Skrubber.

d) Zyan-Wäsche. Die sehr giftigen Zyanverbindungen werden in ähnlicher

Abb. 40. Kammerofen.

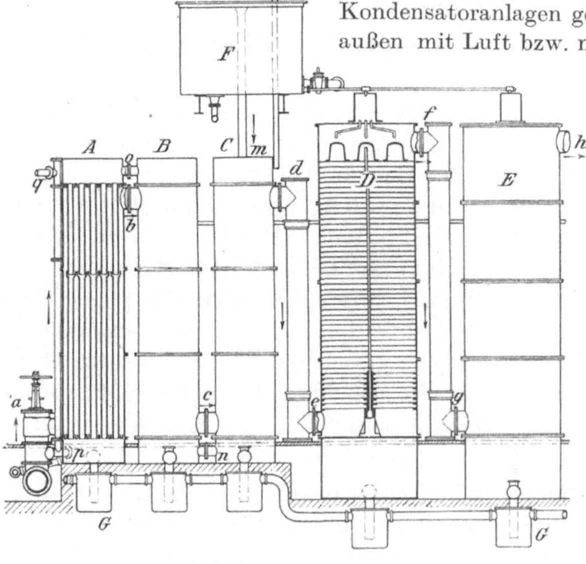

Abb. 41. Kondensatoranlage.

Weise mit Eisenvitriollösung ausgewaschen. Aus dieser gewinnt man dann zunächst in chemischen Fabriken Ferrozyankalium, gelbes Blutlaugensalz $K_4Fe(CN)_6 + 3\,H_2O$. Letzteres (zum Härten des Stahls gebraucht) bildet hellgelbe, wasserlösliche Kristalle. Vereinigt man deren Lösung mit Ferrisalzen, z. B. mit Ferrichlorid $FeCl_3$, so entsteht ein blauer Niederschlag von Ferriferrozyanid $Fe_7(CN)_{18}$, als Farbstoff „Berlinerblau" genannt.

Läßt man Chlor auf das gelbe Blutlaugensalz einwirken, so entsteht Ferrizyankalium, rotes Blutlaugensalz $K_3Fe(CN)_6$:

$$K_4Fe(CN)_6 + Cl = KCl + K_3Fe(CN)_6.$$

Letzteres bildet rote Kristalle, deren wässerige Lösung mit Ferrosalzen einen dem Berlinerblau ähnlichen blauen Niederschlag von Ferroferrizyanid, von sogenanntem „Turnbullblau" gibt. — Setzt man dagegen ein Ferrisalz zum roten Blutlaugensalz, so entsteht zunächst kein Farbstoff, sondern erst, wenn durch das Licht (Sonne, Bogenlampe) das Ferri- in das Ferrosalz übergegangen ist. Hierauf beruht das in der Praxis übliche Blaupausverfahren; das lichtempfindliche Papier ist mit rotem Blaulaugensalz und Ammoniumferrizitrat (Salz der Zitronensäure) getränkt. — Schmilzt man das gelbe Blutlaugensalz mit Pottasche, so entsteht das Kaliumzyanid oder Zyankalium KCN, ein weißes, wasserlösliches, sehr giftiges Salz. Dasselbe vereinigt sich mit Gold und Silber zu Doppelsalzen, wie $Au(CN)_3 + KCN$ Kaliumgoldzyanid und $Ag(CN) + KCN$ Kaliumsilberzyanid [1]. Hierauf beruht die Anwendung des Zyankaliums zur Gewinnung der genannten beiden Metalle. — Das Zyankalium hat ferner reduzierende Eigenschaften, es vereinigt sich mit Sauerstoff zu zyansaurem Kalium $KCNO$, wovon man bei der Metallveredelung Anwendung macht. — Zyankalium mit einer Säure zersetzt bildet Zyanwasserstoff oder Blausäure HCN, ein sehr starkes Gift.

e) **Ammoniak-Abscheidung.** Das Gas durchströmt jetzt den Skrubber (Abb. 42), einen liegenden Zylinder von mehreren Metern Durchmesser, bis zur

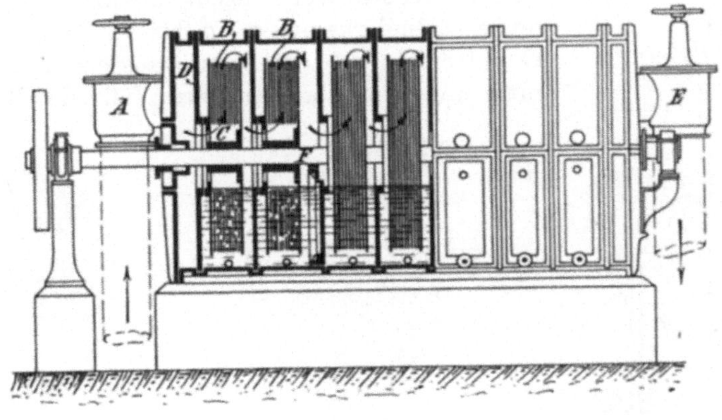

Abb. 42. Skrubber.

Hälfte mit Wasser gefüllt, das das Ammoniak auflöst. Das ständig in Drehung befindliche Flügelrad F, dessen Flügel mehrfache Öffnungen haben, bewirkt

---

[1] Gebräuchlicher ist in der Hüttentechnik das billigere Natriumzyanid $NaCN$, das ganz entsprechend entsteht. Blutlaugensalz und Blausäure entdeckte **Scheele** (1742—1786).

dabei die innige Mischung des Wassers mit dem Leuchtgas. — Aus dem erhaltenen Ammoniakwasser entsteht dann durch Umsetzung mit Schwefelsäure das als Düngemittel gebrauchte Ammoniumsulfat.

f) **Entschwefelung.** Nunmehr wird das Gas mittelst Exhaustors (Saugvorrichtung) in die Entschwefelungskästen (Abb. 43) gesaugt. In diesen Behältern mit Wasserabschluß wird der Schwefelwasserstoff durch Raseneisenerz $Fe(OH)_3$ gebunden. Die vollständige Entfernung des Schwefelwasserstoffs ist u. a. aus dem Grunde notwendig, weil er, mit dem Leuchtgas verbrennend, Schwefeldioxyd entwickeln würde (Luftverschlechterung). Die Bindung des Schwefelwasserstoffs erfolgt unter Bildung von Eisensulfid FeS. Läßt man die längere Zeit gebrauchte Masse an der Luft liegen, so wird sie regeneriert, d. h. es bildet sich wieder $Fe(OH)_3$ nach der Gleichung:

Abb. 43. Entschwefelungskasten.

$$2\,Fe_2S_3 + 3\,O_2 + 6\,H_2O = 4\,Fe(OH)_3 + 6\,S.$$

Die Masse kann auf diese Weise immer wieder neu benutzt werden, bis sie 50% Schwefel enthält. Dann wird sie in chemischen Fabriken zur Gewinnung von Schwefeldioxyd gebraucht, oder auch von Zyanverbindungen, sofern diese nicht im Zyanwäscher zurückgeblieben sind.

g) **Aufspeicherung, Messung, Druckregelung.** Das in den Entschwefelungsapparaten gereinigte Leuchtgas gelangt nun in den Gasbehälter, der durch eine eiserne Glocke mit Wasserabschluß gedichtet ist (Abb. 44). Das einströmende Gas hebt die Glocke allmählich hoch. Dann folgt die Gasuhr (Gasometer), Abb. 45. Um die senkrechte Welle leicht drehbar sind innen vier hohle Zylinderkammern a bis a''' angeordnet. Das Gas strömt durch das Rohr g aus der Mitte des Apparates in je eine der Kammern, füllt sie allmählich und

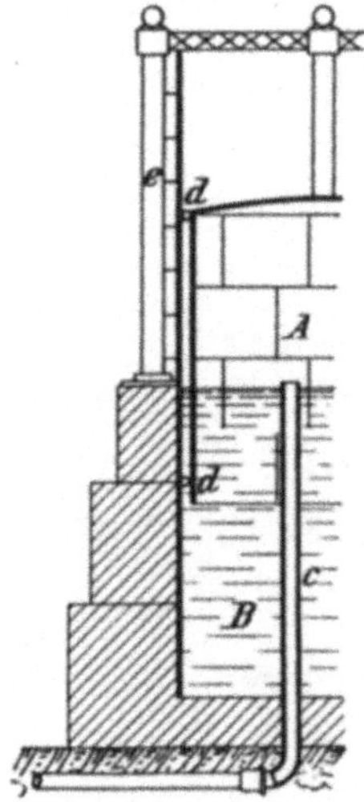

Abb. 44. Gasbehälter.

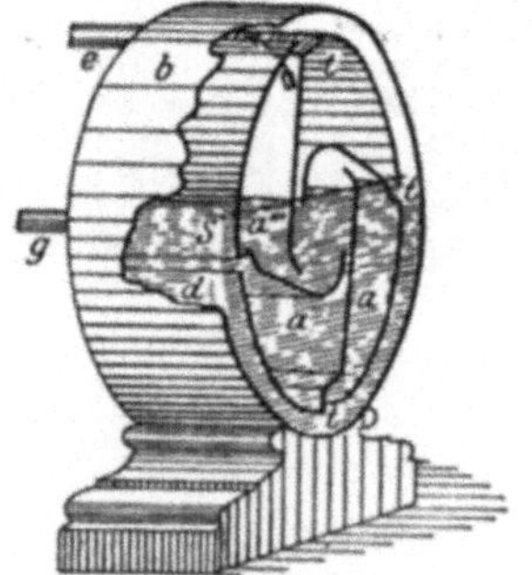

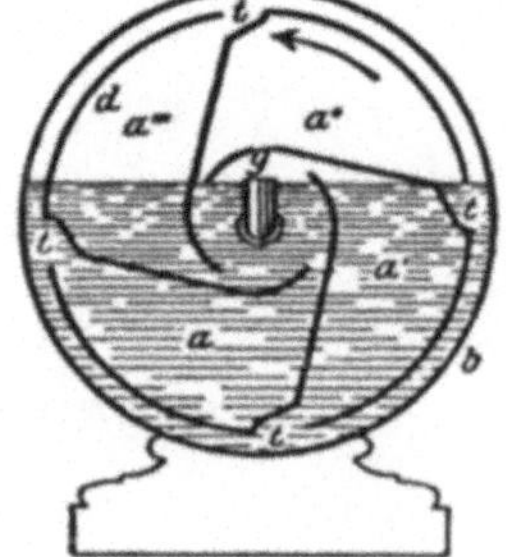

Abb. 45. Gasuhr.

treibt dabei durch seinen Druck die leicht bewegliche Welle um; ist eine Kammer ganz aus dem Wasser gehoben, so entleert sie sich in das Abzugsrohr e, während die nächste schon in der Füllung begriffen ist. Aus der am

Zählwerk sichtbar gemachten Zahl der Umdrehungen läßt sich die verbrauchte Gasmenge erkennen.

Entsprechend eingerichtete kleinere Gasuhren befinden sich in den Häusern, in denen Gas gebraucht wird. — Der Verlust in den Gasleitungen beträgt etwa 5%.

Der Druckregler ist eine Absperrvorrichtung, die bei Überdruck in der Leitung die Zuströmungsöffnung mehr abschließt, im Falle von Unterdruck dagegen weiter öffnet. Hierdurch werden die Druckschwankungen vermieden, was ruhiges Brennen der Gaslampen zur Folge hat.

3. Ferngasversorgung. In neuester Zeit wird auch bei uns die Errichtung von Überlandgaswerken nach Chikagoer Muster angestrebt, d. h. die Gaserzeugung unmittelbar an der Zeche mit entsprechender Fernleitung durch Rohre. Der Stadtteil Wuppertal-Barmen erhält so Koksofengas von der Gewerkschaft „Deutscher Kaiser" in Mülheim a. d. Ruhr.

4. Energiegehalt des Leuchtgases. Aus 100 kg Steinkohle entstehen 30 m³ Gas, entsprechend je m³/h gleich 2000 HK (Hefnerkerzen) oder 2 PS oder 5200 kcal.

5. Gasglühlicht. Zu Beleuchtungszwecken benutzt man heute fast ausschließlich das Gasglühlicht, bei dem durch einen Bunsenbrenner ein Aschegrippe von 99% Thorium- und 1% Ceroxyd (verhältnismäßig seltene Oxyde) zur Weißglut erhitzt wird. Man erhält dasselbe, indem man ein schlauchartiges Gewebe mit den Salzen dieser Oxyde tränkt, über einem Dorn trocknet und verascht.

Bemerkenswert ist, daß Thoriumoxyd allein ohne den Zusatz von Ceroxyd, überhaupt nicht leuchtet. Man hat übrigens besondere Starklichtlampen, z. B. das Pharos- und das Milleniumlicht gebaut, in denen das Gas, statt mit $1/_{160}$ at mit $1/_7$ at Überdruck zugeführt wird. — Auch Spiritus- und Petroleumglühlichtlampen sind erfolgreich versucht worden, bei denen die genannten Brennstoffe im gasförmigen Zustand mit Luft gemischt, in einem Bunsenbrenner verbrannt werden und einen Glühstrumpf zum Leuchten bringen. — In neuerer Zeit hat sich auch das „hängende Gasglühlicht" eingeführt, bei dem der Strumpf an dem nach unten gerichteten Brennerrohr hängt. Hierdurch wird das zuströmende Leuchtgas von den abziehenden Verbrennungsgasen vorgewärmt, wodurch das unmittelbar nach unten fallende Licht stärker wird.

B. Wassergas.
(Nach dem Verfahren von Dellwick-Fleischer.)

a) **Darstellung.** Viele Gasanstalten setzen dem Leuchtgas noch Wassergas zu, ein Gemisch von Wasserstoff und Kohlenoxyd, das entsteht, wenn man Wasserdampf auf weißglühenden Koks einwirken läßt.

$$H_2O + C = CO + 2H.$$

Zur Darstellung dient ein mit Schamottsteinen ausgefütterter Ofen, in dem der Koks erst durch das Gebläse heißgeblasen und dann durch den Wasserdampf wieder kaltgeblasen wird. Die Heiß- und Kaltblasezeiten wechseln innerhalb gewisser Abstände fortwährend.

b) **Verwendung zur Heizung und Beleuchtung.** Will man das Wassergas allein zur Beleuchtung verwenden, so wird es karburiert, das heißt durch Petroleumrückstände geleitet, wodurch es genügende Leuchtkraft erhält.

Sonst dient das Wassergas als Brennstoff für Glas- und Stahlöfen, zum Schweißen und zum Motorbetrieb. 1 kg Koks gibt 2 m³ Wassergas.

c) **Verwendung in der chemischen Industrie.** Zur Darstellung von reinem Wasserstoff nach dem Verfahren von Linde-Frank-Caro durch Abkühlung des Wassergases auf —200°, bei welcher Temperatur das Kohlenoxyd in fester Form vollständig abgeschieden wird.

Zur Gewinnung von Essigsäure wird Wassergas mit einer Kontaktmasse aus Zinkoxyd bei einem Druck von 150 at auf 370° C erhitzt.

C. Ölgas.

Das zur Eisenbahnwagenbeleuchtung benutzte Ölgas wird nach Pintsch hergestellt, indem man in Gußeisenretorten das aus Braunkohlenteer gewonnene Gasöl der trockenen Destillation unterwirft und die entstehenden Gase, ähnlich wie bei der Leuchtgasgewinnung beschrieben, durch eine Teervorlage, Kühler und Wäscher, zuletzt durch einen Reiniger mit Sägespänen und gelöschtem Kalk gehen läßt, dann zum Gasbehälter. — Aus 100 kg Gasöl entstehen 50 m³ Ölgas, dessen Leuchtkraft etwa das Drei- bis Vierfache des Leuchtgases ist. In neuerer Zeit hat sich sowohl das hängende Gasglühlicht, als auch das elektrische Licht zur Eisenbahnwagenbeleuchtung bewährt.

Das Blaugas (nach dem Erfinder Blau genannt) entsteht ähnlich dem Ölgas, aber durch Erhitzen des Gasöls auf niedrigere Temperatur. Das Blaugas kommt verflüssigt in den Handel und wird als Betriebsstoff für Verbrennungskraftmaschinen gebraucht, z. B. bei den Zeppelinluftschiffen.

D. Azetylen.

1. Darstellung und Eigenschaften. Das Azetylen gewinnt man aus Kalziumkarbid CaC_2, das man aus gebranntem Kalk und Kohle im elektrischen Ofen erhält (350 Amp. und 10 Volt):

$$CaO + 3C = CO + CaC_2.$$

Kalziumkarbid ist eine graue, steinartige Masse, die sich mit Wasser zu Azetylen C_2H_2 umsetzt:

$$CaC_2 + 2H_2O = Ca(OH)_2 + C_2H_2.$$

In der Schweiz und in Schweden benutzt man die Energie der Gebirgswasserfälle (Turbine mit Dynamo) zur Karbiderzeugung.

Das Azetylen ist ein farbloses Gas von eigentümlichem Geruch, spezifisches Gewicht 0,899 kg/dm³. C_2H_2 ist vielfach durch Phosphorwasserstoff verunreinigt, den man durch Behandlung mit Chlorkalk zur Abscheidung (Phosphorsäurebildung) bringt, zwecks Verminderung der Explosionsgefahr. Das Azetylen selbst explodiert aber leicht, besonders unter Druck oder im flüssigen Zustand, ferner in Berührung mit Kupfer und Silber (Bildung von explosivem Kupfer- und Silberkarbid), dann sehr leicht im Gemisch mit Luft[1]. Wie aus nachfolgender

---

[1] Zum Löschen von Azetylenbränden dient Tetrachlorkohlenstoff CCl_4, eine farblose, durch Einwirkung von Chlor auf Schwefelkohlenstoff entstehende Flüssigkeit, die das Azetylen nach der Gleichung zersetzt: $2C_2H_2 + CCl_4 = 5C + 4HCl$. Tetrachlorkohlenstoff wird auch zur Fleckenreinigung als Ersatz für Benzin gebraucht, da es im Gegensatz zu diesem nicht feuergefährlich ist.

Zusammenstellung (aus Schultz-Jakobi-Kehrmann, Math. u. techn. Tabellen für Maschinenbau) ersichtlich, ist Azetylen von allen Gasen in der Mischung mit Luft in den weitesten Grenzen explosiv.

Explosion erfolgt
bei % Luftgehalt.

Bei Azetylen	47,6—96,8,
„ Benzin	95,0—97,7,
„ Benzol	93,3—97,4,
„ Kohlenoxyd	24,9—83,6,
„ Leuchtgas	80,2—92,2,
„ Wassergas	33,1—87,7,
„ Wasserstoff	33,5—80,6.

2. Anwendungen: a) Zur Beleuchtung. Es wird zu diesem Zwecke im Apparate von Pintsch erzeugt (Abb. 46). Das Karbid wird durch das seitliche Rohr A in den Entwickler eingeführt, das entstehende, aus dem Wasser entweichende Gas sammelt sich in C und wird bei B abgeleitet. Das in Wasser tauchende Rohr D dient zum Druckausgleich. Damit das Azetylen nicht mit rußender, sondern mit der kennzeichnenden weißen Flamme brennt, deren Helligkeit dem elektrischen Bogenlicht nahe kommt, benutzt man einen besonderen Brenner, in dem zwei Gasstrahlen gegeneinander strömen. Das Hauptanwendungsgebiet ist für Fahrradlampen, Scheinwerfer für Lichtsignale, Leuchtbojen und zur Beleuchtung einzelner weit abgelegener Gebäude. Zu letzterem Zwecke darf die Azetylenerzeugung wegen der Explosionsgefahr nicht im Hause selbst, sondern nur in

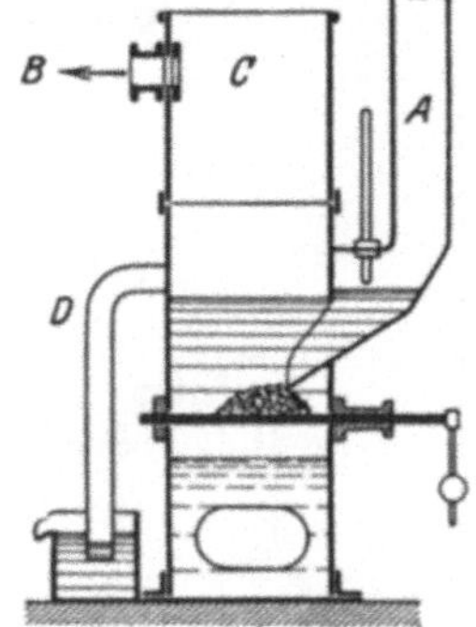

Abb. 46. Azetylenentwickler.

einem abseits gelegenen Schuppen erfolgen; ferner muß jede Berührung des Azetylens mit Kupferteilen vermieden werden. Ein anderer Azetylenapparat ist S. 107, Abb. 149 beschrieben [1].

b) Zum Motorbetrieb.

c) Zum autogenen Schweißen (vgl. S. 145).

d) Zur Wasserstoffdarstellung nach dem Verfahren der Karboniumwerke in Offenbach, ausgeführt in Friedrichshafen zur Versorgung der dortigen Zeppelinwerft. Das gut gereinigte Azetylen wird in Zylindern aus besonders hartem Stahl auf 5 at zusammengepreßt. Dann läßt man den elektrischen Funken durchschlagen, wodurch das Azetylen in seine Bestandteile zerfällt, nämlich fast chemisch reinen, tiefschwarzen Kohlenstoff und Wasserstoff von 98% Reinheit. Man drückt nun beide Stoffe zusammen durch eine Rohrleitung in einen Sammler, in dem der Kohlenstoff sich am Boden absetzt, während der Wasserstoff durch seidene Filtertücher gereinigt, nach dem Gasbehälter strömt, um dann in bekannter Weise in Stahlflaschen unter Druck versandt zu werden. — Der feine Kohlenstoff findet im Kunstdruck Verwendung. Dieses Verfahren der Wasserstoffdarstellung setzt natürlich voraus, daß das Azetylen luftfrei ist.

---

[1] Azetylen-Dissous oder gelöstes Azetylen wird dargestellt, indem man Stahlflaschen mit einer porösen Masse (feinkörniger Bimskies oder Sägespäne mit Kieselgur) füllt, durch Erwärmen vom Wasser befreit, dann mit Azeton tränkt und gasförmiges Azetylen einleitet, das sich im Azeton löst. Diese Azetylenflaschen werden bei Schweißarbeiten vielfach benutzt.

e) Zur Darstellung des als Kalkstickstoff bezeichneten Düngemittels durch Vereinigung mit Stickstoff.

f) Durch Vereinigung von Azetylen und Wasser in Gegenwart von Quecksilbersulfat als Kontaktmasse entsteht Azetaldehyd $CH_3 \cdot CHO$, der durch Oxydation in Methylalkohol (Karbidsprit) übergeht.

E. Generatorgas.

a) **Generator.** Das Generatorgas entsteht (im Generator) bei der unvollständigen Verbrennung von Koks auf einem Treppenrost (Abb. 47). Es enthält 25% Kohlenoxyd, etwas Wasserstoff und Kohlenwasserstoff sowie etwa 65%

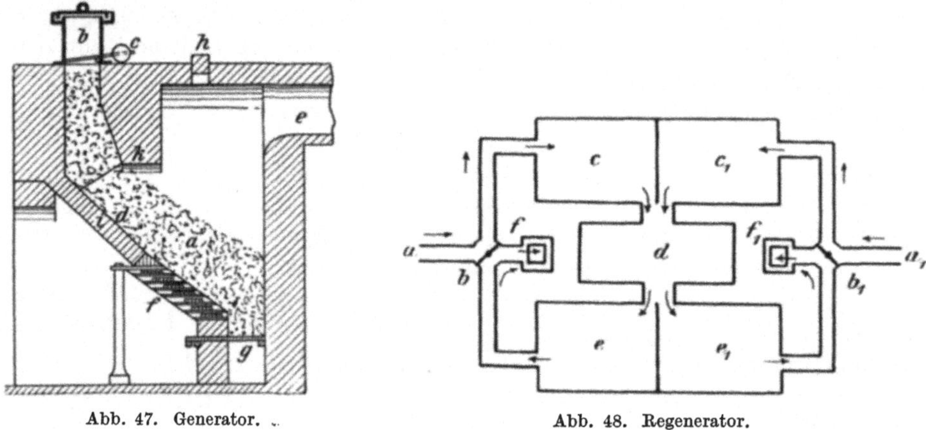

Abb. 47. Generator.   Abb. 48. Regenerator.

unverbrennbare Bestandteile. Die Temperatur im Generator soll 1400° C nicht übersteigen.

b) **Regenerator.** Die Feuerungsanlagen für das Generatorgas, die Regeneratoren von Friedr. Siemens (Abb. 48) bestehen aus den vier Kammern c, c_1, e, e_1, die mit feuerfesten Steinen derartig ausgemauert sind, daß zwischen diesen Luftzüge frei bleiben. Durch Rohr a tritt die Luft in c, das Gas durch a_1 in c_1 ein; ihre Flamme streicht über Herd d, und die Verbrennungsgase entweichen durch die Kammern e und e_1, die dadurch allmählich zum Glühen kommen, in den Schornstein f bzw. f_1. Sind die Kammern e und e_1 genügend erhitzt, so stellt man die Klappen b und b_1 um, so daß jetzt die Zuströmung von Luft und Generatorgas durch e und e_1 erfolgt, der Abzug der Verbrennungsgase durch c und c_1. Durch diese Vorwärmung von Luft und Generatorgas an den erhitzten Kammerwänden wird die Wärmewirkung gesteigert. Die Umstellung der Klappen b und b_1 muß natürlich häufig erfolgen.

Das Generatorgas findet zum Heizen der Retortenöfen für die Leuchtgasanlagen Verwendung, für Glas- und Stahlöfen, sowie zum Motorbetrieb. — Man bezeichnet es hierbei als Druckgas, wenn es vom Generator in den Motor gedrückt wird und als Sauggas, wenn es vom Motor angesaugt wird.

c) **Sauggasanlage.** Die Sauggasanlage (Abb. 49) der Deutzer Gasmotorenfabrik in Köln-Deutz besteht im wesentlichen aus dem Generator A und dem Skrubber E. Je nach dem Brennstoffe können noch weitere Reinigungsapparate hinzukommen, wie beispielsweise ein Kondensator F und ein Schlußreiniger t. Zwischen beiden liegt der stets erforderliche Druckausgleich- oder Gaskessel H.

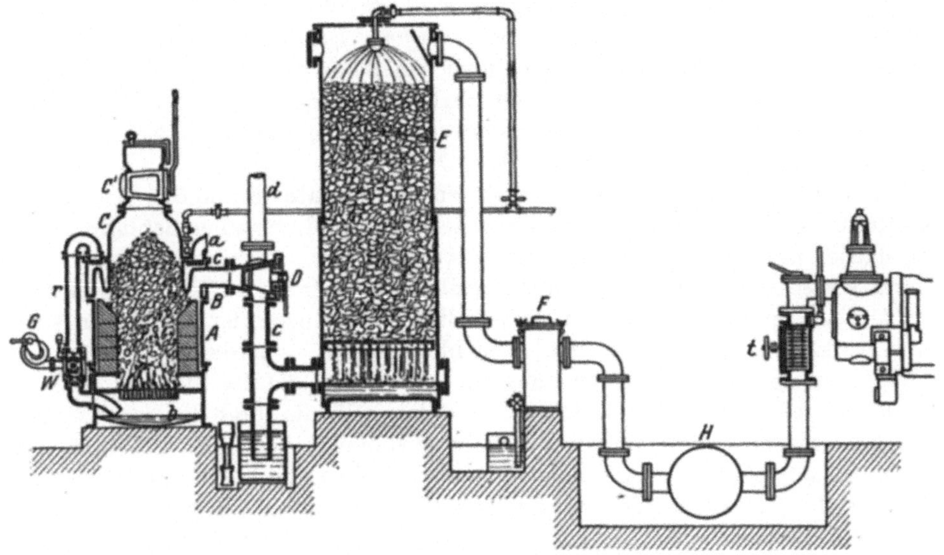

Abb. 49. Deutzer Sauggasanlage.

Der Generator besteht aus einem niedrigen, allseitig geschlossenen Schachtofen A, auf dessen Rost eine hohe Kohlenschicht liegt. Die Decke des oben erweiterten Schachtes wird durch einen gußeisernen Kasten B gebildet, dessen äußere Form sich dem Generatormantel anschließt, dessen gefalteter Innenraum zum Teil mit Wasser gefüllt ist und als Verdampfer dient, während die Mitte eine Fortsetzung des ausgemauerten Kohlenschachtes bildet. Über der inneren Durchbrechung der Verdampferschale ist ein Kohlenaufnehmer C gestellt und auf diesen ein Doppelverschluß C', so daß beim Einfüllen frischer Kohlen niemals heiße Gase austreten und den Wärter belästigen können. Die Decke des Verdampfers hat zwei Öffnungen, von denen die eine a unmittelbar ins Freie mündet und dem Zutritt der nötigen Luft dient. Auf der anderen Seite schließt eine Leitung v an, deren Ausmündung unter dem Rost des Generators liegt. In diese Leitung ist ein Wechselventil W eingeschaltet und ein kleiner Ventilator G angeschlossen; im gewöhnlichen Betrieb ist der Durchgang durch v frei und der Ventilator abgeschlossen, zum Anblasen wird das Wechselventil so umgestellt, daß die Leitung nach oben geschlossen ist und durch den Ventilator Luft unter den Rost geblasen werden kann.

Der Arbeitsgang der Sauggasanlage ist nun wie folgt: Es sei angenommen, daß die Anlage im Betrieb, d. h. der Skrubber E, die Rohrleitung mit Gas gefüllt und der Motor in vollem Gange ist. Beim Saugen wird der Motor eine gewisse Menge Gas aus der Leitung absaugen und dadurch in derselben einen Unterdruck hervorrufen; dieser teilt sich erst dem Gastopf H und Wasserabscheider F, dann dem Skrubber E, danach dem Generator A und durch dessen Kohlenschicht dem Aschenkasten b und schließlich durch das Verbindungsrohr r der Verdampferschale B mit. Infolgedessen tritt Luft von außen durch den Stutzen a in die Schale ein, streicht über den heißen Wasserspiegel, reichert sich hier infolge Verdunstung des Wassers mit Wasserdämpfen an und gelangt mit diesen beladen durch das Verbindungsrohr r in den Aschenkasten b und durch den Rost in die glühende Brennstoffsäule des Generators, wo Luft und Wasserdampf zusammen mit der Kohle in Kraftgas umgewandelt werden. Der Motor bereitet sich also stets nur so viel Gas, als seiner augenblicklichen Belastung entspricht. Das noch heiße Gas tritt dann durch das mit einem Dreiweghahn D versehene Rohr c in den Skrubber, wo es ein mit Wasser berieseltes Koksfilter durchstreichen muß und dadurch gekühlt und gereinigt wird.

Vom Skrubber strömt das Gas durch den Kondensator F und den Gastopf H dem Motor zu. Kurz vor Eintritt in diesen geht es noch durch einen Schlußreiniger t, so daß es praktisch rein in den Motor kommt.

Der Wasserspiegel in der Verdampferschale wird durch stetigen Zufluß und Überlauf auf gleichbleibender Höhe erhalten; das überlaufende Wasser tritt durch ein kleines Röhrchen in den Aschenkasten, wo es verdampft.

Während des Betriebes haben nun die einzelnen Teile die Stellung, wie sie in Abb. 49 gekennzeichnet sind. Die Wechselklappe W, die durch den beschwerten Umleghebel gestellt wird, hat die Luftleitung vom Ventilator G abgesperrt und die Verbindung mit der Verdampferschale durch Rohr r hergestellt. Der Dreiweghahn D steht so, daß die Verbindung zum Skrubber offen und die zur Kaminleitung d abgesperrt ist.

Will man die Anlage still setzen, so dreht man einfach den Dreiweghahn D herum, so daß die Verbindung mit dem Kamin hergestellt ist; gleichzeitig damit wird der Gaszufluß nach dem Skrubber abgesperrt. Die Kaminleitung verursacht einen natürlichen Luftzug durch den Generator, so daß die Kohlen, ähnlich wie bei einem Füllofen, in schwacher Glut erhalten werden können. Der Zug im Generator kann durch die Tür am Aschenraum geregelt werden.

Zum erneuten Ingangsetzen des Generators braucht man nur mittelst des Ventilators G das Feuer anzufachen. Zu diesem Zweck wird mit der Wechselklappe W die Zuleitung vom Ventilator geöffnet und die zum Verdampfer geschlossen. Die Abgase entweichen so, wie in der Zeit des Stillstandes, durch die Kaminleitung d.

Nach einer Blasezeit von 5—10 Minuten ist die Temperatur im Innern des Generators wieder so hoch, daß der Betrieb von neuem beginnen kann. Es werden sämtliche Teile in die vorstehend beschriebene Betriebsstellung gebracht, worauf der Motor in Gang gesetzt werden kann.

F. Mischgas.

Dieser luftförmige Brennstoff, der auch Kraftgas, Halbwassergas, Dowsongas, genannt wird, ist eine Mischung von Generator- und Wassergas, das dadurch entsteht, daß man mittels Injektors unter den Rost des Generators Luft und Wasserdampf bläst.

G. Mondgas.

(entdeckt von Mond in London) unterscheidet sich vom Mischgas durch einen größeren Gehalt an Wasserdampf, der das im Gas enthaltene Ammoniak auflöst und beim Durchleiten durch Schwefelsäure an diese abgibt, unter Bildung von Ammoniumsulfat (Düngemittel).

H. Gichtgas.

Es ist ein Nebenerzeugnis des Eisenhochofens, das ähnlich dem Generatorgas verwendet wird.

I. Luftgas.

Unter Luftgas, wohl auch Benoidgas, Airogengas oder Pentairgas genannt, verstehen wir ein Gemisch brennbarer Dämpfe mit Luft. Namentlich wird der Petroläther dazu verwendet. Man benutzt das Gas zur Beleuchtung kleinerer Ortschaften.

39. Beurteilung der Brennstoffe.

A. Heizwert und chemische Zusammensetzung.

Zur Beurteilung der Eigenschaften eines Brennstoffs ist die Kenntnis seines Heizwertes und der Zusammensetzung seiner Verbrennungsgase erforderlich, ferner bei solchen Stoffen, die zur Beleuchtung dienen, die Feststellung der Leuchtkraft. Bei Kohlen prüft man außerdem noch die Koksausbeute und den Aschengehalt (vgl. S. 61). Nach Angabe der Hütte, Des Ingenieurs Taschenbuch, ist der Heizwert von 1 kg Kohle, ausgedrückt in Wärmeeinheiten, durch die deutsche Verbandsformel:

$$h = 8100 \, C + 29\,000 \, (H - \tfrac{1}{8} O) + 2500 \, S - 600 \, W.$$

C, H, O und S bedeuten hierin die betreffenden chemischen Elemente, W das hygroskopische Wasser[1] des Brennstoffs (alle diese Angaben in Kilogramm). Meistens wird mit Hilfe des Kalorimeter der Heizwert ermittelt. Diese Untersuchungen beruhen darauf, daß man eine gewisse Menge des Stoffes verbrennt und die Verbrennungsgase zur Erwärmung einer gewogenen Menge Wasser verwendet. Aus der Temperaturerhöhung des Wassers kann man dann leicht die Anzahl von Kalorien berechnen, die der Brennstoff abgegeben hat. (Siehe Tabelle S. 80.)

B. Rauchgasuntersuchung.

Zur Beurteilung des Heizungsvorganges ist es ferner auch wichtig, die prozentische Zusammensetzung der Verbrennungsgase genau zu ermitteln, also deren Gehalt an Kohlendioxyd, Sauerstoff und Kohlenoxyd. Zur Bestimmung dient der Orsatapparat.

Der Orsatapparat besteht (Abb. 50) aus der Röhre (Bürette) A von 100 cm³ Fassungsvermögen, die im unteren Teil, der von 0—40 cm³ geht, verjüngt und hier in 0,2 cm³ geteilt ist. A befindet sich in einem mit Wasser gefüllten Glaszylinder und ist unten durch einen Kautschukschlauch mit der Flasche E verbunden. B, C und D sind Absorptionsgefäße, die zur Vergrößerung der Oberfläche mit Glasröhren angefüllt sind. Jedes derselben ist unten mit einem gleich großen

---

[1] Unter dem hygroskopischen Wasser versteht man das Wasser bzw. den Wasserdampf, der sich aus den Brennstoffen durch chemische Umsetzung bei der Verbrennung bildet und zu dessen Verdampfung eine gewisse Wärmemenge verbraucht wird. Werden also W kg Wasserdampf entwickelt, so gehen 600 · W Wärmeeinheiten verloren. Man unterscheidet daher zwischen dem oberen und unteren Heizwert der Brennstoffe. Der Unterschied zwischen beiden ist gleich der erwähnten Größe von 600 · W. Man gibt gewöhnlich den unteren Heizwert an.

Heizwerte der wichtigsten Brennstoffe.

Brennstoff	%-Gehalt an							Spez. Gewicht in kg/dm³	Heizwert oberer, unterer in kcal/kg bei Gasen in kcal/m³	
	C	H	O	N	S	H_2O	Asche			
a) Feste Brennstoffe.										
Anthrazit	87	2,5	2	0,5	1	1	6	1,4—1,7	7 835	7 670
Braunkohle, roh	27	2,3	10	0,3	0,3	58	2,1	1,2	2 700	2 150
„ Briketts	54,5	4,2	20,5	0,4	0,4	15	5	1,4	5 100	4 800
Koks, (Gas-)	84	1	1,6	0,4	1	2	10	1,4	7 100	7 030
„ (Zechen-)	88	0,5	1,2	0,3	1	1	8	1,6	7 300	7 230
Steinkohle, mager	79,9	3,8	3,2	0,8	1,4	1,2	9,7	1,2	7 650	7 450
„ fett	74,5	4,4	6,0	1,1	0,8	3,2	10,0	1,3	7 350	7 100
Torf	44	4,5	20	5	0,5	20	6	0,64-0,84	4 260	3 850
b) Flüssige Brennstoffe.										
Benzin	85	15						0,73	11 000	10 200
Benzol	92	8						0,90	10 000	9 600
Brennspiritus	49	11						0,95	6 740	6 040
Petroleum	84	16						0,90	11 520	10 660
Teeröl	90	7						0,88	9 500	9 000

	%-Gehalt an					Spez. Gewicht bezogen auf Luft = 1 kg/dm³	Unterer Heizwert in	
	CO_2	CO	Kohlenwasserstoffen	H	N		kcal/m³	kcal/kg
c) Luftförmige Brennstoffe.								
Azetylen			100			0,89	13 600	12 000
Generatorgas	2	28	3	12	54	0,86	1 450	1 300
Gichtgas	8	28		4	60	0,99	950	750
Koksofengas	2	8	33	50	7	0,42	4 800	8 800
Leuchtgas	2	8	36	51	3	0,40	5 100	9 700
Luftgas	5	23	4	6	62	0,92	1 140	960
Mischgas	4	24	5	5	62	0,90	1 130	970
Mondgas	16	12	4	25	43	0,82	1 400	1 325
Ölgas		1	96	3		0,70	12 350	11 950
Wassergas	5	42	1	49	3	0,52	2 600	3 900

(dahinter befindlichen) Gefäße verbunden. Des weiteren sind a, b und c einfache Glashähne, d ein Dreiweghahn mit einer Längsbohrung. Das U-Röhrchen e ist mit Watte gefüllt, um das durchstreichende Gas von Staub zu befreien. Durch entsprechende Drehung von d kann e mit A oder die äußere Luft mit A oder mit e verbunden werden. B wird mit 200 cm³ 50% iger Kalilauge zur Bindung des Kohlendioxyds gefüllt, C zur Bindung des Sauerstoffs mit pyrogallussaurem Kalium (entstanden aus 180 g KOH in 300 cm³ Wasser und 12 g Pyrogallussäure in 50 cm³ Wasser) und D zur Bindung des Kohlenoxyds mit ammoniakalischer

Kupferchlorürlösung (entstanden aus einem Gemisch von je ¼ l gesättigter Salmiaklösung und starker Ammoniakflüssigkeit, das in einem Stöpselglase mit Kupferspänen geschüttelt wird).

Zur Ausführung der Untersuchung schließt man die Hähne a, b und c und bringt das Gefäß A mittelst des Dreiweghahns d mit der äußeren Luft in Verbindung. Durch Heben der Flasche E füllt man A bis zur Marke mit Wasser, dann schließt man d gegen A ab, senkt E und öffnet a. Infolgedessen wird B mit seiner Absorptionsflüssigkeit gefüllt. Ebenso füllt man C und D.

Durch Drehung von d bringt man e, also auch den mit e verbundenen Raum, dem das Gas entnommen werden soll, mit der Luft in Verbindung. Durch Drücken auf eine Kautschukpumpe, die durch einen Schlauch mit der Spitze des Dreiweghahns in Verbindung steht, oder mittelst eines Saugapparates, entfernt man die Luft aus den Leitungen, stellt dann d so, daß d

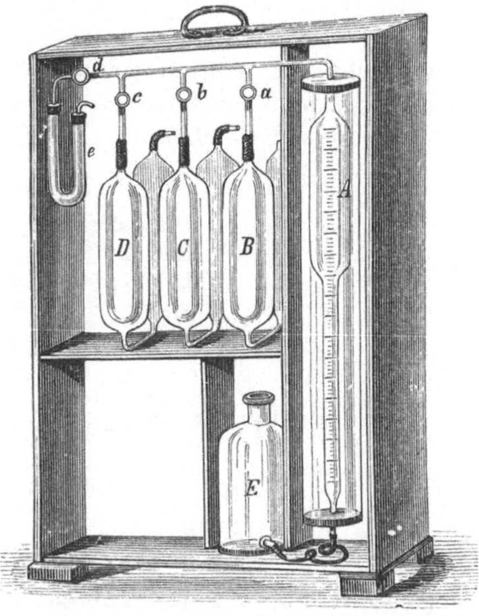

Abb. 50. Orsatapparat. (Aus Chemikerkalender.)

mit A in Verbindung kommt, und füllt durch Senken der Flasche E die Bürette A mit Gas. Man drängt das Gas nochmals fort und füllt A wiederum, um sicher zu sein, daß die Luft aus der Leitung entfernt ist. Dann schließt man d, öffnet a und drängt durch Heben von E das Gas aus A nach B, wo durch Wiederholung des Verfahrens das Kohlendioxyd gebunden wird. Hierauf senkt man E so weit, daß das Wasser darin so hoch steht wie in A, und liest die Raummenge von A ab. Sind z. B. noch 92 cm³ vorhanden, so enthielt das Gas 8 cm³ Kohlendioxyd. Ganz entsprechend wird der Sauerstoff und das Kohlenoxyd bestimmt.

C. Die Leuchtkraft der brennbaren Stoffe.

Hier gilt als Einheit für die Lichtstärke die Hefnerkerze (HK.). Es ist dies die Lichtstärke einer Amylazetatlampe[1] (von Hefner-Alteneck) von 40 mm Flammenhöhe und 8 mm Dochtdurchmesser. 1 HK. entspricht 0,833 deutschen Vereinskerzen (altes Maß). Das Lux oder die Meterkerze ist die Helligkeit einer weißen Fläche, die im senkrechten Abstand von 1 m von der Lichteinheit von 1 HK beleuchtet wird. Die

Lichtstärken der wichtigsten Beleuchtungsarten.

Lichtart	Lichtstärke in HK
Wachskerze	1,2
Stearinkerze	1,22
Petroleumlampe	10—35
Leuchtgas-Glühlicht	35—110
Wassergas-Glühlicht	80,0
Ölgaslampe	10,0
Azetylenlampe	20—60
Elektrische Kohlefadenlampe	18,0
Elektrische Metallfadenlampe	25—3000

---

[1] Normallampe.

Lichtmenge, die ein leuchtender Körper in der Zeiteinheit ausstrahlt, ist der Lichtstrom und seine Einheit das Lumen, nämlich der Lichtstrom der von einer Hefnerkerze in den Raumwinkel 1 gesandt wird. Der Raumwinkel ist das Stück einer mit dem Halbmesser von 1 cm um die Spitze eines Kegels geschlagenen Kugelfläche, das vom Kegelmantel abgeschnitten wird. Die Ermittelung der Lichtstärke irgendeines Leuchtstoffes erfolgt durch Vergleich mit der Hefnerlampe mittels des bekannten Bunsenschen Photometers (Fettfleck auf Papier).

D. Die Glutfarben.

Dunkelrotglut . . . . 700° C,
Kirschrotglut . . . . 900° C,
Hellkirschrotglut . . . . . 1000° C,
Weißglut . . . . 1300° C,
Blendende Weißglut . . . . 1500° C.

VII. Fette, Öle, Wachse und Harze.

40. Vorbemerkung.

Fette und Öle sind dem Tier- oder Pflanzenreich entstammende Verbindungen der Fettsäuren, besonders Palmitin-, Margarin-, Stearin- und Ölsäure (von vielatomiger Zusammensetzung) mit Glyzerin $C_3H_5(OH)_3$. Die Harze sind wasserunlösliche pflanzliche Stoffe, teils weich (Weichharze), teils hart, aber schmelzbar (Hartharze). Diese Stoffe dienen zur Herstellung von Seifen, Kerzen, Schmiermitteln, Linoleum, Farblacken, Firnissen u. a. m.

Man unterscheidet zunächst Pflanzenöle (Lein-, Mohn-, Rüb-, Raps-, Bucheckern-, Sonnenblumenkern-, Mais-, Baumwollsaat-, Sesam-, Oliven-, Erdnuß- und Rizinus-Öl), Landtieröle (Knochen- und Klauen-Öl) und Seetieröle (Leber-, Robben-, Walroß- und Seehundtran). Ebenso unterscheidet man Pflanzenfette (Kokos-, Palm-Fett, Kakaobutter) und Tierfette (Schweineschmalz, Knochenfett, Rindertalg oder Unschlitt). — Auch die Wachse rechnet man zu den Fetten, obgleich sie keine chemische Verbindung von Fettsäuren mit Glyzerin, aber doch den Fetten verwandt sind. Man unterscheidet Bienen- und Erd-Wachs, sowie Wollfett. Letzteres wird zu Salben und Schmiermitteln, erstere mit Terpentin zum Stiefelputzen bzw. als Bohnermasse verwendet. Fette und Öle werden durch Auspressen, Ausschmelzen oder Lösen von Benzin abgeschieden.

Die Öle werden durch sogenannte Ölhärtung in wertvollere feste Fette verwandelt, indem man sie mit Wasserstoff über einer Kontaktmasse aus Palladium oder Nickel (in fein verteiltem Zustand) bei 150° C und 9 at vereinigt.

41. Pflanzliche Schmiermittel.

Als Schmiermittel spielen die genannten Fette und Öle im Vergleich mit den Erdölbestandteilen nur eine äußerst geringe Rolle, weil sie leicht verharzen. Rüböl und Olivenöl werden mitunter angewendet (Textilindustrie), sie sind aber selten säurefrei; das gleiche gilt vom Talg, der u. a. zum Schmieren der Treibriemen dient, oft mit Tran vermischt [1]. Andere Öle (Süßmandelöl) dienen zum Schmieren feiner Apparate.

---

[1] Hierzu wird auch Rizinusöl gebraucht.

42. Seife und Glyzerin.

A. Seife.

Beim Erhitzen eines Fettes mit Kali- oder Natronlauge entsteht fettsaures Kalium bzw. fettsaures Natrium, ersteres ist weiche, letzteres harte Seife. Bei der festen Seife unterscheidet man wiederum Leim- und Kern-Seife, Leimseife enthält noch überschüssige Lauge, Kernseife dagegen ist von der Lauge durch Aussalzen getrennt worden. — Die Zersetzung der Fette mit Kali- oder Natronlauge nennt man auch Verseifung[1]. Die reinigende Wirkung der Seife beruht darauf, daß sie die Schmutzstoffe aufnimmt (Emulsionsbildung). — Mit zähflüssigem Schmieröl gemischt, braucht man die Seifenlösung bei Bohr- und Fräsmaschinen; ferner benutzt man Seife zur Verminderung der Reibung (z. B. Ablaufbahn für den Stapellauf der Schiffe). Zersetzt man die Fette mit Kalzium-hydroxyd, so entsteht die wasserunlösliche Kalkseife (fettsaures Kalzium), daher „gerinnt" die Seife in hartem Wasser, d. h. das fettsaure Kalzium scheidet sich als Niederschlag aus (vgl. Kesselspeisewasserreinigung). — Über die Verwendung der Seife beim Schaumlöschverfahren vgl. S. 111. Kalkseife mit etwas Wasser und mineralischem Schmieröl gemischt, bildet das Staufferfett.

B. Glyzerin (Entdecker: Scheele 1742—1786).

Ein wichtiges Nebenerzeugnis der Seifengewinnung ist das Glyzerin. Dasselbe bildet, durch Destillation gereinigt, eine wasserklare, süßlich schmeckende Flüssigkeit (spezifisches Gewicht 1,27 kg/dm³. Wegen seines Wasseranziehungs-vermögens wird es gewissen Farben und Tinten zugesetzt. Mit Glyzerin gemischt, erstarrt das Wasser erst bei —30°; man braucht daher derartige Gemische im Winter zum Füllen von Gasuhren und als Kühlflüssigkeit bei Kraftfahrzeugen. Mit Bleiglätte vermengt, dient es zum Einkitten der Porzellanisolatoren. In Verbindung mit Leim oder Gelatine findet das Glyzerin als Hektographenmasse Verwendung, als sogenannter Gelatineleim. Ebenso enthalten die Kopiertinten Glyzerin. Ferner wird das Glyzerin als Flüssigkeit bei hydraulischen Apparaten benutzt, z. B. bei der Rohrrücklaufvorrichtung der Geschütze, bei hydraulischen Pressen, den hydraulischen Prellböcken der Bahnhöfe und im Preßzylinder des Prüfungsapparates für Indikatorfedern von Dreyer, Rosenkranz & Droop, Hannover. — Läßt man auf Glyzerin ein Gemisch von Salpetersäure und Schwefel-säure einwirken, so entsteht das Nitroglyzerin (Sprengöl), das, in Kieselgur auf-gesaugt, als Dynamit in den Handel kommt. Im ungefrorenen Zustand ist Dynamit weniger gefährlich zu handhaben als Nitroglyzerin.

43. Kerzen.

Sofern nicht Wachs- bzw. Talgkerzen verwendet werden, benutzt man die aus Stearin hergestellten (erfunden 1825 von Chevreul). Man verseift die Fette mit Ätzkalk und zersetzt die erhaltenen Kalziumsalze mit Säure, wobei die freien

---

[1] Die tierischen und pflanzlichen Fette und Öle sind durch Alkalien verseifbar, im Gegen-satz zu den mineralischen Ölen, den Erdölbestandteilen, die, wie früher erwähnt, vorwiegend aus Kohlenwasserstoffen bestehen. — Bei der Entfettung der Metalle (vgl. S. 135) kann man daher die tierischen und pflanzlichen Fette mit Soda oder Natronlauge verseifen, während sich die Erdölbestandteile nur durch Lösung in Benzin entfernen lassen.

Fettsäuren entstehen. Nach dem Abpressen der flüssigen Ölsäure bleibt die feste Stearinsäure, das **Stearin** genannt, zurück (Ausbeute etwa 48% des angewandten Talgs). Die Stearinkerzen erhalten immer einen Zusatz von Paraffin, weil sie sonst zu spröde sind, die Paraffinkerzen umgekehrt etwas Stearin, weil sie ohne dieses zu weich wären. Die Herstellung der Kerzen erfolgt in der Weise, daß man die Masse in Formen gießt, in denen sich der Docht befindet (letzterer hat bei der Kerze die gleiche Aufgabe, wie beim Petroleumlicht).

44. Leinöl und Harze.

A. Leinöl.

Das Leinöl, das durch Auspressen des Leinsamens gewonnen wird, zeigt die Eigenschaft, durch allmähliche Oxydation zu erstarren, indem es verharzt (trocknendes Öl). Beschleunigt wird dieser Vorgang durch Kochen des Leinöls mit Oxydationsmitteln, wie Bleiglätte, Mennige oder Braunstein; es entsteht der **Leinölfirnis**, auch **Sikkativ** genannt, der, dem Leinöl zugesetzt, dessen Trocknung beschleunigt. Das Leinöl findet folgende Anwendungen:

a). Zur Herstellung von Ölfarben, die in Leinöl feinst verteilt (suspendiert) aufgetragen werden, und zwar in möglichst dünnen Schichten, da die Anstriche sonst schlecht haften. Alte Ölfarbenanstriche entfernt man mit Natronlauge;

b) mit Mennige und Hanf zur Dichtung von Gewinden;

c) mit Bleiweiß und Kreide als Glaserkitt;

d) zur Herstellung von Linoleum oder **Linkrusta** (Walton 1860), einem Stoff, der aus einem Gemisch von verharztem Leinöl und Korkpulver besteht;

e) zur Herstellung von Lacken.

B. Harze.

Unter **Lacken** versteht man die Lösung von Harzen (z. B. Bernstein, Kopal- oder Schellack) in Leinöl, Spiritus oder Terpentinöl. Letzteres entsteht durch Destillation des Terpentins (Harz von Kiefer und Tanne) neben Kolophonium. Das Terpentinöl dient auch zum Reinigen von Elfenbein, das Kolophonium (nicht für Treibriemen verwenden) benutzt man beim Löten, ferner mit Schellack, Zinnober oder Eisenoxyd zur Herstellung von Siegellack. Schellack wird außerdem zur Herstellung von Holzpolituren gebraucht. Durch Einwirkung von Chlorwasserstoff auf Terpentinöl entsteht der sogenannte künstliche Kampfer. Der natürliche entstammt dem Kampferbaum (Japan); es ist eine weiße, stark riechende Masse, in Wasser unlöslich, die zur Darstellung von Zelluloid und zu Sprengstoffen gebraucht wird.

45. Kautschuk[1].

A. Vorkommen.

Seit 1536 kennt man den Kautschuk als Milchsaft tropischer Bäume, die besonders in Brasilien (Paragummi beste Sorte), Indien und im Kongostaat gedeihen.

---

[1] Gummi ist der gemeinsame Namen der aus Kautschuk, Guttapercha oder Balata hergestellten Erzeugnisse.

B. Gewinnung.

Die Bäume werden angebohrt und der herausfließende Milchsaft durch Röhren abgeleitet und in Gefäßen aufgefangen. Aus der Flüssigkeit wird durch Essigsäure der Kautschuk abgeschieden, dann gewaschen, gepreßt und getrocknet. Es folgt die Mastifikation, die Behandlung des Kautschuks in mäßig erwärmten Preßwalzen, wobei man Füllstoffe zufügt, wie Kalk, Kreide, Gips oder Magnesiumoxyd, um Härte und Gewicht zu erhöhen. Zum gleichen Zwecke werden auch Bleimennige, Kieselgur, Glimmer, Wachs, Teer oder Schwefelantimon zugesetzt. Letzteres hat eine Rotfärbung zur Folge. Die Annahme, daß rote Gummisorten besser seien, beruht aber auf Irrtum. Die Masse wird nun zu Platten ausgewalzt und diesen durch Hand oder Formmaschinen die gewünschte Gestalt gegeben. Zum Kleben benutzt man die Lösungsmittel für Gummi, vorwiegend Benzol und Benzin, seltener Terpentin, Chloroform und Schwefelkohlenstoff. Falsch ist die Annahme der Herstellung von Gummiwaren durch Gießen in Formen, ähnlich den Metallen.

C. Vulkanisierung (Goodyear 1839).

Durch Vulkanisieren erhält Gummi die erforderliche Elastizität und Festigkeit. Bei der Heißvulkanisierung benutzt man Schwefel, mit dem man in Kesseln bei 3 at die Gummistücke längere Zeit auf 150—160° erhitzt. Bei Weichgummi nimmt man 3—15 und bei Hartgummi bis zu 50% Schwefel. Bei der Kaltvulkanisierung taucht man die Gummistücke in eine 1—3%ige Lösung von Schwefelchlorür in Schwefelkohlenstoff.

D. Regeneration.

Sie hat den umgekehrten Zweck, die die Vulkanisation, weil dadurch alte, verbrauchte Gummierzeugnisse wieder plastisch gemacht werden. Dies geschieht durch Erhitzen der vorher von etwaigen Geweben befreiten Gummistücke.

E. Gummierung von Geweben (Luftballonhüllen).

Es geschieht dies durch Aufwalzen einer dünnen Gummischicht oder Tränkung mit einer Kautschuklösung in Benzin.

F. Technische Gummiwaren.

Gummivollreifen und Gummischnüre werden durch ein Spritzverfahren erzeugt. Zur Herstellung von Gummischläuchen befindet sich die Gummimasse in einem erwärmten Zylinder, aus dem sie durch das Mundstück über einen Dorn gedrückt wird. Ähnlich erfolgt die Herstellung von Schläuchen mit gewebter Einlage. — Gummiplatten zu Pumpenklappen werden in der Weise hergestellt, daß man die Platten übereinander legt, bis sie die erforderliche Stärke haben. Gummiplatten zur Dichtung von Dampf- und Wasserleitungen erhält man in der Weise, daß man zwischen die einzelnen Lagen Gummi solche aus gummiertem Stoff bringt und dann vulkanisiert.

G. Guttapercha und Balata.

Es sind dies ebenfalls Erzeugnisse aus den Milchsäften tropischer Bäume. Abscheidung und Verarbeitung, wie Kautschuk.

H. Künstlicher Kautschuk.

Faraday fand 1826, daß Kautschuk der Formel $C_{10}H_{16}$ entspricht. Harries erhielt zuerst 1910 künstlichen Kautschuk aus dem Kohlenwasserstoff Isopren C_5H_8 durch Erhitzen mit Essigsäure unter Druck bei 100^0 C. Kurz vorher erreichte Hofmann die gleiche Synthese mit Methyl-Isopren und Azeton. Letzteres Verfahren diente im Kriege zur Herstellung von Kautschuk. — In absehbarer Zeit wird diese künstliche Gewinnung des Kautschuks so wirtschaftlich sein, daß kein natürlicher mehr vom Ausland eingeführt zu werden braucht.

I. Vulkanfiber und Galalith.

Zwei Ersatzstoffe für Kautschuk sind Vulkanfiber und Galalith.

Vulkanfiber erhält man aus gewissen Baumwollarten durch Behandlung mit Zinkchloridlösung, wodurch die Faser dick aufquillt. Die Masse wird gepreßt und gewaschen; sie findet als Ersatz für Kautschuk, Horn und Leder Verwendung, besonders auch zu Isolierrohren und Fahrrädern.

Galalith wird aus dem aus der Milch abgeschiedenen Kasein (Käsestoff) durch Behandlung mit Formaldehyd als eine harte, glänzende Masse abgeschieden, die als Ersatz für Zelluloid und Hartgummi (Isolation) dient. Das Galalith ist geruchlos und nicht feuergefährlich.

VIII. Kesselspeisewasserreinigung.

46. Hartes Wasser und Kesselstein.

A. Ursache der Wasserhärte.

Wir haben schon früher das Wasser, das reich an Kalzium- und Magnesiumsalzen ist, als hartes bezeichnet, im Gegensatz zum weichen, das nur geringe Mengen dieser Stoffe enthält. Die in Frage kommenden Salze sind die Sulfate und die sauren Karbonate von Kalzium und Magnesium (mitunter auch deren Chloride $MgCl_2$ und $CaCl_2$), also

$CaSO_4$ Kalziumsulfat,	$CaH_2(CO_3)_2$ saures Kalziumkarbonat,
$MgSO_4$ Magnesiumsulfat,	$MgH_2(CO_3)_2$ saures Magnesiumkarbonat.

B. Entstehung des Kesselsteins.

Kocht man das harte Wasser, so erleiden die Sulfate keine stoffliche Veränderung; beim Eindampfen der Flüssigkeit scheidet sich aber der schwer lösliche Gips $CaSO_4$ als Niederschlag ab. Die sauren Karbonate verwandeln sich in die neutralen, die wasserunlöslich sind und sich daher als Niederschlag abscheiden. Diese Niederschläge setzen sich als mehr oder minder dichte Masse, dem Kesselstein, an den Wandungen des mit hartem Wasser gespeisten Kessels ab, was aber vermieden werden muß, weil sich dadurch folgende Übelstände für den Betrieb ergeben:

a) Mehraufwand an Brennstoff, da der Kesselstein als schlechter Wärmeleiter die Feuerungskosten für jedes Millimeter Dicke der Schicht um 12—15% erhöht;

b) Gefahr der Verstopfung der Rohre des Kessels;

c) Gefahr der Kesselexplosion, bedingt durch einen Sprung in der Kesselsteinschicht, wodurch das Wasser, die glühende Kesselwandung berührend, mit großer Heftigkeit verdampft. Hierdurch können leicht Explosionen entstehen.

C. Kesselspeisewasserprüfung.

Man wird daher das zur Kesselspeisung zu verwendende Wasser auf seine Härte prüfen und diese gegebenenfalls beseitigen müssen. Die Untersuchung beruht darauf, daß die Seife, wie erwähnt, durch Kalzium- und Magnesiumverbindungen zersetzt wird, durch Bildung der betreffenden fettsauren Salze, die wasserunlöslich sind. Man benutzt zur Untersuchung eine sogenannte Normalseifenlösung, die im Liter eine bestimmte Menge Seife enthält. Solche Lösungen werden von vielen chemischen Fabriken in den Handel gebracht.

Man füllt in ein in $^1/_{10}$ cm³ geteiltes Glasrohr, eine sogenannte Bürette, das unten mit einem Hahn verschlossen (Abb. 51), die Seifenlösung ein und läßt sie in eine Stöpselflasche fließen, in der sich 100 cm³ des zu untersuchenden Wassers befinden. Zunächst unterbricht man jedesmal, wenn 2 cm³ Lösung eingeflossen sind, dann nach jedem Kubikzentimeter, und versucht, indem man die verschlossene Flasche schüttelt, ob Seifenschaum entsteht. Dies kann natürlich erst eintreten, wenn alle Kalzium- und Magnesiumsalze gebunden und Seife in Überfluß vorhanden ist. Sobald der beim Schütteln entstehende Schaum sich fünf Minuten hält, ist genügend Seifenlösung zugesetzt, nnd aus der Anzahl der verbrauchten Kubikzentimeter kann man mittels obiger Tabelle den Härtegrad des Wassers feststellen. Ein deutscher Härtegrad entspricht 0,01 g CaO in einem Liter Wasser; ein deutscher Grad ist gleich 1,25 englischen bzw. 1,79 französischen Härtegraden.

Wiederholt man nun den Versuch, nachdem man das zu untersuchende Wasser vorher eine halbe Stunde gekocht und mit destilliertem Wasser bis zur ursprünglichen Raummenge wieder aufgefüllt hat, so beobachtet man, daß die Härte geringer geworden ist. Dies erklärt sich dadurch, daß die sauren Karbonate sich beim Kochen zersetzt haben und jetzt nicht mehr bei der Härteprüfung in Erscheinung treten. Die Gesamthärte des Wassers setzt sich somit aus der temporären oder Karbonathärte und der bleibenden oder Nichtkarbonathärte (auch Gipshärte genannt) zusammen.

Je nach dem Härtegrad des Wassers richtet sich auch das Reinigungsverfahren. Besonders sei auch hier vor den noch heute angepriesenen zahlreichen Geheim-

Wasserhärtetabelle.

(Beziehungen zwischen Härtegrad und den verbrauchten Kubikzentimetern Seifenlösung.)

Härtegrad	Erforderlich	Unterschied für das ccm Seifenlösung (Härtegrade)
1	5,4	0,25
2	9,4	0,25
3	13,2	0,26
4	17,0	0,26
5	20,8	0,26
6	24,4	0,277
7	28,0	0,277
8	31,6	0,277
9	35,0	0,294
10	38,4	0,294
11	41,8	0,294
12	45,0	0,310

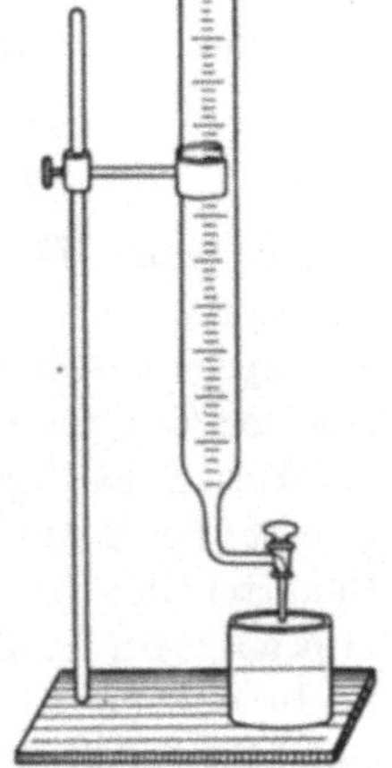

Abb. 51. Bürette.

mitteln zur Kesselsteinbekämpfung gewarnt, die bei hohem Preis meistens nichts nützen, oft sogar schädlich sind, indem sie die Kesselwandungen angreifen usw.

47. Kesselsteinbeseitigung im Kessel.

a) **Anstrich der Kesselwandung.** In vielen Fällen beschränkt man sich darauf, ein Festbrennen des Kesselsteins an den Wandungen dadurch zu vermeiden, daß man den Kessel innen mit einem Gemisch von Milch und Graphit anstreicht, wodurch der Kesselstein sich am Boden als Schlamm absetzt und leicht abgelassen werden kann.

b) **Soda-Zusatz.** Bei geringer Härte genügt auch häufig ein Zusatz von Soda (für Härtegrade von 4—6°), wodurch die Nichtkarbonathärte beseitigt wird[1]:

$$CaSO_4 + Na_2CO_3 = CaCO_3 + Na_2SO_4$$
$$MgSO_4 + Na_2CO_3 = MgCO_3 + Na_2SO_4.$$

Für die heute viel gebrauchten Wasserrohrkessel mit ihren vielen schwer zugänglichen Teilen ist aber auch die Beseitigung der Karbonathärte erforderlich, was zweckmäßig vor der Speisung erfolgt.

c) **Cumberlandverfahren.** Gut isoliert im Kessel angebrachte Eisenplatten bilden im Kessel die Anode, die Kesselwand die Kathode. Geht ein Strom von 30 Amp. und 20 Volt durch das Speisewasser, so wird das Ansetzen des Kesselsteins verhindert.

48. Kesselsteinbeseitigung außerhalb des Kessels.

1. **Das Kalk-Sodaverfahren.** Die Nichtkarbonathärte wird, wie oben angegeben, mit Soda entfernt, die Karbonathärte durch gelöschten Kalk. Die Wirkung des letzteren beruht darauf, daß er die sauren in die neutralen Karbonate überführt, die unlöslich sind:

$$CaH_2(CO_3)_2 + Ca(OH)_2 = 2\,CaCO_3 + 2\,H_2O$$
$$MgH_2(CO_3)_2 + Ca(OH)_2 = MgCO_3 + CaCO_3 + 2\,H_2O.$$

Für jeden Härtegrad im Kubikmeter Wasser beträgt der Zusatz an Ätzkalk und Soda je etwa 20 g; Überschüsse sind natürlich zu vermeiden, weil dadurch das Speisewasser alkalisch wird (Nachweis mit Phenolphtaleïn). Da sich nun mit der Zeit im Kessel eine gesättigte Salzlösung ansammeln würde, so muß der Kessel häufiger abgelassen werden. — Durch dieses Reinigungsverfahren gelingt die Enthärtung bis zum dritten Härtegrad herunter. Von den vielen Bauarten der Kesselspeisewasserreiniger sei hier der nach der Bauart Desrumeaux von P. Kyll in Köln gebaute (Abb. 52) erwähnt.

In das im Kasten A befindliche Wasser schüttet man gebrannten Kalk; es bildet sich Kalkbrei $Ca(OH)_2$, der durch das Rohr B in die untere Hälfte des Kalksättigers läuft, während durch das Rohr C Wasser entgegen fließt. Die Auslaugung des Kalkbreies durch das Wasser wird durch das Rührwerk R gefördert. Durch eingebaute Platten D wird die drehende Bewegung des Gemenges aufgehalten, damit im oberen Teil des Sättigers die ausgelaugten Kalkteilchen

---

[1] Auch die Chloride werden hierdurch in die unlöslichen Karbonate verwandelt.

sinken können, und ein geklärtes Kalkwasser über Rinne E in den Umsetzungsraum fließt. Das Rührwerk wird durch das zufließende Rohwasser selbst mittels eines kleinen oberschlächtigen Wasserrades betrieben. Im Umsetzungsraume vereinigen sich dann Kalk- und Sodalösung mit dem Rohwasser. Das aus dem Mittelrohr F unten austretende Wasser setzt den Schlamm zunächst auf den schrägen Flächen des unteren Trichters G ab, steigt dann langsam zwischen den schiefen Schraubenflächen H, die das Mittelrohr umgeben, aufwärts, wobei sich die feinsten Schlammteilchen, die noch mitgerissen sind, ablagern und allmählich in den Trichterraum rutschen, wenn zur Entfernung des Schlamms das Bodenventil J auf kurze Zeit geöffnet wird. Der letzte Schlammrest wird durch das Filter oben zurückgehalten.

Beim Verfahren der Maschinenbauanstalt Humboldt in Köln-Kalk wird der Schlamm in Setzkästen mit geneigten Wänden abgeschieden.

2. Das Natronlauge-Sodaverfahren. Hier ist der gelöschte Kalk durch Natron

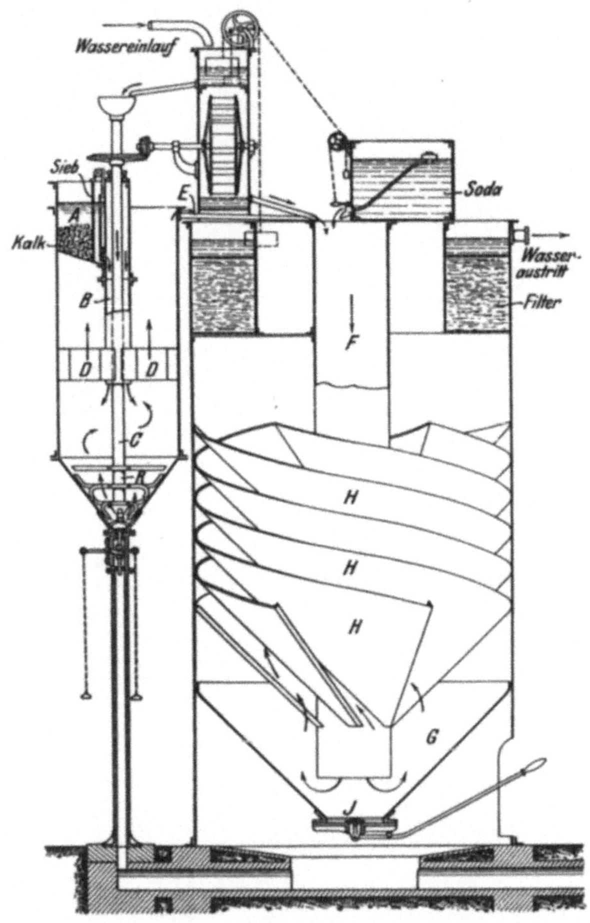

Abb. 52. Kesselspeisewasserreiniger, Bauart Desrumeaux.
(Aus Spalckhaver-Schneiders, Dampfkessel.)

lauge ersetzt, wodurch die Karbonathärte ganz entsprechend beseitigt wird. Zur Beschleunigung des Verfahrens wird das zu reinigende Wasser vorgewärmt.

$$CaH_2(CO_3)_2 + 2\,NaOH = 2\,H_2O + Na_2CO_3 + CaCO_3$$
$$MgH_2(CO_3)_2 + 2\,NaOH = 2\,H_2O + Na_2CO_3 + MgCO_3,$$

Die Nichtkarbonathärte wird auch hier durch Soda beseitigt. Abb. 53 zeigt die Anordnung der nach diesem Verfahren arbeitenden Kesselspeisewasserreinigungsanlage der Maschinenfabrik von A. L. G. Dehne in Halle a. S.

Das vom Hochbehälter H oder aus einer Druckleitung kommende Wasser tritt zunächst in den Vorwärmer A, in dem es durch Abdampf oder Frischdampf auf etwa 80^0 C erwärmt, dem Fällapparat B zugeführt wird. Diesem werden durch die Laugepumpe E aus dem Behälter F die erforderlichen Mengen des Gemisches von Natronlauge und Sodalösung zugeführt. Die ausgefällten Salze

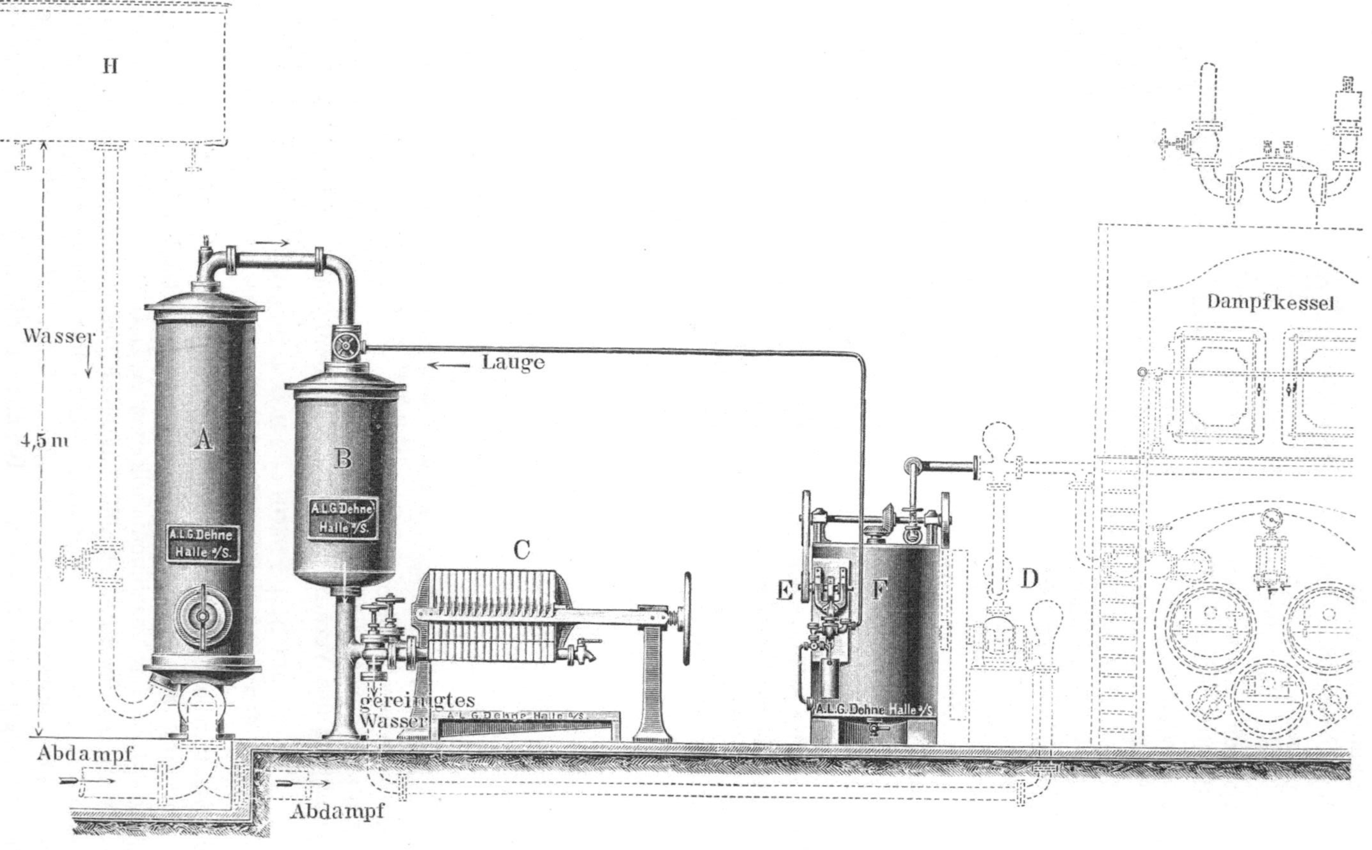

Abb. 53. Kesselspeisewasserreiniger nach Dehne.

scheiden sich flockenförmig ab. Um sie vom enthärteten Wasser zu trennen, leitet man dieses durch die Filterpresse C (hier geht es durch eine Anzahl von

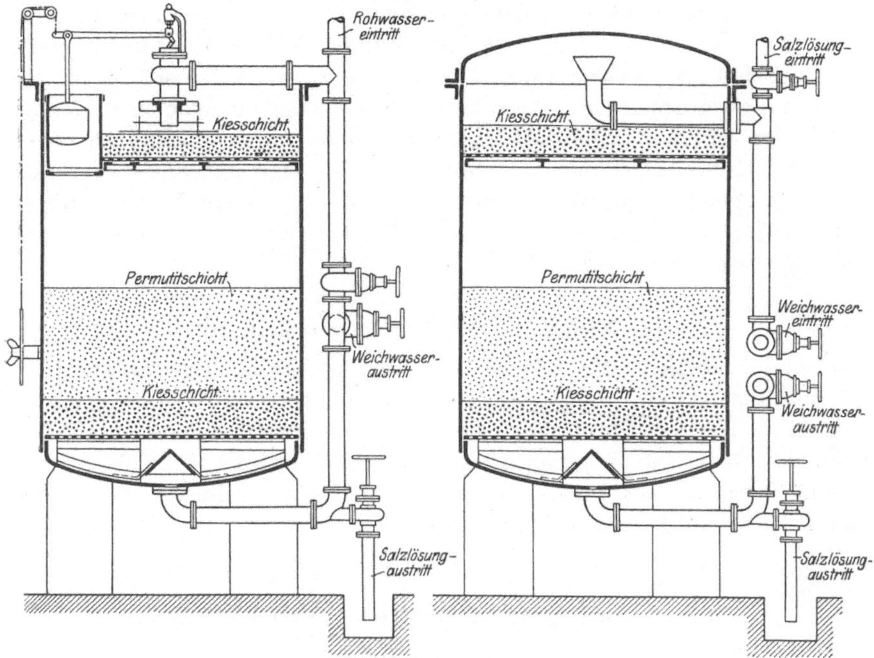

Abb. 54. Permutit-Filter.

Filtertüchern, in denen der Niederschlag zurückgehalten wird). Durch die Pumpe D wird dann das völlig geklärte und enthärtete Wasser dem Dampfkessel zugeführt.

3. Das Permutitverfahren. Es beruht auf einem als Permutit bezeichneten Natrium - Aluminium - Silikat[1], das durch Zusammenschmelzen von Ton, Feldspat, Kaolin, Sand und Soda erhalten wird, und das die Eigentümlichkeit zeigt, in Berührung mit Kalzium- und Magnesiumsalzen das Natrium gegen Kalzium bzw. Magnesium auszutauschen. Das hierdurch entstehende Kalzium- bzw. Magnesiumpermutit wird durch Kochsalzlösung wieder in Natriumpermutit übergeführt. Die Apparate bestehen aus zylindrischen Blechgefäßen, in denen sich zwei Kiesfilter zur Beseitigung organischer Ver-

Abb. 55. Permutitfilteranlage eines Großkraftwerkes.

---

[1] Findet sich in der Natur auch in Form der Zeolithe.

unreinigungen des Wassers befinden, darunter das Permutitfilter selbst. Das Wasser fließt mit etwa 4 m/h Geschwindigkeit hindurch. Wenn das Filter unwirksam wird, so muß es mit 10%iger Kochsalzlösung behandelt werden, die auf 45° C erwärmt ist, was etwa fünf Stunden erfordert. Man hat daher die Kochsalzbehandlung während der Nachtzeit vorzunehmen; bei Tag- und Nachtbetrieb sind zwei Apparate erforderlich. Abb. 54 zeigt einen solchen Reinigungsapparat der Permutit-Gesellschaft in Berlin, und in Abb. 55 sehen wir die Permutitfilteranlage eines Großkraftwerkes. Man hat durch Verbesserung der Reinigungsmasse das Neo-Permutit erhalten, bei dessen Verwendung sowohl die Enthärtung des Wassers als auch die Nachbehandlung des Filters mit Kochsalzlösung wesentlich rascher verläuft.

49. Entölung des Kesselspeisewassers.

Neben der Enthärtung spielt die Entölung des Kesselspeisewassers (Kondenswasser) im Betriebe eine wichtige Rolle. Setzt sich das Öl an die Kesselwandungen an, so kann dies ein Durchglühen der Bleche, Einbeulungen und Explosionen zur Folge haben. Die Apparatebauanstalt Hans Reisert in Köln erreicht die Entölung durch Zusatz von Aluminiumsulfat, wodurch das Öl, mechanisch gebunden, leicht abfiltriert werden kann.

IX. Nichtmetallische Werkstoffe.

50. Glas.

A. Allgemeines.

Das Glas ist ein Kalium-Natrium-Kalzium-Silikat, das durch Zusammenschmelzen von Quarzsand, Pottasche, Soda und Kalk entsteht. Das Glas wird im rotglühenden, teigigen Zustand geblasen und im weißglühenden, dünnflüsigen Zustand gegossen. Das Erhitzen erfolgt in den feuerfesten Gefäßen, Häfen genannt, die bei Öfen mit festen Brennstoffen zum Schutz gegen Flugasche mit einer Kappe versehen sind, sogenannte Haubenhäfen (Abb. 56). Bei den

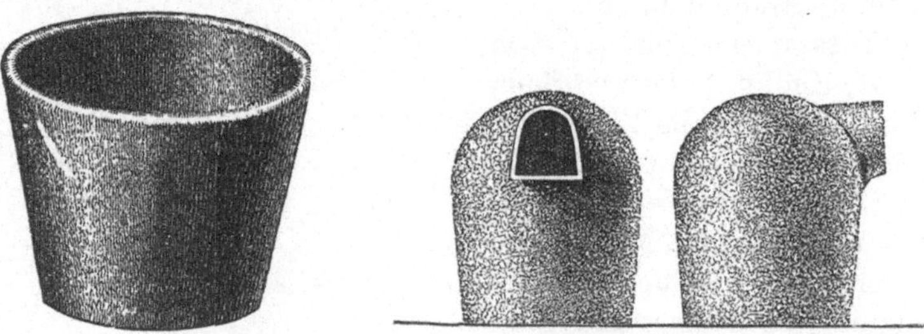

Abb. 56 und 57. Glashäfen.

meist üblichen Generatorgasöfen (Abb. 58) werden offene Häfen benutzt (Abb. 57). In vielen Fällen verwendet man auch Wannenöfen (mit Generatorgasfeuerung), in deren Herd die Rohstoffe unmittelbar eingeschmolzen werden. Zur Vermeidung von Glasfärbungen werden Braunstein und Salpeter als sogenannte Glasseifen zugesetzt.

B. Herstellung von Glaswaren durch Blasen und Gießen.

Zur Herstellung von Flaschen (Abb. 59) wird ein Glasklumpen mit der Pfeife, einem 1,5 m langen Eisenrohr, in die Holzform geblasen; der Hals mittels eines Wassertropfens abgesprengt und dann das Stück möglichst langsam im Kühlofen gekühlt, zwecks Vermeidung der Sprödigkeit.

Glasscheiben werden in der Weise hergestellt, daß man große Flaschen bläst, von diesen Hals und Boden abschneidet, den übrigbleibenden zylindrischen Teil der Länge nach aufschneidet und in einem Streckofen unter Walzen in ebene Form bringt (Abb. 60). Spiegelglas gießt man unmittelbar aus dem Hafen in Bronzeformen. Die Masse wird dann ausgewalzt und nach dem Erkalten geschliffen (mit Polierrot, das ist Eisenoxyd Fe_2O_3 auf Filzscheiben). Gute Glasscheiben müssen farblos und blasenfrei sein. Glasplatten zu Fußbodeneinlagen werden gegossen. Das Drahtglas enthält eine Drahtnetzeinlage, wodurch es fester und gegen Feuer widerstandsfähiger wird (Glasdächer, Schutz für Wasserstände). Hartglas wird durch Abschrecken des warmen Glases in Öl hergestellt; es ist gegen Stoß, Schlag und raschen Temperaturwechsel widerstandsfähig, zerspringt aber beim Ritzen. Bunte Scheiben werden aus Überfangglas hergestellt, indem man die farblose Scheibe in eine geschmolzene Glasmasse taucht (überfängt), die mit Metalloxyden gefärbt ist, z. B. grün mit Eisenoxydul, gelb mit Eisenoxyd usw. Das Ätzen des Glases erfolgt mit Flußsäure, das Mattieren gemusterter Scheiben durch Sandstrahlgebläse mit Schablone.

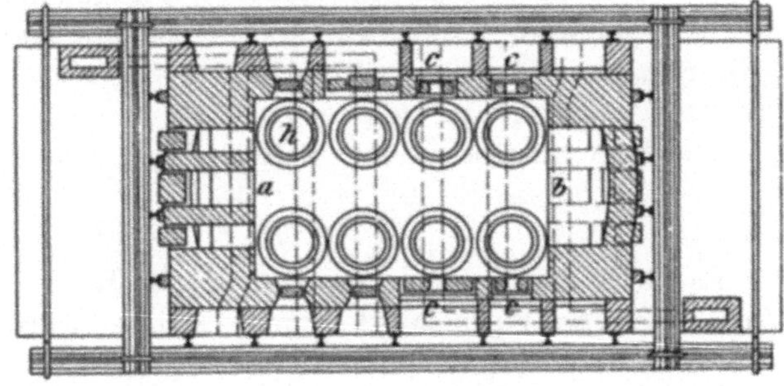

Abb. 58. Glasofen mit Generatorgasfeuerung.

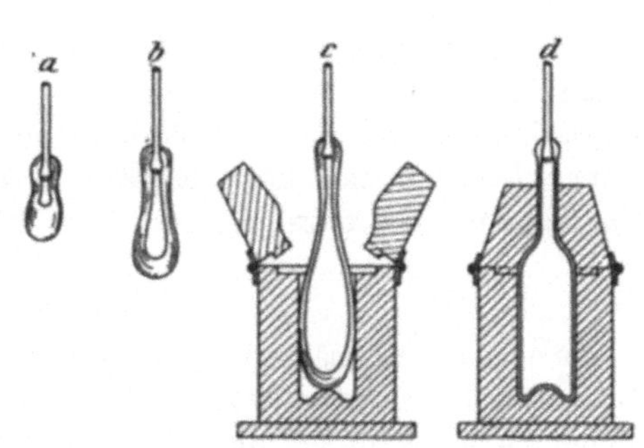

Abb. 59. Blasen von Glasflaschen.

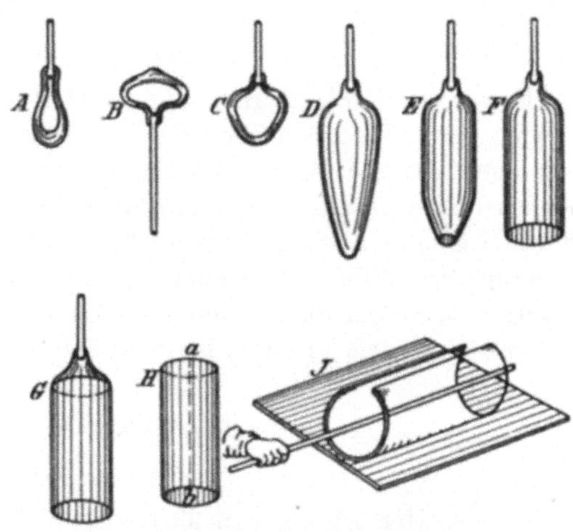

Abb. 60. Herstellung von Glasscheiben.

C. Herstellung von Glasstäben und -röhren.

Es geschieht dies durch Auseinanderziehen des noch warmen Glasklumpen ohne bzw. mit Blasen. — Wasserstandsgläser und chemische Gerätschaften müssen raschen Temperaturwechsel vertragen können. Sie werden deswegen aus sogenanntem Verbundglas hergestellt, das mit einer Glasmasse von größerem Ausdehnungskoeffizienten überzogen ist, wodurch die Spannungen beim Erhitzen ausgeglichen werden.

Die Akkumulatorengläser werden durch Gießen hergestellt.

D. Quarzglas.

Es wird durch Schmelzen von Quarz im Knallgasgebläse bei 1750° C erhalten. Infolge geringer Wärmeausdehnung, verträgt es große Temperaturschwankungen. Außerdem ist es für ultraviolette Strahlen gut durchlässig und gegen Chemikalien unempfindlich. Hauptanwendung bei der Quarzlampe.

E. Jenaer Gläser.

Das Glaswerk Schott und Gen. in Jena liefert Geräteglas für chemische Apparate, das nicht nur sehr hohe Temperaturen, sondern auch große Temperaturschwankungen verträgt. Außerdem liefert dies Werk auch Normalthermometerglas, das sich beim Erwärmen sehr regelmäßig ausdehnt, wodurch Ungenauigkeiten der daraus gefertigten Thermometer vermieden werden.

F. Optische Gläser.

Sie enthalten Zusätze von Boraten, Phosphaten und Bleisalzen. Die optischen Gläser werden unterschieden als Kronglas mit geringem und Flintglas mit hohem Lichtbrechungs- und Farbenzerstreuungsvermögen. Sie müssen frei sein von Schlieren und Spannungen. Erstere sind Streifen von anderer Zusammensetzung und Lichtbrechung, die eine Verzerrung des Bildes zur Folge haben.

G. Glasblasmaschinen.

Es wird dadurch erstrebt, nicht nur den Betrieb wirtschaftlicher zu gestalten, sondern auch die Gesundheit der Arbeiter zu schonen. Nur 16% der früher notwendigen Arbeiter sind jetzt in der Glasbläserei noch erforderlich. Bei der Flaschenblasemaschine (Owens) wird das dünnflüssige Glas mit Druckluft in Formen geblasen. Ganz entsprechend erfolgt neuerdings die mechanische Herstellung der Glühlampenbirnen. Auch Glasplatten werden in ähnlicher Weise hergestellt, indem durch eine schmale Düse von rechteckigem Querschnitt die Glasmasse mittels Preßluft herausgedrückt wird.

51. Tonwaren.

A. Allgemeines.

Bei der Herstellung von Tonwaren (Keramik) benutzt man als Rohstoff die Tone[1] (Aluminiumsilikate), die je nach Reinheit, Kaolin oder Porzellanerde, Töpferton, Lehm oder Mergel genannt werden. Diese Rohmaterialien müssen

---

[1] Fetter Ton ist arm, magerer dagegen reich an Sand.

erst durch mechanische Verfahren möglichst gleichmäßig gemacht werden, dann knetet man sie mit Wasser zu einer bildsamen Masse an und bringt sie in die gewünschten Formen, die getrocknet und gebrannt werden. Die so erhaltenen Tonwaren unterscheidet man nach Beschaffenheit als Porzellan, Steinzeug, Steingut und Töpferwaren.

B. Die einzelnen Tonwaren.

a) **Porzellan.** Die geformten und langsam getrockneten Gegenstände werden in besonderen Generatorgasöfen in Kapseln aus feuerfestem Ton (Schamott) auf 1600° C erhitzt. Die Glasur wird in Form eines feinpulverigen Gemisches von Feldspat, Quarz und Kreide aufgetragen, das beim Schmelzen den Glasurüberzug bildet. Farbige Verzierungen werden durch feuerbeständige Metalloxyde hergestellt.

b) **Steinzeug** wird in ganz entsprechender Weise durch Brennen des betreffenden Rohstoffs auf 1400° C erhalten. Im Gegensatz zum Porzellan ist es kaum durchscheinend; die Glasur erfolgt mit Kochsalz. Es wird vorwiegend im chemischen Großgewerbe für Säurebehälter, Kühlschlangen, ferner für Abwässerleitungsrohre und zu Fußbodenplatten gebraucht.

c) **Steingut** (Majolika, Fayence) bei 900° C gebrannt, gibt einen porösen Scherben (im Gegensatz zu Porzellan und Steinzeug) und wird mit Bleiglasur versehen.

d) **Töpferwaren** (Irdenes Geschirr) werden aus gewöhnlichem Ton mit Sandzusatz hergestellt und mit einer leichtflüssigen Glasur versehen.

Auch die Ziegelsteine gehören zu den Tonwaren (vgl. S. 96).

52. Bausteine.

1. **Natürliche Bausteine.** Die wichtigsten zum Bauen benutzten Gesteine sind folgende (die mineralischen Bestandteile stehen in Klammern dabei):

    Granit (Feldspat, Quarz, Glimmer),
    Syenit (Feldspat, Hornblende),
    Diorit (Feldspat, Hornblende, Schwefelkies),
    Diabas (Feldspat, Augit),
    Gabbro (Labrador, Diallag),
    Serpentin (verwandt mit Asbest),
    Porphyr (Quarz, Feldspat),
    Basalt (Augit, Feldspat, Magneteisenstein, vulkan. Ursprungs),
    Gneis (verwandt mit Granit),
    Quarzit (fast reiner Quarz),
    Tonschiefer (Ton, Quarz),
    Kalkstein (Kalziumkarbonat),
    Dolomit (Kalzium-Magnesiumkarbonat),
    Sandstein (Sand durch ein mineralisches Bindemittel verbunden) [1].

Die Basalt-A.-G. in Linz a. Rh. schmilzt zerkleinerten Basalt in gasgeheizten Öfen bei etwa 1000° C und gießt die geschmolzene Masse in Formen für Pflastersteine und Bodenplatten, Uferbauten und Bunker. Da der Schmelzbasalt von

---

[1] Dem Sandstein verwandt ist der Ganister der beim Bessemerstahlverfahren als saures Ofenfutter benutzt wird.

Chemikalien nicht angegriffen wird, eignet er sich auch für Säure- und Laugen-
behälter.

2. Künstliche Bausteine. Die gewöhnlichen Ziegel oder Backsteine werden
aus dem Ziegelton hergestellt, der meist etwas Kalk, Sand und Eisenverbindungen

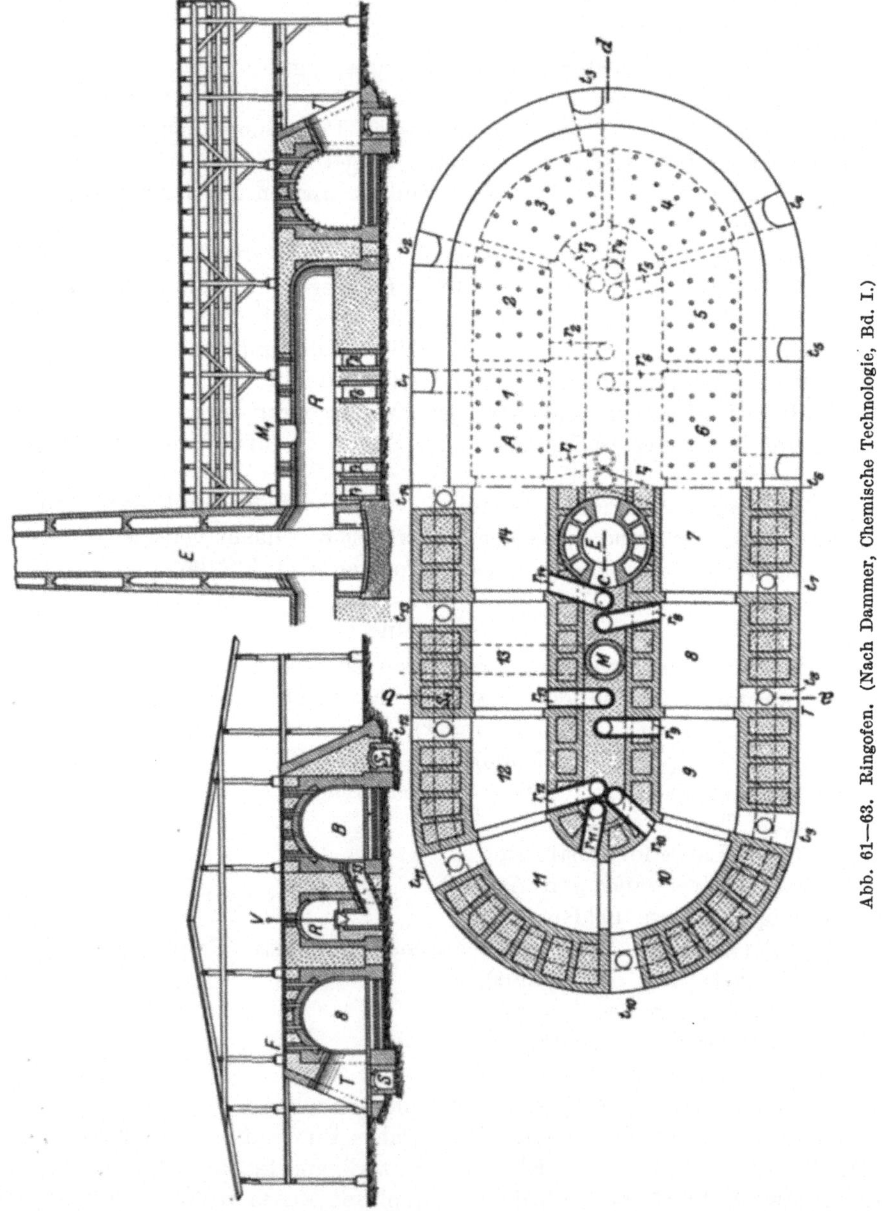

Abb. 61—63. Ringofen. (Nach Dammer, Chemische Technologie, Bd. I.)

enthält. Der sehr gleichmäßige Rohstoff wird entsprechend geformt (Pressen);
Verblendsteine erfordern hierbei besondere Sorgfalt. — Dann erfolgt das Brennen
im Hofmannschen Ringofen (Abb. 61—63), bei dem ein gewölbter, in 14 Kammern

eingeteilter Kanal als Brennraum dient. Elf bis zwölf Kammern sind immer mit Steinen gefüllt, die übrigen werden neu gefüllt bzw. ausgeräumt oder stehen leer. Wird z. B. Kammer 1 ausgeräumt, so wird die benachbarte Kammer 14 neu gefüllt, während 7 im Vollfeuer steht. Zwischen den Kammern 13 und 14 befindet sich eine Papierscheidewand. Die für 7 erforderliche Luft, zur Unterhaltung der Verbrennung, tritt in der Kammer 1 ein, durchstreicht 2—6 und wird durch die Hitze der hier befindlichen fertig gebrannten Ziegel erwärmt. Infolgedessen gibt die geringe Menge Kohlen, die durch die Öffnungen in der Decke der Kammer 7 in diese eingeworfen werden, schon eine sehr heiße Flamme, die nun, durch die Kammern 8—13 streichend, ihre Hitze an noch nicht gebrannte Steine abgibt und dann ziehen die Verbrennungsgase durch die Esse ab. Sind die Steine in Kammer 7 gargebrannt, so kommt Kammer 8 in das Vollfeuer; gleichzeitig wird Kammer 2 ausgeräumt, Kammer 1 neu beschickt und die Papierwand zwischen 1 und 14 geschoben, so daß die Verbrennungsgase jetzt von hier aus in die Esse entweichen. Klinker sind sehr hart gebrannte, verglaste Steine; Tonrohre, Terrakotten, Blumentöpfe bestehen aus einer den Ziegeln sehr ähnlichen Masse.

3. Andere künstliche Bausteine. a) Die rheinischen Schwemmsteine werden im Neuwieder Becken aus vulkanischem Bimssand durch Mischung mit gelöschtem Kalk, Formen und Trocknen an der Luft hergestellt. Wegen ihres geringen Gewichts benutzt man sie zu Zwischenwänden, Gewölben usw.

b) Die Schlackensteine erhält man aus der flüssigen Hochofenschlacke (vgl. Roheisen), oder auch aus den Ofenschlacken industrieller Feuerungen oder Müllverbrennungsanlagen, indem man die flüssige Schlacke in Wasser fließen läßt und den so gebildeten Schlackensand mit Kalk bindet. Die auf diese Weise entstehenden Steine erhärten an der Luft schnell und finden ähnliche Verwendung, wie Schwemmsteine.

c) Holzsteine (Xylolith) werden aus Sägespänen, Magnesiumoxyd und Magnesiumchloridlösung unter Druck hergestellt und zu Fußböden und Treppenstufen verwendet. — Korksteine erhält man aus Korkstückchen mit einem Bindemittel aus Kalk und Ton. Sie haben nur geringe Festigkeit und sind gegen Wasser empfindlich.

4. Feuerfeste Steine. Sie sind hoch, gut oder gering feuerfest, je nachdem ob sie über, bei oder unter 1700° C schmelzen. (Prüfung mit den Seger-Kegeln, Quarz-Ton-Mischungen, die je nach Zusammensetzung bei 1580—2050° C schmelzen.) Die feuerfesten Steine sollen vor Erreichung des Schmelzpunktes weder erweichen, noch die Form ändern. Auch gegen Kohlenoxyd sollen sie beständig sein, weil beim Zerfall desselben in Kohlendioxyd und Kohlenstoff, der letztere sich oft in den Steinen abscheidet und dabei diese zersprengt. Man unterscheidet:

a) Dinassteine (saure Steine) aus Quarz und 2% Kalk geformt und gebrannt, erst bei 1685° C erweichend, für Stahlschmelzöfen gebraucht.

b) Dolomitsteine (basische Steine) durch Brennen des Dolomits als $CaO + MgO$ Kalzium- und Magnesiumoxyd erhalten, bei 1700° C schmelzend für Thomasöfen gebraucht.

c) Schamottsteine aus Kaolin und Tonerde gebrannt, bei 1700° C schmelzend, als Ofenfutter viel benutzt. Sie müssen je nach Verwendung eine mehr dichte oder körnige Beschaffenheit haben. Schamottgrus dient als Mörtel für feuerfeste Steine.

d) **Magnesiasteine**, hauptsächlich aus Magnesiumoxyd mit etwas Eisenoxyd bestehend, schmelzen erst bei 1800° C. — Auch **Kohlenstein** aus gemahlenen Koks mit Teer vermischt und gebrannt, werden vielfach benutzt.

53. Mörtel und Beton.

1. Der **Luftmörtel** oder **Kalksandmörtel** ist das meist gebrauchte Bindemittel für Bausteine. Als Rohstoff dient der Kalkstein, der, in Öfen bei 900—1000° gebrannt, in Kalziumoxyd (gebrannten Kalk) übergeht:

$$CaCO_3 = CaO + CO_2.$$

Abb. 64 zeigt einen Kalkofen für zeitweisen Betrieb. Es ist ein Schachtofen von Gestalt eines Hohlkegels, innen gewölbt. Durch die obere Öffnung h, die sogenannte Gicht, werden abwechselnd Schichten von Kalkstein und Brennstoff

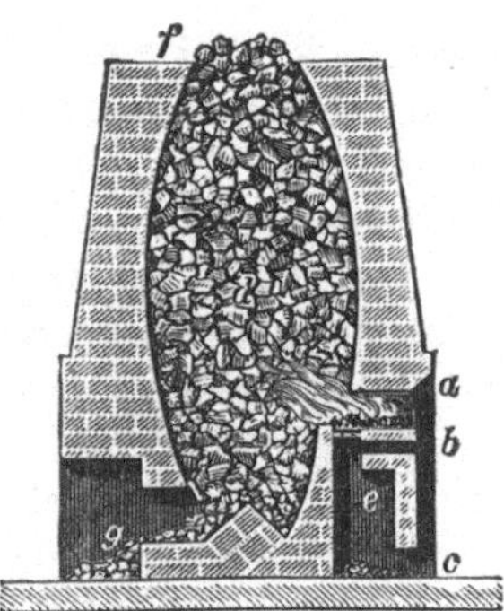

Abb. 64 und 65. Kalköfen.

(Steinkohle oder Holz) eingefüllt, nachdem die unterste Schicht a entzündet ist. Der Ofen brennt dann aus, kühlt ab und der gar gebrannte Kalk wird herausgenommen. — Beim Ofen für Dauerbetrieb (Abb. 65) tritt die Flamme bei a, b von der Seite in den Ofen; der gare Kalk wird unten bei g gezogen und oben bei f neuer Kalkstein nachgefüllt, so daß also keine Betriebsunterbrechung erforderlich wird. Der größte Ofen dieser Bauart, mit je drei Feuerungen und Ziehöffnungen und sechseckiger Form, wird Rüdersdorfer Kalkofen genannt. Auch Ringöfen sind neuerdings zum Kalkbrennen im Gebrauch.

Das beim Verfahren entstehende Kohlendioxyd wird aufgefangen und nach Reinigung in Stahlzylindern verflüssigt. — Ein Teil des gebrannten Kalkes wird im Eisenhochofen zur Schlackenbildung gebraucht. Der übrige, zur Mörtelbereitung benutzte, wird mit der dreifachen Menge Wasser gelöscht, wobei eine starke Wärmeentwicklung erfolgt. Die Umsetzung ist

$$CaO + H_2O = Ca(OH)_2.$$

Dem entstehenden Kalkbrei wird wiederum die dreifache Menge Sand zugesetzt, der den Kalk nicht stofflich verändert, sondern nur auflockert, wodurch der Kalk nachher leichter das erforderliche Kohlendioxyd aus der Luft anzieht. Die Wirkungsweise des Kalkmörtels nach dem Vermauern beruht auf 2 Einzel-vorgängen, nämlich dem **Anziehen** und dem **Binden**. Das Anziehen ist die Aufnahme von Kohlendioxyd aus der Luft unter Bildung von Kalziumkarbonat.

$$Ca(OH)_2 + CO_2 = CaCO_3 + H_2O.$$

Beim Binden tritt das Wasser allmählich aus dem entstandenen Kalziumkarbonat aus, das dadurch zu einer festen, steinharten Masse zwischen den Mauersteinen erstarrt und diese dadurch verbindet. Man kann das Anziehen und Binden dadurch in geschlossenen Räumen fördern, daß man Öfen mit Koks (Bienenkorböfen) aufstellt.

Der Nachteil des Kalkmörtels ist, daß die Erhärtung immer die Gegenwart von Kohlendioxyd erfordert und ziemlich langsam vor sich geht.

2. **Wassermörtel oder Zement.** Es ist dies ein Bindemittel, das nicht die Gegenwart von Luft bzw. Kohlendioxyd erfordert, vielmehr auch unter Wasser erhärtet. Der durch Brennen kalkhaltiger Tone erzeugte **Roman-zement** ist weniger gebräuchlich als der **Portlandzement**[1]. Letzterer wird aus 75% Kalkstein und 25% Ton hergestellt. Die Rohstoffe werden jeder für sich feinst gepulvert, dann im obigen Verhältnis miteinander gemischt, angefeuchtet und mittelst Ziegelpressen zu Steinen geformt, letztere getrocknet und in Ringöfen oder Drehrohröfen bei 1400° C bis zur beginnenden Sinterung gebrannt. Die entstehenden Zementklinker werden in Mühlen verschiedener Bauart möglichst fein gemahlen.

Der so erhaltene Zement (Portlandzement) ist ein graugrünes Pulver von folgender. mittlerer Zusammensetzung:

$$
\begin{aligned}
CaO &\ldots \ldots \ldots 62\% \\
SiO_2 &\ldots \ldots \ldots 24\%, \\
MgO &\ldots \ldots \ldots 3\%, \\
Al_2O_3 + Fe_2O_3 &\ldots \ldots 11\%.
\end{aligned}
$$

Der Zement zeigt die Eigenschaft, mit Wasser zu erstarren, wahrscheinlich entsteht dabei ein wasserhaltiges Aluminium-Kalziumsilikat. Diese Umsetzung nennen wir das „Abbinden des Zementes“. Die Zeit des Bindens wird durch Gips verlängert, durch Anwendung heißen Wassers verkürzt (schnell und langsam bindender Zement). Im allgemeinen wirkt das langsamere Erhärten günstig auf die Festigkeit ein. Ist der Kalk- oder Magnesiagehalt des Zementes zu groß, so zeigt sich die Erscheinung des Treibens, starke Ausdehnungen, die die Ver-anlassung zu Rissen werden können. Diese Erscheinung darf nicht mit der Wärmeausdehnung des Zementes verwechselt werden. — Um bei Ufermauern einen Ausgleich für die durch die Wärme hervorgerufene Ausdehnung des Ze-mentes zu erreichen, bringt man Schnittfugen an, die man mit einer federnden Masse, z. B. Asphalt, ausfüllt. Beim Gebrauch werden dem Zement 1—6 Teile Sand zugesetzt.

Puzzolanzement wird durch Brennen eines Gemisches von vulkanischen Gesteinen, wie Tuff oder Traß, mit 25% Kalkstein hergestellt.

---

[1] Romanzement, der bei niedrigen Temperaturen gebrannt wird, ist minderwertig.

Eisenportlandzement entsteht aus einem Gemisch von Eisenhochofenschlacke und Kalkstein.

Eine wichtige Anwendung findet der Zement als **Beton**, einem Gemisch von einem Teil Zement, zwei Teilen Sand und drei bis sechs Teilen Kies (unter Wasserzusatz). Das Gemisch erstarrt, in Holzformen gegossen oder eingestampft, zu einer sehr festen widerstandsfähigen Masse, die eine außerordentlich vielseitige Verwendung gefunden hat, z. B. zu Maschinenunterbauten, Schornsteinen, Gewölben für Hoch- und Brückenbau, Kanälen, Schleusen, Wehren, Trockendocks, Gas- und Wasserbehälter, Wassertürmen u. a. m. — Große Bedeutung hat noch der **Eisenbeton** erlangt, ein Beton mit Eiseneinlagen. Letztere haben große Zugfestigkeit, Beton dagegen bedeutende Druckfestigkeit, was man bei entsprechender Anordnung bautechnisch gut ausnutzen kann. Der Beton schützt das Eisen vor Rost (vgl. S. 134).

Schließlich wird der Zement auch zu Stuckarbeiten vielfach gebraucht. Dem gleichen Zwecke dient der Gips $CaSO_4 + 2\,H_2O$. Demselben wird durch Erwärmen auf $180^0\,C$ 75% seines Wassers entzogen (zu hoch erhitzter Gips verliert sein ganzes Wasser, er ist totgebrannt und kann nicht weiter verwendet werden). Der gebrannte Gips in Wasser gebracht, erhärtet sehr rasch, indem er unter Wärmeentwicklung wieder Wasser bindet, wobei er sich um 1% seines Volumens ausdehnt. Hiervon macht man in der Praxis Anwendung, indem man den mit Wasser angerührten Gips auf die Form gießt, die übertragen werden soll. Sehr bald beginnt der Gips unter Temperaturerhöhung zu erstarren (Erhärtungsdauer etwa 1 Stunde). Die sehr zerbrechlichen Gipsformen werden durch Tränkung mit flüssigem Stearin haltbarer; auch Anrühren des gebrannten Gipses mit Leimwasser, Alaun- oder Boraxlösung wird empfohlen.

54. Holz und Papier.

A. Allgemeines.

Wie erwähnt, besteht das Holz im wesentlichen aus der Zellulose $C_6H_{10}O_5$. Hierzu kommen noch die sehr verschieden zusammengesetzten Pflanzensäfte und deren Umsetzungsstoffe, wie Gerbstoff, Harze usw. Im (Querschnitt, Hirnschnitt) erscheinen die Jahresringe, deren jeder aus dem Frühjahrsund Herbstholz besteht; ersteres ist weicher, lockerer und heller als letzteres. Die inneren, älteren Ringe bilden das Kernholz, die äußeren das jüngere Splintholz. Der Schnitt in der Stammrichtung ergibt das Langholz. Der Schnitt senkrecht hierzu Hirnholz. Im Durchschnitt schwankt der Wassergehalt des Holzes zwischen 27—61%. Die Farbe ist ebenfalls sehr verschieden, von gelblichweiß bis tiefschwarz (Ebenholz). Laubholz hat infolge seines Gerbsäuregehaltes einen säuerlichen, Nadelholz durch sein Harz einen terpentinartigen Geruch.

B. Härte.

Am härtesten ist das Pockholz, das vielfach zu Lagern im Maschinenbau benutzt wird. Andere harte Hölzer sind Eiche, Esche, Ulme, Buche. Halbharte Hölzer: Ahorn, Erle, Lärche, Kiefer, Birke, und weiche Hölzer: Fichte, Tanne, Linde und Pappel.

C. Spezifisches Gewicht.

Nach dem spezifischen Gewicht bezeichnet man als schwere Hölzer: Eiche, Esche, Buche, Pockholz, Pitchpine[1], Erle, Lärche, Kiefer, Ulme. Leichte Hölzer sind: Tanne, Fichte, Pappel, Linde. Der Kork, der aus dem Stamm der Korkeiche gewonnen wird (Spanien), findet wegen seiner Wasserdichtigkeit zur Herstellung von Stopfen Verwendung, wegen seines geringen spezifischen Gewichts zu Bojen, Schwimmgürteln und Rettungsboten und wegen seiner schlechten Wärmeleitung als Wärmeschutzmasse für Dampfleitungen. Endlich wird er wegen seiner Federkraft zu Unterbauten für Ambosse und Maschinen gebraucht (Verringerung der Erschütterung). Korkabfälle benutzt man zur Herstellung von Korksteinen und Linoleum[2].

D. Holzgewinnung und Bearbeitung.

Das zu Bauzwecken benutzte Holz wird in der saftärmsten Zeit (Spätherbst) gefällt und entrindet, dann zweckmäßig mit Wasser ausgelaugt (Flößerei), um die Stoffe daraus zu entfernen, die nachher ein Faulen des Holzes veranlassen könnten. Das so vorbereitete Holz wird entweder an der Luft oder in besonderen auf 30—50° C erwärmten Kammern getrocknet, um das nachherige Schwinden zu vermeiden.

Zur Erzielung möglichst glatter Holzflächen werden dieselben nach dem Hobeln mit der Ziehklinge, einem scharfkantigen Stahlblech, abgezogen und mit Sandpapier oder Bimsstein, oft unter Zuhilfenahme von Öl oder Talg, geschliffen, Hochglanz erhält man durch die Wachs- oder Schellackpolitur. Erstere besteht in einer Behandlung mit Wachs und Terpentin (Bohnermasse), bei letzterer wird das Holz mit einer Lösung von Schellack in Spiritus behandelt. Die Beizen verleihen dem Holz eine andere Farbe, z. B. Salpetersäure gelb, Ammoniak braun. In vielen Fällen wird auch mit Ölfarben (in Leinöl) angestrichen, z. B. die Holzmodelle für die Gießerei. Dieselben müssen aus besonders trockenem Holz derartig zusammengefügt sein, daß sie sich weder verziehen noch merkbar schwinden. Da nun das Holz in seiner Faserrichtung am wenigsten schwindet, so muß mit dieser das Hauptmaß des Modells zusammenfallen.

E. Holzschutz.

1. Gegen Feuer. Anstrich mit Wasserglas und Kreide, Ammoniumsulfat, Natriumwolframat oder Alaun.

2. Gegen Wurmfraß. Behandlung mit Blausäure oder mit kochender Seifenlösung.

3. Gegen Hausschwamm. Es ist dies eine durch Feuchtigkeit hervorgerufene Pilzbildung, zu deren Bekämpfung sich Teererzeugnisse, Borsäure und Zinkchlorid eignen.

4. Gegen Fäulnis. Hölzer, die dauernd sich im Freien befinden, wie Maste, Eisenbahnschwellen, werden erst gut ausgelaugt, dann in Kesseln luftleer gepumpt und die leeren Poren mit fäulnisverhindernden Flüssigkeiten gefüllt,

---

[1] Pitchpineholz dient zum Bau der Tröge für elektrolytische Verfahren.

[2] Da während des Weltkrieges die Korkzufuhr unterbrochen war, so stellte man künstliche Flaschenstopfen aus Korkpulver mit einem Bindemittel her.

wie Karbolineum oder Lösungen von Zinkchlorid, Kupfervitriol, Eisenvitriol, Aluminiumsulfat oder Sublimat.

Auch die Ankohlung der Hölzer durch Anbrennen wird empfohlen, was auch durch Eintauchen in unverdünnte Schwefelsäure erreicht wird.

F. Papier.

Das feinst zerkleinerte Holz (Holzschliff) wird in Druckkesseln mit Natronlauge bzw. saurem Kalziumsulfit gekocht, dann mit Chlorkalk in einem als Holländer bezeichneten Apparat gebleicht und der so erhaltene in Wasser feinverteilte Stoff mit einem zweiten gemischt, der aus Hadern und Lumpen (Baumwolle und Leinen) in ganz ähnlicher Weise gewonnen wird (dies war früher der einzige Rohstoff zur Papierbereitung). Der so entstehende Papierbrei wird auf der Papiermaschine weiter verarbeitet, in der er auf dem Maschinensieb, einem breiten Band ohne Ende aus Messingdrahtnetz, zur Papiermasse erstarrt, die dann, über Trocken- und Preßwalzen geführt, am Ende der Maschine angelangt, als breites Band auf einer Rolle aufläuft und dabei meistens schon durch entsprechend gestellte Messer auf gleiche Größe geschnitten wird. Das sogenannte Büttenpapier wird durch Hand mit Hilfe des Schöpfrahmens, in dem sich ein Sieb befindet, aus dem Papierbrei geschöpft (Prunkpapier). — Da eine nachträgliche Färbung des Papiers unmöglich ist, so müssen die Farbstoffe für Buntpapier schon dem Brei zugesetzt werden. Das Schreibpapier ist geleimt mit Hilfe der aus Kolophonium und Soda gebildeten Harzseife, nebst Zusatz von Aluminiumsulfat. Ungeleimt ist z. B. das Löschpapier. Ein gutes Zeichenpapier soll besonders fest und zähe sein und muß die Tusche leicht annehmen. — Das durchscheinende Pergament- oder Pauspapier erhält man aus ungeleimtem Papier durch Behandlung mit verdünnter Schwefelsäure. Die Pausleinewand wird aus weißem Baumwollbattist erhalten durch Behandlung mit Alaunlösung, sowie harzigen und öligen Stoffen. Ähnlich der Papierbereitung ist die Herstellung der Pappe. Das zum Aufnehmen der Diagramme beim Indizieren der Dampfmaschine gebrauchte Indikatorpapier ist mit Kreide präpariert.

G. Schießbaumwolle.

Durch Behandlung von Zellulose mit einem Gemisch von Salpetersäure und Schwefelsäure entsteht die Schießbaumwolle, die zur Herstellung rauchlosen Pulvers, sowie als Torpedosprengstoff benutzt wird. Die sogenannten Sicherheitssprengstoffe, die in den Steinkohlengruben gegenüber Schwarzpulver und Dynamit bei Schlagwettern eine größere Sicherheit bieten, enthalten vielfach Schießbaumwolle, z. B. Karbonit, Donarit u. a. m. — Die Schießbaumwolle löst sich in Äther zu Kollodium (früher zur Herstellung von photographischen Platten benutzt), in Amylazetat zu Zaponlack (vgl. Rostschutzmittel). In Kampfer löst sich Schießbaumwolle zu Zelluloid auf, einer biegsamen, abwaschbaren, schwer zerbrechlichen Masse, die durch Eintauchen in Essigsäure glänzend wird. Zelluloid dient als Ersatz für Horn und Elfenbein, zur Herstellung von Kämmen, Rechenschieberteilungen, Messergriffen, Bildstöcken, Uhrkapseln, elektrischem Isolierstoff, Akkumulatorengefäßen, Wassermessern, photographischen Platten und Bildstreifen (Films) für Kinematographenapparate. Mit Rücksicht auf die große Feuergefährlichkeit des Zelluloids ersetzt man es jetzt für viele Zwecke durch Zellit, einem von der I. G. Farbenindustrie, Werk Leverkusen a. Rh., aus der Zellulose dargestellten Stoff (sogenannte Azetylzellulose). Die verschiedenen Zellitsorten sind teilweise schwer, teilweise überhaupt nicht entzündlich. Die sehr dehnbaren und dabei vollkommen durchsichtigen Massen bieten auch für viele Zwecke einen Ersatz für Glas, Gelatine, Gummi, Leder usw. Besonders benutzt man Zellit statt der Seidenumspinnung bei elektrischen Leitungsdrähten und statt Zelluloid bei Lichtbildstreifen (geringere Feuersgefahr). Mit Kampferersatzmitteln vereinigt sich Zellit zu Zellon, einem nicht brennbaren Zelluloid, das zur Elektroisolation gebraucht wird.

Zellophan erhält man durch Behandlung von Zellulose mit Natronlauge, Lösung der so gebildeten Natronzellulose in Schwefelkohlenstoff und Wiederausfällung aus dieser Lösung durch Salmiak. Es entsteht eine klare dünne Haut, sehr elastisch und nicht explosiv, in Wasser und Alkohol unlöslich. Man gebraucht Zellophan zum Schutz von Gegenständen vor Feuchtigkeit, Luft und Staub.

55. Leder und Leim.

A. Leder.

1. Die tierische Haut. Wir unterscheiden drei Schichten, nämlich die auf der Innenseite gelegene Unterhaut, dann die Lederhaut (Korium) und die Oberhaut (Epidermis).

2. Freilegung der Lederhaut. Es geschieht dies entweder durch Äschern, Behandeln mit Kalkmilch, Schwefelnatrium oder Schwefelarsen bzw. durch Schwitzen, einem unter Wärmezufuhr erfolgenden Gärungsvorgang. Durch jedes der beiden Verfahren erfolgt eine Lockerung der Ober- und Unterhaut, die man dann leicht, samt den anhaftenden Haaren, mechanisch entfernen kann. Die übrig bleibende Lederhaut, auch wohl Blöße genannt, ist ein Bindegewebe, das der Hauptsache nach aus einem Eiweißstoff Kollagen besteht.

2. Gerberei. Zweck der Gerberei ist es, zu verhindern, daß die Lederhaut, beim Trocknen einschrumpfend, hart und brüchig wird. Durch die Einwirkung des Gerbstoffs [1] auf das Kollagen wird dies verhindert, indem sich die Poren der Haut dadurch schließen. Man unterscheidet:

a) **Loh- oder Rotgerberei.** Die Häute werden abwechselnd mit Schichten des Gerbstoffs (Eichen-, Fichtenrinde oder Quebrachoholz) in Gruben gebracht und mit Wasser begossen (sogenannte Lohgruben). Das Verfahren muß mehrmals wiederholt werden.

b) **Schnellgerberei.** Die Häute werden in Gerbstofflösungen gehängt, wodurch die Einwirkung wesentlich schneller erfolgt.

c) **Mineralgerberei.** Statt der genannten Gerbstoffe verwendet man Aluminium- und Chromsalze. Chromleder ist besonders fest und widerstandsfähig.

d) **Sämischgerberei.** Es wird das Leder mit Tran und Pottaschelösung gegerbt, wobei das bekannte weiche Waschleder entsteht.

Das gegerbte Leder wird eingefettet und dann mit Walzen weichgereckt und geglättet.

---

[1] Gerbstoffe in Verbindung mit Eisensalzen geben die gewöhnliche Schreibtinte.

3. Technisch wichtige Ledererzeugnisse. a) Treibriemen. Das Leder für Treibriemen wird durch Loh- oder Chromgerberei hergestellt und mit einem Gemisch von Talg und Stearin eingefettet. Am geeignetsten für Treibriemen sind die Mittelrückenstücke der Haut junger Ochsen. Zusammengesetzte Riemen werden geleimt oder wohl auch durch Krallen und Knebel verbunden. Die Fleischseite der einfachen Riemen soll immer die Riemenscheibe berühren, weil dies den Beanspruchungsverhältnissen am besten entspricht. Die Riemen müssen häufig neu eingefettet werden. In Betriebsräumen, in denen viel Dampf und hohe Temperatur herrscht, sind Kamelhaar- und Baumwollriemen geeigneter.

b) Lederstulpen. Die Lederstulpen für Dichtungen werden aus Chromleder hergestellt, das man mit Glyzerin oder Wasser aufgeweicht über Metall- oder Holzformen preßt und trocknet.

c) Rohhautritzel. Rohhaut, ein aus Büffelhäuten erhaltenes Erzeugnis, ist zäher und dauerhafter, aber auch bedeutend teurer als Leder. — Rohhaut dient zur Dichtung hydraulischer Apparate, ferner zur Herstellung der Rohhautscheiben (durch Zusammenpressen unter hohem Druck), die sich dann genau wie eiserne Scheiben bearbeiten lassen, zur Anfertigung von Zahnrädern für möglichst geräuschlosen Gang (Rohhautritzel).

d) Kunstleder (Pegamoid). Es entsteht durch Imprägnierung von Papier oder Geweben mit einer alkoholischen Zelluloid-Lösung, unter Zusatz von Rizinusöl und Mineralfarben, und nachherigem Pressen.

B. Leim.

1. Gewinnung von Leder- und Knochenleim und Gelatine. Um aus den Knorpeln und Lederabfällen der Gerberei den Leim, eine Eiweißverbindung, zu gewinnen, behandelt man dieselben mit Kalkmilch, wodurch Fette und Fäulnisstoffe entfernt werden. Dann wird der Kalk herausgespült und der Rückstand in geschlossenen Gefäßen durch Einleiten von Wasserdampf gelöst, die Lösung eingedampft und in Formen zum Erstarren gebracht. Der so entstehende Lederleim ist besser als der Knochenleim, der aus den Knochen durch Einwirkung von Wasserdampf gewonnen und im übrigen genau wie Lederleim weiterverarbeitet wird. Die Güte des Leims erkennt man an dem Grade des Aufquellens im Wasser und an seiner Klebkraft. Durch Leinölfirnis wird er wasserbeständig. Dem Leim für Treibriemen setzt man etwas Glyzerin und Kaliumbichromat zu. Flüssiger Leim ist ein von Fischen stammender Stoff (Hausenblase). Behandelt man Leim mit Schwefeldioxyd, so entsteht die Gelatine, die im Gegensatz zum Leim fast farblos ist (Hektographenmasse, photographische Platten). Mit Chromsalzen entsteht die Chromgelatine, die an belichteten Stellen wasserunlöslich wird. Anwendung zur Herstellung von Bildstöcken (Klischees).

2. Andere Klebmittel. a) Syndetikon oder flüssiger Leim entsteht durch Einwirkung von Essigsäure auf Leim.

b) Gummi arabicum ist der wasserlösliche Saft tropischer Bäume.

c) Stärkekleister und Dextrin (Stärkegummi) entstehen durch Kochen des Kartoffelmehls mit Wasser. Kleister sowohl, wie Leim, werden durch Zusatz von Alaun haltbar gemacht.

X. Metallische Werkstoffe.
Halbedele und edele Metalle.
56. Quecksilber Hg.
A. Vorbemerkung.

Halbedele und edele Metalle haben im Gegensatz zu den unedelen eine geringe chemische Verwandtschaft zum Sauerstoff. Die halbedelen Metalle lösen sich in einfachen Säuren, die edelen aber nur in Königswasser. Die wichtigsten Halbedelmetalle sind Quecksilber Hg und Silber Ag, die meist gebrauchten Edelmetalle Gold Au, Platin Pt, Iridium Ir, Osmium Os und Palladium Pd. Vgl. die nachfolgende Übersicht:

Metall	Schmelz-punkt °C	Siede-punkt °C	Spez. Gewicht kg/dm³	Entdeckt
Gold	1064	2200	19,3	Altertum
Iridium	2340	—	22,4	Tennant 1802
Osmium	2700	—	22,5	Tennant 1803
Palladium	1435	—	11,5	Wollaston 1803
Platin	1764	—	21,5	Waston 1750
Quecksilber.	—39	351	13,6	Atertum
Silber	961	1955	10,5	Altertum

B. Vorkommen, Gewinnung und Reinigung des Quecksilbers.

Das Quecksilber Hg findet sich im Zinnober HgS, Schwefelquecksilber (Spanien, Kalifornien), aus dem es durch Rösten (Erhitzen unter Luftzutritt) gewonnen wird.

$$HgS + O_2 = Hg + SO_2.$$

Der dem Röstofen entströmende Quecksilberdampf wird in Kammern oder Kühlröhren verflüssigt. Das so entstehende rohe Quecksilber, das noch etwas Kupfer, Blei, Zinn und Zink enthält (die dadurch gebildeten Quecksilberlegierungen, Amalgame genannt, scheiden sich in Form eines Häutchens auf dem Quecksilber aus), wird durch langsames Durchtropfen durch ein mit Salpetersäure gefülltes Rohr gereinigt (Abb. 66).

Auch durch Filtration durch die Poren eines spanischen Rohrs kann das Quecksilber sehr gut gereinigt werden.

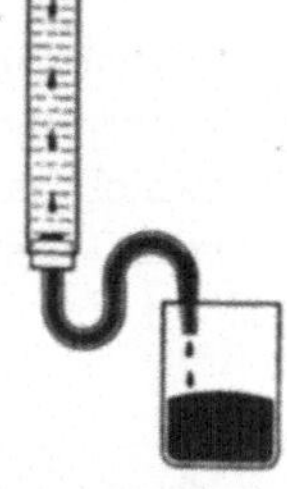

Abb. 66. Queck-silberreinigung.

C. Eigenschaften und Verwendung des Quecksilbers.

Es ist das einzige, bei gewöhnlicher Temperatur flüssige Metall, silberweiß, glänzend. Man braucht es als Sperrflüssigkeit für wasserlösliche Gase (Ammoniak), ferner zur Füllung von Thermo-metern, Manometern, sowie für die Quecksilberluftpumpe, Queck-silberdampflampe, Gleichrichtern und bei der Caroluszelle (Bild-funk). — In der Elektrotechnik dient es ferner zu Kontakten; der Widerstand einer mit Quecksilber gefüllten Röhre von 1060 mm Länge und 1 mm² Querschnitt hat den Widerstand von 1 Ohm. Da das Quecksilber auf Eisen nicht einwirkt, so wird es in eisernen Flaschen versand. Jede Berührung des Quecksilbers mit anderen Metallen muß vermieden werden, da es sich mit diesen sofort zu Amalgamen legiert.

Zinnamalgam, das früher zu Spiegelbelägen diente, ist wegen der großen Giftigkeit des Quecksilbers (das gleiche gilt von seinen sämtlichen Verbindungen) durch Silber ersetzt worden. Goldamalgam dient zur Feuervergoldung. — Das Quecksilber tritt in seinen Verbindungen ein- und zweiwertig auf. $HgNO_3$ Merkuronitrat entsteht durch Einwirkung verdünnter, kalter Salpetersäure auf Quecksilber, Merkurinitrat $Hg(NO_3)_2$ dagegen bei Einwirkung heißer unverdünnter Salpetersäure. Durch Kochsalzlösung gehen diese Salze in Merkurochlorid Hg_2Cl_2, Kalomel bzw. Merkurichlorid $HgCl_2$, Sublimat (Holzschutzmittel gegen Fäulnis) über. Merkuronitrat mit Kalilauge gibt Quecksilberoxydul Hg_2O, ein schwarzes Pulver; Quecksilberoxyd HgO, ein rotes Pulver, bildet sich dagegen, wenn man das Quecksilber lange an der Luft erhitzt. — Durch Einwirkung von Alkohol auf Merkurinitrat entsteht Knallquecksilber $C_2HgN_2O_2$, das zur Herstellung von Zündhütchen und Zündern bei Dynamit benutzt wird.

57. Silber Ag.

A. Vorkommen.

Im Fahlerz und Rotgültigerz, ferner in vielen Blei- und Kupfererzen, im Harz, Mexiko, Peru, Bolivien, Chile.

B. Gewinnung.

a) **Amalgamationsverfahren:** Behandlung der Silbererze mit Quecksilber und nachherige Erhitzung des entstehenden Silberamalgams, wobei Quecksilber verdampft und Silber zurückbleibt.

b) **Zyanlaugeverfahren:** Behandlung der Silbererze mit Zyannatrium $NaCN$ und nachherige elektrolytische Ausscheidung des Silbers aus dem entstandenen Natrium-Silber-Zyanid $NaCN + AgCN$.

c) **Aus Bleierzen:** Beim Treibprozeß, vgl. S. 114.

d) **Aus Kupfererzen:** Aus dem Anodenschlamm bei der elektrolytischen Kupferraffination, vgl. S. 117.

C. Eigenschaften.

Es ist ein weißes, glänzendes Metall, einwertig, an der Luft gut haltbar, in Salpetersäure und unverdünnter Schwefelsäure löslich, sehr empfindlich gegen Schwefelwasserstoff (Schwarzfärbung von Silberlöffeln in Berührung mit Eierspeisen). Es ist der beste Leiter für Wärme und Elektrizität. Die Formgebung erfolgt durch Gießen, Schmieden und Walzen.

D. Verwendung.

a) Silbermünzen mit 10% Kupfer, da reines Silber zu weich. b) Schmuck und Tafelgeschirr. c) Silberfolie bis zu 0,0005 mm. d) Meßinstrumente für Wärme und Elektrizität. e) Versilberung mit Hilfe des erwähnten Natrium-Silber-Zyanids. f) Herstellung von Silbernitrat (Höllenstein). g) Silberspiegel auf

Glas. Es werden 4 kg kristallisiertes Silbernitrat in einer Porzellanschale mit Ammoniak begossen, bis Lösung eintritt; dann fügt man 1 g Ammoniumsulfat hinzu und verdünnt mit 350 g destilliertem Wasser. Zu dieser Lösung fügt man, unmittelbar vor Gebrauch, die Auflösung von 1,2 g Traubenzucker (dieser wirkt reduzierend) in 350 g destilliertem Wasser, dem noch 3 g Ätzkali zugesetzt sind. Schüttet man das so erhaltene Gemisch auf eine vorher gut gereinigte Glasplatte, so scheidet sich auf dieser der Silberspiegel aus, den man vor Zerstörungen dadurch schützt, daß man die Rückseite mit einer Lösung von Harz überzieht.

E. Photographie.

a) Belichtung. Chlor-, Brom- und Jodsilber sind, wie erwähnt, lichtempfindlich und finden deswegen in der Photographie eine ausgedehnte Anwendung.

Die photographische Platte enthält meistens das Bromsilber in einer Gelatineschicht fein verteilt. Bei der Belichtung in dem photographischen Apparat wird nun das Silberbromid AgBr in Silberbromür Ag_2Br verwandelt:

$$2\,AgBr = Ag_2Br + Br.$$

An den belichteten Stellen bilden sich, je nach Grad der Belichtung, mehr oder weniger Moleküle Silberbromür. — Die chemische Behandlung der Platte besteht nun im Entwickeln und Fixieren (Dunkelkammerverfahren).

b) Entwicklung. Das Entwickeln beruht darauf, das entstandene Silberbromür in metallisches Silber überzuführen (reduzieren). Man kann hierzu das Eisen-Kaliumdoppelsalz der Oxalsäure $H_2C_2O_4$ benutzen. Dieselbe findet sich im Sauerklee und Sauerampfer; ihre Salze nennt man Oxalate. Das Kaliumoxalat, auch Kleesalz genannt, dient zum Entfernen von Tintenflecken. Das erwähnte Kalium-Eisendoppelsalz, Kaliumferrooxalat $K_2Fe(C_2O_4)_2$ reduziert die photographische Platte, indem es sich selbst in Kaliumferrioxalat $K_3Fe(C_2O_4)_3$ verwandelt:

$$3\,K_2Fe(C_2O_4)_2 + 3\,Ag_2Br = 2\,K_3Fe(C_2O_4)_3 + FeBr_3 + 6\,Ag$$

Kaliumferrooxalat + Silberbromür = Kaliumferrioxalat + Eisenbromid + Silber.

Das metallische Silber scheidet sich als schwarze Masse auf der Platte aus, und zwar um so dichter, je stärker die betreffende Stelle belichtet ist.

c) Fixierung. Die nach dem Entwickeln gut gewaschene Platte wird dann fixiert, d. h. von dem unzersetzten, lichtempfindlichen Silberbromid befreit, durch Behandlung mit einer Lösung von Natriumthiosulfat $Na_2S_2O_3$:

$$AgBr + Na_2S_2O_3 = NaBr + NaAgS_2O_3$$

Silberbromid + Natriumthiosulfat = Natriumbromid + Natrium-Silberthiosulfat.

Nach gründlichem Waschen und Trocknen der Platte ist das negative Bild, das sogenannte Negativ, fertig.

d) Herstellung des positiven Bildes. Es wird ein mit Silberchlorid überzogenes Papier unter dem Negativ im Kopierrahmen belichtet und macht nachher eine entsprechende Umwandlung durch, wie das Negativ. Beim letzteren sind die belichteten Stellen also dunkel, beim Positiv dagegen hell.

e) Klischees. Zur Herstellung von Druckbildern wird der betreffende Gegenstand, wie erwähnt, mit Chromgelatineplatten aufgenommen, deren belichtete Teile wasserunlöslich werden. Die beim Auswaschen entstehende, erhabene Schicht wird auf Gips übertragen, letzterer mit Graphit eingerieben, um ihn elektrisch leitend zu machen, und dann als Kathode in ein galvanisches Bad gehängt, dessen Elektrolyt aus Kupfervitriol besteht und die Anode aus reinem Kupfer. Beim Durchleiten des Stromes schlägt sich das Kupfer auf der Gipsform nieder, und so entsteht das Klischee (Bildstock), das, zur Erhöhung der Festigkeit noch häufig vernickelt, zum Drucken gebraucht wird[1].

F. Silbererzeugung.

Welterzeugung 1926: 6500 t, davon in Deutschland 140 t, Spanien und Portugal 90 t, das übrige in Mexiko, Kanada, Peru und den Vereinigten Staaten von Amerika.

58. Gold Au.

a) **Vorkommen.** Nur gediegen in Sibirien, Südafrika, Kalifornien, Alaska.

b) **Gewinnung.** Wie Silber durch Amalgamation oder Zyanlaugeverfahren.

c) **Eigenschaften.** Gelbes, glänzendes Metall, dreiwertig, an der Luft gut haltbar, nur in Königswasser löslich zu Goldchlorid $AuCl_3$. Durch Schwefelwasserstoff tritt Schwarzfärbung ein. Es läßt sich gut bearbeiten, besonders walzen. Weil Gold allein für praktische Zwecke zu weich ist, wird es mit Silber (hellgelb) bzw. Kupfer (rötlichgelb) legiert.

d) **Verwendung.** a) Schmuck und kunstgewerbliche Gegenstände. — b) Goldmünzen mit 10% Kupfer. — c) Vergoldung von Blitzableiterspitzen und Kuppeln durch galvanische Abscheidung des Goldes aus Natrium-Gold-Zyanid-Lösung oder durch Feuervergoldung, bei der die zu überziehende Fläche mit Goldamalgam bestrichen und erhitzt wird. Hierdurch verdampft das Quecksilber und das zurückbleibende Gold überzieht das Metall mit einer gleichmäßigen Schicht. — d) Blattgold bis 0,0001 mm dünn. — e) Metallpyrometer. Gold-Silber- bzw. Goldplatin-Legierungen in Tonkapseln von verschiedenem Schmelzpunkt, wie die Segerkegel benutzt.

59. Platin Pt und die ihm verwandten Metalle.

a) **Übersicht:** Dem Platin verwandt sind Iridium Ir, Osmium Os, Palladium Pd. Von geringerer praktischer Bedeutung sind Rhodium Rh und Ruthenium Ru.

b) **Vorkommen und Gewinnung.** Platin und ebenso die anderen Metalle finden sich immer gediegen, vorwiegend im Ural. Das Rohplatin wird in Königswasser zu gelbem Platinchlorid $PtCl_4$ gelöst, letzteres eingedampft und der Rückstand geglüht, wobei sich Platinschwamm bildet, der im Knallgasgebläse geschmolzen, in Barren und Platten gegossen wird, die man zu Blechen und Drähten (bis zu außerordentlicher Feinheit) auswalzt. Ähnlich gewinnt man die anderen, dem Platin verwandten Metalle.

c) **Platin.** Ein weißes Metall, das sich gut schweißen und dehnen läßt, nur in Königswasser löslich, sehr widerstandsfähig gegen Luft und Säuren, das sich leicht mit anderen Metallen legiert. Bei höherer Temperatur wird es von Schwefel, Phosphor, Kohlenstoff, Silizium, Alkalien und Chlor angegriffen. — Ähnliche Eigenschaften zeigen die anderen Metalle dieser Gruppe. — Platin dient als Überzug für Blitzableiterspitzen, zu elektrischen Kontakten (Leitfähigkeit 0,08 der des Silbers), sowie zu physikalischen und chemischen Apparaten. Platinschwamm ist eine sehr wirksame Kontaktmasse für die Schwefelsäuregewinnung und für

---

[1] Dieses auch als Galvanoplastik bekannte Verfahren entdeckte 1837 M. H. Jakobi.

Feuerzeuge. — Barumplatinzyanür $BaPt(CN)_4$ dient zur Herstellung der Schirme für Röntgenstrahlen.

d) **Iridium.** Es dient zur Herstellung von Schmelztiegeln für Quarzglas. Mit Platin bildet es sehr haltbare Legierungen, die (mit 10% Ir) zur Herstellung des Ur-Meters und Ur-Kilogramms in Paris dienten. — Platin-Iridium-Retorten gebraucht man zum Eindampfen der Schwefelsäure. Platin-Elektroden enthalten 10% Ir, die Platin-Kontakte der Magnetzündung für Kraftwagen 15% Ir. — Eine Platinlegierung mit 40% Ir ist so hart wie Stahl.

e) **Rhodium.** Bei der Benutzung von Thermoelementen zur Fernmessung von Temperaturen verwendet man Metallstreifen aus Rhodium und Platin.

f) **Osmium.** Ausgedehnte Anwendung bei Glühlampen.

g) **Palladium.** Fließpapier mit Palladiumsalzen getränkt und getrocknet dient zum Nachweis von Kohlenoxyd, das diese Salze zersetzt, wobei sich Palladium auf dem Papier schwarz abscheidet.

h) **Platinerzeugung 1927:** Ganze Welt 5676 kg, hiervon Rußland 3110 kg und Kolumbien 1866 kg, der Rest entfällt auf Kanada, Transvaal, Australien und Vereinigte Staaten von Amerika.

Unedele Metalle, außer Eisen.

60. Aluminium Al, Beryllium Be und Magnesium Mg.

A. Vorbemerkung.

Die technisch wichtigen, unedelen Metalle (in einfachen Säuren löslich, an der Luft veränderlich) sind:

Metall	Schmelz-punkt ⁰C	Siede-punkt ⁰C	Spez. Gewicht kg/dm³	Entdeckt
Aluminium Al.	657	1800	2,62	Wöhler 1827
Antimon Sb.	630	1600	6,6	Basilius Valentinus 1460
Arsen As.	480	800	5,8	Mittelalter
Beryllium Be.	900		1,64	Wöhler 1828
Blei Pb.	327	1580	11,4	Altertum
Chrom Cr.	1550	2450	6,5	Vauquelin 1797
Kadmium Cd.	320	780	8,6	Stromeyer 1841
Kupfer Cu.	1084	2300	8,9	Altertum
Magnesium Mg..	651	1120	1,7	Liebig 1830
Mangan Mn.	1245	2200	7,4	Gahn u. John 1807
Molybdän Mo.	2000		9,0	Hjelm 1790
Nickel.	1450		8,5	Cronstedt 1751
Tantal Ta.	2800		16,6	Ekeberg 1802
Titan Ti.	1800		4,5	Gregor 1791
Uran U.	1860		18,7	Klaproth 1789
Vanadium Vd.	1800		5,5	Sefström 1830
Wismuth Bi.	268	1420	9,8	Mittelalter
Wolfram W.	2575		18,7	Scheele 1781
Zink Zn.	419	940	7,0	Mittelalter
Zinn Sn.	232	2270	7,3	Altertum

B. Vorkommen des Aluminiums.

7,5% der gesamten Erdmasse ist Aluminium, somit ist es das verbreitetste Metall. Alle Tone enthalten Aluminium, ferner der Korund (Halbedelstein), Schmirgel (Schleifmittel von der Insel Naxos), dann die Mineralien Kryolith Na_3AlF_6 und der Beauxit $Al(OH)_3 + Fe(OH)_3$.

C. Aluminium-Gewinnung.

Es geschieht dies durch Reduktion des Oxydes Al_2O_3, das man aber nicht aus den Tonen (Al-Silikaten) erhalten kann, sondern nur aus Beauxit. Dieser wird in einem Ofen mit Soda zusammengeschmolzen, wobei Natriumaluminat Na_3AlO_3 und Eisenhydroxyd $Fe(OH)_3$ entsteht. Beide Stoffe werden voneinander durch Wasser getrennt, in dem Eisenhydroxyd unlöslich zurückbleibt und nach entsprechender Umformung als Schleifmittel oder Gasreinigungsmasse benutzt wird. Leitet man nun in die wässrige Lösung des Natriumaluminates Kohlendioxyd ein, so entsteht Aluminiumhydroxyd $Al(OH)_3$, das erst getrocknet und dann erhitzt in Aluminiumoxyd Al_2O_3 übergeht. — Die zur Reduktion im elektrischen Ofen erforderlichen Kohleelektroden erhält man aus Petroleumkoks (mineralische Kohlen kommen wegen ihres Gehaltes an Eisenoxyd und Kieselsäure nicht in Frage), der mit Steinkohlenteer vermischt zu prismatischen Blöcken gepreßt und auf 1500° C erhitzt werden. Nach Einschrauben der zur Stromleitung erforderlichen Kupferstäbe bilden diese Kohleelektroden die Anoden. Die Kathode bildet die eiserne Ofenwandung, die mit einer Stampfmasse aus Koks und Teer versehen ist (vgl. Abb. 67). Der Ofen wird mit einem Gemisch von Aluminiumoxyd und Kryolith beschickt und die Umsetzung mit 6 Volt Spannung und einer Stromdichte von 1 Amp/cm² ausgeführt bei etwa 900° C:

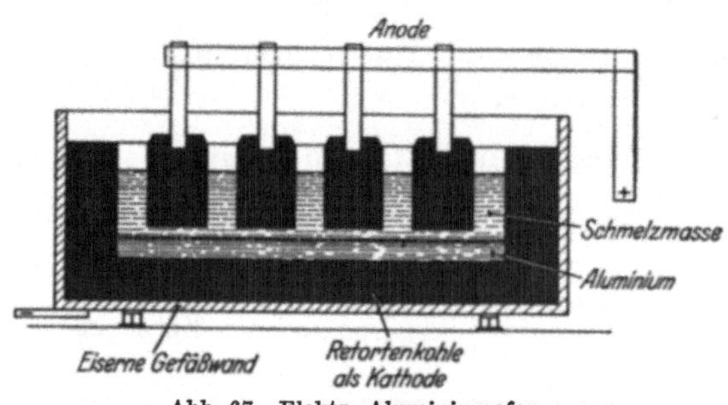

Abb. 67. Elektr. Aluminiumofen.

$$Al_2O_3 + 3\,C = 2\,Al + 3\,CO.$$

D. Eigenschaften.

Aluminium ist ein weißes, etwas blaustichiges Metall (dreiwertig), in Säuren leicht löslich, das sich an der Luft mit einer dünnen Oxydschicht überzieht, die das Metall vor weiterer Oxydation schützt. Weil es auch von Alkalien angegriffen wird, so darf man Aluminiumgeschirre nicht mit Soda auskochen. Da es zäh und dehnbar ist, läßt es sich gut schmieden, ziehen und walzen, am besten bei 200° C, bei 500° C läßt es sich gut pressen. Der Aluminiumguß zeigt häufig Lunkerbildung (Hohlräume). Aus diesem Grunde und zur Erreichung höherer Festigkeit wird das Aluminium häufig legiert (Amalgame). Es ist ein guter Leiter für Wärme und Elektrizität. Seine Verbrennungswärme beträgt 7200 kcal/kg. Die Zugfestigkeit für reines Aluminium ist 930—1000 kg/cm² (gegossen) bzw. 1450 kg/cm² (gewalzt).

E. Verwendung.

a) Aluminiumpulver in Öl verteilt als Silberbronze zu Anstrichen.

b) Zusatz zum Stahl zur Verhütung der Lunkerbildung.

c) Für elektrische Leitungen (Kupfer-Ersatz während des Weltkrieges).

d) Wegen seiner Leichtigkeit für Motorluftschiffe, Flugzeug- und Kraft-wagenmotorengehäuse. Zerlegbare Boote für den Tropendienst, sowie Heeres-ausrüstungsstücke.

e) Wegen guter Wärmeleitung zu Kochgefäßen im Haushalt, Gaststätten und Brauereien.

f) Zum Goldschmidtschen Thermitschweißverfahren (vgl. S. 142).

g) Zur Herstellung vieler Legierungen.

h) Fein ausgewalzt als Stanniol-Ersatz.

i) Zum Anstrich des Projektionsschirms für Lichtbilderapparate.

j) Zur Herstellung von Aluminiumsulfat $Al_2(SO_4)_3 + 18 H_2O$, ein weißes wasserlösliches Salz, das folgende Anwendungen hat:

α) Als Papierleim, vgl. S. 102.

β) Zur Darstellung von Alaun $KAl(SO_4)_2 + 12 H_2O$, ein ebenfalls wasser-lösliches, weißes Salz, das zum Feuerschutz des Holzes und zum Haltbarmachen von Leim und Kleister dient.

γ) Beim Schaumlöschverfahren der Minimax-A.-G. in Köln a. Rh. Brenn-bare, mit Wasser nicht mischbare Flüssigkeiten, wie z. B. Benzin, Benzol, Öl usw. lassen sich mit den bisher besprochenen Feuerlöschmitteln nicht erfolgreich löschen, sondern nur mit stark schäumenden Flüssigkeiten, am besten durch Vereinigung der Lösungen von Aluminiumsulfat und saurem Natriumkarbonat, sowie etwas Seifenlösung.

$$Al_2(SO_4)_3 \mid 6 NaHCO_3 - 2 Al(OH)_3 + 3 Na_2SO_4 + 6 CO_2.$$

Das bei dieser Umsetzung entstehende Kohlendioxyd bildet mit der Seifen-lösung einen Schaum, der durch das Aluminiumhydroxyd $Al(OH)_3$ so zähe und haltbar wird, daß er die brennende Flüssigkeit von der Luft ganz abschließt und so rasch zum Erlöschen bringt.

k) **Aluminiumgleichrichter.** Zwei Aluminiumplatten stehen in einer Lö-sung von saurem Natriumkarbonat. Das auf den Platten entstehende Aluminium-oxyd bietet dem Strom an der Anode größeren Widerstand, als an der Kathode.

l) **Aluminium-Azetat.** Diese, wohl auch als essigsaure Tonerde bezeich-nete, wasserlösliche Verbindung entsteht beim Auflösen von Aluminium in Essig-säure und dient zum Wasserdichtmachen von Geweben.

F. Ultramarin.

Es ist dies eine viel gebrauchte, blaue Malerfarbe, die beim Zusammen-schmelzen von Ton mit Schwefelnatrium entsteht.

G. Aluminiumlegierungen.

Die geringen Festigkeitseigenschaften des Aluminiums lassen sich durch Legieren wesentlich verbessern, ebenso die Härte, so daß diese Legierungen sich vorzüglich zum Flugzeug- und Kraftwagenbau eignen. Silumin hat z. B. 1800 kg/cm² Festigkeit, Elektron bis zu 3200 kg/cm².

Die wichtigsten Aluminium-Legierungen sind:

Legierung	%-Gehalt an						
	Al.	Cu.	Mg.	Mn.	Ag.	Si.	Zn.
Alpax	86,5					13,5	
Aluminiumbronze	5	95					
Aluminiummessing	10						90
Aluminiumsilber	95				5		
Duraluminium	95	3,85	0,55	0,6			
Duranametall	2	68					30
Elektron	10		90				
Gußaluminium	80	4					16
Hart-Aluminium	90	2					8
Lagermetall	6			2			92
Lautal	94	4				2	
Magnalium	85				15		
Silumin	86					14	
Skleron[1]	89,8	4		0,7			5

Die Aluminiumbronze übertrifft an Festigkeit alle anderen Metalle und wird daher zu Maschinenteilen da verwendet, wo bei starker Beanspruchung auf Druck oder Reibung eine möglichst hohe Bruchsicherheit verlangt wird, wie zu Zahnrädern, Zahnstangen, Schneckengetrieben, Kolben, Ventilen, Kollektoren für Dynamos, Drahtseile u. a. m. Die geschmolzene Legierung zeigt den Nachteil starken Schwindens; auch durch Walzen und Schmieden erfolgt die Verarbeitung.

Silumin schwindet beim Erkalten wenig, ist schweißbar und an der Luft gut haltbar. — Skleron ist sehr weich. — Duraluminium ist wetter- und wasserfest, läßt sich gut mechanisch bearbeiten und auch schweißen.

Der Umfang der Verwendung des Aluminiums und seiner Legierungen steigt ständig, da man dadurch spezifisch schwerere Werkstoffe verdrängt.

Die Welterzeugung an Aluminium betrug 1927 rund 213 000 t, woran die Vereinigten Staaten von Amerika mit $\frac{1}{3}$ und Deutschland mit $\frac{1}{7}$ beteiligt waren.

H. Beryllium Be.

Dieses weißglänzende harte Metall, das wegen seines geringen spez. Gew. von 1,64 kg/dm^3 neuerdings mit dem Aluminium vielfach in Wettbewerb tritt, gewinnt man aus dem Mineral Phenakit Be_2SiO_4 durch Umwandlung in Barium-Beryllium-Fluorid, aus dem im elektrischen Ofen von Tammann bei 1300° C das Beryllium entsteht. — Eine Beryllium-Eisen-Legierung hat geringe Wärmeausdehnung und ersetzt den nicht rostenden Stahl (vgl. S. 131), vor dem sie aber den Vorzug hat, daß sie sich vergüten läßt. — Beryllium-Kupfer-Legierungen haben große Festigkeit und erreichen durch Abschrecken und Anlassen Stahlhärte. Im weichen Zustand lassen sich diese Legierungen pressen, walzen, ziehen und stauchen, — Kupferbronzen mit Berylliumzusatz sind gute Elektrizitätsleiter und besitzen große Elastizität. Sie eignen sich zu federnden Konstruktionsteilen.

---

[1] Außerdem 0,5% Lithium.

I. Magnesium Mg.

Es findet sich in vielen Silikaten (Asbest, Meerschaum, Speckstein), ferner im Magnesit $MgCO_3$ und Dolomit $CaCO_3 + MgCO_3$. Beide letztgenannten Mineralien geben beim Erhitzen ihr Kohlendioxyd ab, so daß die Oxyde zurückbleiben, die als Magnesit- und Dolomitsteine Verwendung finden. Das Magnesiumoxyd MgO, gebrannte Magnesia, wird außerdem noch bei den Nernstlampen, sowie als ringförmiger Halter für das hängende Gasglühlicht benutzt. — Aus dem Oxyd bzw. dem Karbonat des Magnesiums entsteht durch Einwirkung von Salzsäure das Magnesiumchlorid $MgCl_2$, und wenn man dieses im geschmolzenen Zustand elektrolytisch zersetzt, so erhält man das Magnesium, ein Metall von silberweißer Farbe, an der Luft gut haltbar. Es wird zu einigen Legierungen gebraucht, sowie in Band- oder Pulverform zum Blitzlicht (Bildung von MgO). Das siedende Wasser zersetzt es unter Entwicklung von Wasserstoff. Das Magnesium ist zweiwertig.

61. Arsen As, Antimon Sb und Wismut Bi.

A. Arsen.

Es findet sich im Mineral Arsenkies As_2S_3, aus dem es durch Erhitzen unter Luftabschluß gewonnen wird, als eine grauschwarze Masse, die an der Luft erhitzt in das weiße Arsentrioxyd As_2O_3 oder Arsenik über, das stark giftig ist.

B. Antimon.

Es entsteht aus dem Grauspießglanzerz Sb_2S_3 durch Rösten und Reduktion des zunächst gebildeten Antimonoxydes mit Kohle, als bläulichweißes, glänzendes, an der Luft gut haltbares Metall. Das Schwefelantimon Sb_2S_3 dient zum Rotfärben des Kautschuks, sowie zum Brünieren (Rostschutz) des Eisens. Da Antimon spröde ist, so wird es meist legiert verwendet. Es dient, wie Arsen, zu elektrolytischen Metallfärbungen. — Der bei manchen Elektrolysen gebrauchte Brechweinstein ist Antimontartrat oder weinsaures Antimon. (Kaliumtartrat ist der in den Weinfässern gebildete Weinstein.)

C. Wismut.

Es findet sich in der Natur meist gediegen und ist im gereinigten Zustand grau mit rötlichem Schimmer, stark glänzend, spröde, guter Elektrizitäts-, aber schlechter Wärmeleiter. Beim Erstarren dehnt es sich stark aus. Anwendung bei Thermoelementen und zu Legierungen. Es ist, wie Arsen und Antimon, dreiwertig.

D. Arsen-, Antimon- und Wismut-Legierungen.

Legierung	%-Gehalt an							
	As.	Sb.	Pb.	Cd.	Cu.	Bi.	Zn.	Sn.
Antifriktionsmetall.		17			6		77	
Britanniametall		8			2		90	
Buchdrucklettern		20	80					
Lagermetall		12	80					8
Lippowitzmetall			27	10		50		13
Rosemetall			25			50		25
Schrot	0,3		99,7					
Weißmetall		11			4			85
Woodmetall		25		12,5		50		12,5

Britanniametall wird als Neusilber gebraucht. Wood-, Lippowitz- und Rosemetall, die bei 60 bzw. 70 bzw. 95° C schmelzen, werden als Lote benutzt.

62. Blei Pb.

A. Bleierze.

Vorwiegend Bleiglanz PbS in Oberschlesien, Rheinland, Belgien, Spanien, Vereinigte Staaten von Amerika, Mexiko, Kanada und Australien.

B. Gewinnung des Rohbleis.

Rösten des Bleiglanzes im Flammofen (Abb. 68), wobei Bleioxyd oder Bleiglätte PbO entsteht, das mit einer neuen Menge Bleiglanz erhitzt in das Roh- oder Werkblei übergeht.

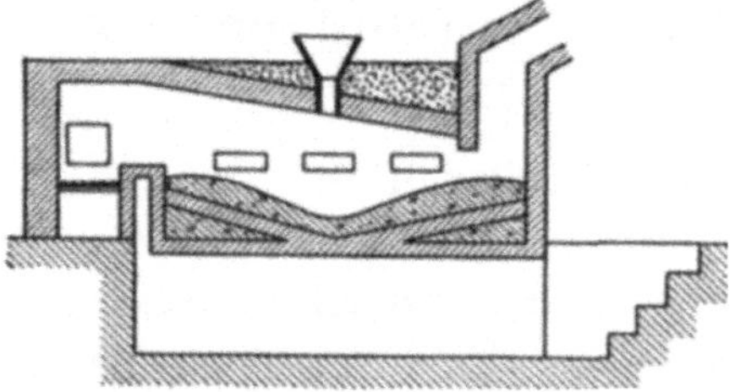

Abb. 68. Flammofen zur Bleigewinnung.

$$PbS + 3\,O = SO_2 + PbO;$$
$$2\,PbO + PbS = 2\,Pb + SO_2.$$

Das entstehende SO_2 wird zur Schwefelsäuregewinnung weiter benutzt.

C. Gewinnung von Reinblei.

Im Treibherd (Abb. 69) wird das Rohblei mittels Gebläsefeuers erneut in Bleioxyd verwandelt, das durch eine besondere Rinne abfließt, während die Nebenbestandteile, darunter auch Silber, manchmal auch Gold, im Herd zurückbleiben. Durch nochmaliges Erhitzen des Bleioxyds mit Kohle erhält man dann das Rein- oder Weichblei.

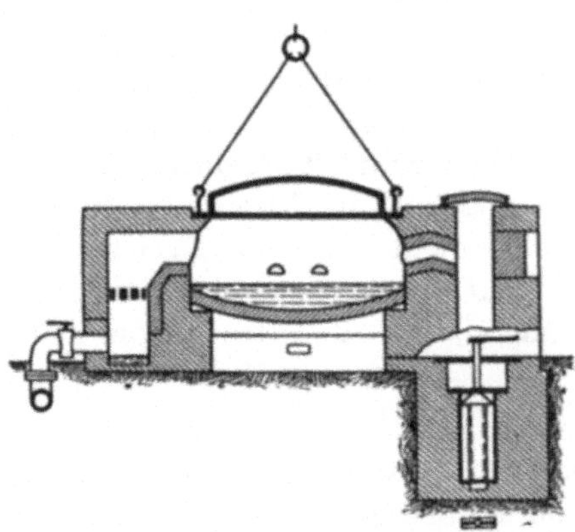

Abb. 69. Treibherd.

D. Eigenschaften.

Blaugraues, glänzendes, weiches sehr giftiges Metall, 2- und 4wertig, in Essigsäure und Salpetersäure leicht löslich, dagegen in Schwefelsäure nur, wenn diese unverdünnt ist. Es läßt sich gut gießen und kalt walzen. An der Luft überzieht es sich mit einer Schicht von basischem Bleikarbonat, wodurch das darunter liegende Metall geschützt wird.

E. Oxydationsstufen des Bleis.

a) Bleioxyd oder Bleiglätte PbO, ein rötlich-gelbes Pulver, das beim Erhitzen des Bleis an der Luft entsteht und zu Kitten und Glasuren benutzt wird.

b) Bleioxydoxydul oder Bleimennige Pb_3O_4, ein rotes Pulver, beim weiteren Erhitzen der Mennige an der Luft entstehend, das als Anstrichfarbe (Grundfarbe, Rostschutz) und zum Dichten von Gewinden dient.

c) Bleisuperoxyd PbO_2, ein braunes Pulver, bei Einwirkung von Salpetersäure auf Mennige entstehend, das bei den Akkumulatoren Verwendung findet.

F. Anwendungen des Bleis.

a) Bleidächer. — b) Eingießen von Eisenstangen oder Maschinenfundamenten in Stein. — c) Wasserleitungsrohre werden nahtlos hergestellt durch Pressen des Bleis über einen Dorn. Wegen der Giftigkeit werden die Bleirohre zu Wasserleitungszwecken innen verzinnt. — d) Schutzhülle für elektrische Kabel. — e) Rohrdichtungen. — f) Einspannen von Bearbeitungsstücken. — g) Bleikammern für die Schwefelsäurefabriken. — h) Schutzhüllen gegen Röntgenstrahlen. — i) Zu den Akkumulatoren (Planté 1860).

Der Vorgang beim Akkumulator ist folgender: Zunächst stehen die beiden Bleiplatten (Elektroden) in der verdünnten Schwefelsäure (spezifisches Gewicht 1,18 kg/dm^3), wodurch sich Bleisulfat $PbSO_4$ auf den Platten bildet. Nach der Annahme von Liebenow wird beim Laden das Bleisulfat zersetzt, es entstehen Schwefelsäure- und Bleiionen, sowie unter Mitwirkung des Wassers Bleisuperoxyd- und Wasserstoffionen, die sich wie folgt umsetzen:

a) Anode (braune Platte): $PbSO_4 + 2\,H_2O + SO_4 = PbO_2 + 2\,H_2SO_4$.

b) Kathode (graue Platte): $PbSO_4 + H_2 \quad + \quad = Pb + H_2SO_4$.

Beim Entladen wird wieder Bleisulfat an beiden Platten gebildet:

a) Anode (braune Platte): $PbO_2 + H_2SO_4 + H_2 = PbSO_4 + 2\,H_2O$,

b) Kathode (graue Platte): $Pb \quad + \quad SO_4 \quad = PbSO_4$.

Statt erst durch häufiges Formieren (Laden) an der Anode PbO_2 zu erzeugen, stellt man letztere besser aus einem Gitter her, dessen Zwischenräume mit PbO_2 gefüllt werden (alles Nähere vgl. elektrotechnische Lehrbücher).

G. Bleiazetat.

Es entsteht beim Auflösen von Bleiglätte in Essigsäure und dient zum Wasserdichtmachen von Geweben.

H. Bleiweiß.

Von den Bleiverbindungen haben einige als Farbstoffe Bedeutung, namentlich das basische Bleikarbonat $2\,PbCO_3 + Pb(OH)_2$, als Bleiweiß, das durch Auflösen von Bleiglätte in Essigsäure und Zersetzung des gebildeten Azetates mit Kohlendioxyd entsteht. Es ist eine ausgezeichnete Deckfarbe, die aber sehr giftig ist, weswegen man versucht, sie durch weniger schädliche Anstrichfarben zu ersetzen, was aber bisher noch nicht in ganz befriedigender Weise gelungen ist.

I. Bleilegierungen.

In Abschnitt 61 wurden bereits Buchdrucklettern, Lagermetall, Lippowitzmetall, Rosemetall und Schrot besprochen. Weitere Bleilegierungen sind Schnell- oder Weichlot mit je 50% Blei und Zinn, sowie Kunstbronze mit 3% Blei, 87% Kupfer, 3% Zink und 7% Zinn. Ferner besteht das Lagermetall für Eisenbahnwagenachsen aus 15% Blei, 78% Kupfer und 7% Silizium.

K. Bleierzeugung.

Im Jahre 1927 Welterzeugung 1380000 t, davon Deutschland und Belgien je 4,1 %, Spanien 10 %, Australien 11 %, Kanada 8,3 %, Kanada 13 % und Vereinigte Staaten von Amerika 51 %.

63. Chrom Cr, Mangan Ma. Molybdän Mo, Tantal Ta, Titan Ti, Uran U, Vanadium V und Wolfram W.

A. Vorbemerkung.

In diesem Abschnitt werden die Metalle zusammengefaßt, die vorwiegend als Zusätze zum Eisen und Stahl verwendet werden.

B. Chrom Cr.

a) **Gewinnung.** Aus dem Chromeisenerz $FeCr_2O_4$, das sich in Schlesien, Steiermark, Ural und in besonders großer Menge in Montana (USA) findet, erhält man durch Schmelzen mit Pottasche und Kalisalpeter das Kaliumchromat K_2CrO_4, ein gelbes, wasserlösliches Salz, das sich mit verdünnter Schwefelsäure in Kaliumbichromat $K_2Cr_2O_7$ (rot) verwandelt. Letzteres gibt mit konzentrierter Schwefelsäure das Chromsäureanhydrid CrO_3, das sich beim Erhitzen unter Sauerstoffabgabe in Chromoxyd Cr_2O_3 verwandelt. Hieraus wiederum erhält man nach einem dem Thermitverfahren ähnlichen Vorgang (Goldschmidt 1898) durch Vereinigung mit Aluminiumpulver und Entzündung des letzteren das metallische Chrom.

$$Cr_2O_3 + Al_2 = Al_2O_3 + Cr_2.$$

b) **Eigenschaften.** Chrom ist ein weißes, silberglänzendes Metall, gegen Luft und Salpetersäure beständig, jedoch in Salzsäure und Schwefelsäure löslich. Auch gegen Alkalien, Seewasser und Salzlösungen aller Art ist es widerstandsfähig.

c) **Anwendung.** Elektrolytische Rostschutzüberzüge, Herstellung von rostfreiem Stahl. Die Legierung Ferrochrom dient zur Herstellung von Chromstahl. Die chromsauren Salze dienen als Oxydationsmittel, zur Herstellung von Farbstoffen und zum Gerben des Leders. Chromsäure braucht man als Elektrolyt bei der galvanischen Verchromung.

C. Mangan.

Aus dem wichtigsten Manganerz, dem Braunstein MnO_2, entsteht durch Sauerstoffabgabe beim Erhitzen das Manganoxyd Mn_2O_3, aus dem mit Aluminium (vgl. Chromdarstellung) das Mangan als gelbstichiges, glänzendes, sprödes Metall entsteht, an der Luft gut haltbar, härter als Stahl. — Es dient zur Herstellung der Legierung Ferromangan (Stahlzusatz[1]), ferner zur Erhöhung der Festigkeit des Kupfers (mit 12—30% Mangan) und zur Herstellung von elektrischen Widerständen (Manganin mit 84% Kupfer, 12% Mangan und 4% Nickel). Braunstein mit Ätzkali zusammengeschmolzen gibt $KMnO_4$ übermangansaures Kalium, rote wasserlösliche Kristalle (Oxydations- und Keimtötungsmittel).

D. Molybdän Mo.

Es findet sich im Molybdänglanz MoS_3, aus dem beim Erhitzen mit Kohle im elektrischen Ofen das Molybdän als sprödes, hartes, an der Luft gut haltbares Metall entsteht, das an der frischen Bruchfläche weiß ist. Stahlzusatz.

E. Tantal Ta.

Es entsteht im elektrischen Ofen aus dem Mineral Tantalit als graues, hartes, sehr dehnbares Metall, das als Stahlzusatz und bei den Tantalglühlampen verwendet wird.

---

[1] Mangan erhöht die elektrische Leitfähigkeit des Eisens.

F. Titan Ti.

Als TiO_2 findet es sich in den Erzen Rutil, Anatas und Brookit, aus denen es im elektrischen Ofen als weißes Metall (Stahlzusatz) gewonnen wird.

G. Uran U.

Es entsteht aus dem Uranpecherz U_3O_8 (Ausgangsstoff zur Darstellung radioaktiver Verbindungen) im elektrischen Ofen als ein Metall von ähnlichem Aussehen wie das Eisen und dient als Stahlzusatz.

H. Vanadium V.

Aus dem kalifornischen Erz Roscoelith (Vanadiumsilikat) als hartes, festes, graues Metall im elektrischen Ofen gewonnen und zur Herstellung von Werkzeugstahl verwendet.

I. Wolfram Wo.

Aus Wolframit $FeWO_4$, ähnlich wie Chrom gewonnen, als grauweißes und sehr sprödes Metall, das zur Herstellung des Wolframstahls (Ferrowolfram) und der Wolframglühlampen dient. Wolframsaures Natrium Na_2WO_4 wird zum Tränken von Geweben (Theaterkulissen) gebraucht, damit diese im Falle der Entzündung nicht entflammen, sondern nur verglimmen.

64. Kupfer Cu.

A. Kupfererze.

Kupferkies $CuFeS_2$ (Harz, Kanada, Verein. Staaten von Amerika, Japan) und Kupferglanz Cu_2S (Siegerland, Sachsen, Spanien, Kanada).

B. Kupfergewinnung.

a) Herstellung des Kupfersteins. Durch Rösten der Erze und reduzierendes Schmelzen des dadurch erhaltenen Erzeugnisses. Kupferstein enthält bis 40% Cu.

b) Herstellung von Konverter- bzw. Schwarzkupfer. Durch Verblasen des Kupfersteins im Konverter (vgl. Bessemerverfahren S. 128) entsteht Konverterkupfer mit bis zu 98% Cu. — Durch Einschmelzen des Kupfersteins im Flamm- oder Schachtofen erhält man Schwarzkupfer mit bis 95% Cu.

c) Rein- oder Elektrolyt-Kupfer. Konverter- bzw. Schwarzkupfer werden durch nochmaliges Umschmelzen im Flammofen in 99%iges Raffinadekupfer verwandelt, das als Anode für ein galvanisches Bad dient, das als Elektrolyt Kupfervitriol und Schwefelsäure enthält. An der Kathode scheidet sich dann Rein- oder Elektrolyt-Kupfer ab. Etwa vorhandenes Silber wird dabei als Nebenerzeugnis gewonnen.

C. Eigenschaften.

Kupfer ist ein rötliches, stark glänzendes Metall, in Säuren leicht löslich, das sich an der Luft mit einer grünen Schicht von basischem Kupferkarbonat $CuCO_3$ $+ Cu(OH)_2$ (Patina) überzieht, die das darunter liegende Metall vor der Veränderung durch die Luft schützt. In Kupfergeschirren dürfen keine Speisen aufbewahrt werden, die Essigsäure enthalten, weil sonst basisches Kupferazetat oder Grünspan (Gift) entsteht. Alle Kupferverbindungen sind giftig. Der

Sicherheit halber werden alle kupfernen Speisegeschirre innen verzinnt. Nächst Silber ist das Kupfer der beste Leiter für Wärme und Elektrizität. — Es läßt sich gut schmieden und walzen (vgl. das sehr dünne Schablonenkupfer), dagegen schlecht gießen (Lunkerbildung). Das Kupfer wird mit 10%iger Schwefelsäure gebeizt. Dann folgt die Gelbbrenne mit einem Gemisch von Schwefelsäure und der doppelten Menge Salpetersäure mit etwas Kochsalz und Ruß, hierauf Wasserspülung und Trocknung in Sägemehl.

D. Verwendung.

Bei Heizungsanlagen und in der Elektrotechnik wegen des guten Leitungsvermögens, besonders für Kessel, Destillierblasen, Feuerbüchsen für Lokomotiven, elektrische Leitungsdrähte und viele Einzelteile bei Generatoren und Motoren. Ferner gebraucht man es zu Münzen, Dacheindeckungen, Schiffsbeschlägen, Druckwalzen, Kunstschmiedearbeiten, Klischees, dann zu Wasserleitungsrohren in den Häusern, zu Kugeln in den Mischtrommeln für Schießpulver (geringere Entzündungsgefahr durch Reibung, wie bei Stahlkugeln), sowie zu Legierungen. Beim Erwärmen des Kupfers an der Luft entsteht Kupferhammerschlag CuO.

E. Kupferlegierungen.
(Vgl. auch Abschnitt 57—63.)

Legierung	%-Gehalt an								Bemerkung
	Fe.	Cu.	Mn.	Ni.	P.	Si.	Zn.	Sn.	
Blattgold . . .		85					15		1
Bronze,									
„ Glocken-		90						10	
„ Kunstguß-		80					15	4	+ 1 Pb.
„ Mangan-		70	30						Zu Blechen
„ Maschinen-		85						15	
„ Phosphor-		77,5			0,5			22	Sehr fest [2]
„ Silizium-		77,5				0,5		22	El. Leitungen
Eichmetall . .	2	58					40		
Hartlot		60					40		
Konstantan . .		55		45					El. Widerst.
Kupfermünzen.		96					1	3	
Manganin . . .		84	12	4					El. Widerst.
Messing . . .		70					30		
Nickelin . . .	0,4	74,4		5			20	0,2	
Nickelmünzen .		75		25					
Rotguß . . .		82					8	10	Fest geg. Reibung
Tombak . . .		90					10		

F. Kupferverbindungen.

a) **Kupfervitriol** $CuSO_4 + 5 H_2O$. Blaues, wasserlösliches Salz, das bei galvanischen Bädern und Elementen, sowie zum Schutz des Holzes gegen Fäulnis gebraucht wird.

---

[1] Zum Bronzieren.   [2] Widerstandsfähig gegen Säuren.

b) **Kupferchlorür** Cu_2Cl_2 dient zum Binden von Kohlenoxyd bei der Rauchgasuntersuchung.

c) **Schweinfurter Grün** ist eine sehr giftige Anstrichfarbe, die aus Kupfervitriol, Natriumarsenit und Essigsäure entsteht.

G. Kupfererzeugung.

In der ganzen Welt 2000000 t im Jahre 1927, woran die Vereinigten Staaten von Amerika mit 69% beteiligt waren, Chile mit 10%, Kongostaat mit 4%, Deutschland mit 3,5%. Der Rest kommt auf Jugoslavien, Spanien, England, Kanada, Mexiko, Peru und Japan.

65. Nickel Ni und Kobalt Co.

a) **Gewinnung des Nickels.** Aus dem neukaledonischen Garnierit $NiMgSiO_3$ und nickelhaltigen Magnetkiesen (Kanada) wird durch Reduktion mit Kohle im Hochofen das Rohnickel gewonnen und aus dessen Auflösung in Säuren auf elektrolytischem Wege das Reinnickel.

b) **Eigenschaften des Nickels.** Silberweißes, glänzendes, an der Luft gut haltbares Metall, von ähnlichen magnetischen Eigenschaften, wie Eisen. Es läßt sich gut schmieden, schweißen und zu sehr dünnen Blechen und Drähten auswalzen. Es löst sich leicht in Salpetersäure, schwerer in Salz- und Schwefelsäure.

c) **Anwendung des Nickels.** a) Nickelmünzen (vgl. Abschnitt 64), b) elektr. Widerständen, Konstantan, Manganin und Nickelin (vgl. Abschnitt 64), c) Herstellung von Nickelkochgeschirr, d) Rostschutzüberzug auf Eisen und Stahl durch galvanische Vernickelung oder Nickelplattierung, c) Herstellung von Nickelstahl (vgl. S. 131), f) Edison-Akkumulator. (In Kalilauge befindet sich als Kathode eine Tasche aus perforiertem Nickelblech mit Nickeloxyd und als Anode eine Tasche aus perforiertem Eisenblech mit schwammigem Eisen.)

d) **Kobalt.** Aus dem Speißkobalt CoAsS entsteht durch Rösten an der Luft Co_3O_4, das durch Kohle in Kobalt übergeführt wird, ein grauweißes, magnetisches Metall, härter als Eisen und schmiedbar. Es dient wegen seiner Härte zum Überziehen von Kupferklischees, sowie zur Herstellung einer Kobalteisenlegierung, die sich beim Erwärmen nur wenig ausdehnt und daher zu Pendeln für astronomische Uhren gebraucht wird, ebenso von Invar, einer Legierung von 65% Eisen und 35% Nickel. — Eine Legierung von 75% Kobalt und 25% Chrom ist säurebeständig und besitzt große Festigkeit.

66. Zink Zn und Kadmium Cd.

a) **Vorkommen und Gewinnung des Zinks.** Die Zinkerze Zinkblende ZnS und Galmei $ZnCO_3$ (Rheinland, Schlesien, Belgien, England, Verein. Staaten von Amerika) werden durch Rösten an der Luft in Zinkoxyd ZnO, ein weißes Pulver verwandelt und dieses mit Kohle bei 1200° C in Tongefäßen (Muffeln) (vgl. Abb. 70) zu Zink reduziert, das in tönerne Vorlagen überdestilliert und zu Blöcken erstarrt, die zu Blech und Draht ausgewalzt werden. Auch im elektrischen Ofen wird das Zink-

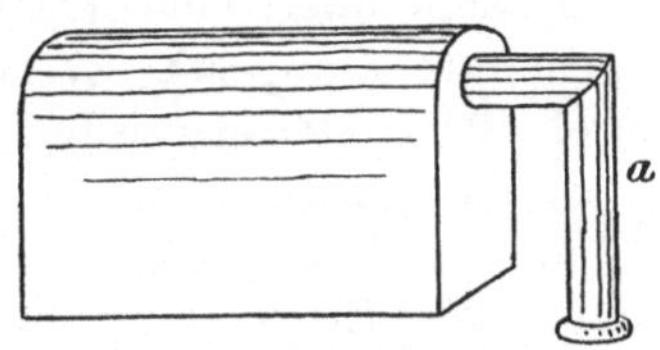

Abb. 70. Zinkmuffel.

.oxyd mit Kohle zu Zink reduziert. An der gesamten Jahreserzeugung an Zink von 1 100 000 t sind die Verein. Staaten von Amerika mit 50% beteiligt, Belgien mit 17%, Polen10%(Oberschlesien), Frankreich 6%, Deutschland und England je 3,5%.

b) Eigenschaften des Zinks. Graues in Säuren leicht lösliches Metall, das sich an der Luft mit einer Schicht von basischem Zinkkarbonat überzieht, die das darunter liegende Metall vor Veränderungen schützt. Es zeigt beim Erwärmen starke Ausdehnung und ist gut gießbar, zwischen 100—150° C auch gut walzbar. Bei 300° C ist es so spröde, daß es zu Zinkstaub leicht pulverisiert werden kann. An der Luft stark erhitzt, verbrennt das Zink mit blauer Flamme zu Zinkoxyd.

c) Verwendung des Zinks. a) Dach- und Wandbekleidungen (nur mit verzinkten Eisennägeln befestigen, da sonst in Berührung mit Wasser zwischen Zink und Eisen ein galvanischer Strom entsteht, der das Zink zerstört), Dachrinnen, Eimern und Badewannen; b) Rostschutzüberzug auf Eisen (galvanisiertes Eisen); c) Amalgamierte (in Quecksilber getauchte) Zinkstäbe gebraucht man bei galvanischen Elementen; d) zu Legierungen (vgl. Abschnitt 61—64); e) Zinkstaub in Leinöl dient als rostschützender Eisenanstrich; f) Zinkographie wohl auch Zinkätzung oder Chemigraphie genannt. Die zu vervielfältigende Zeichnung wird mit einem säurebeständigen Lack auf eine Zinkplatte übertragen und diese dann geätzt, wobei die von der Säure nicht angegriffenen, mit Lack bedeckten Teile die Möglichkeit bieten, die Zeichnung durch Druck zu vervielfältigen. — Auf einem ähnlichen Vorgang beruht die Lithographie (Steindruck), bei der die Zeichnung auf einen Kalkstein (Solnhofener Kalkstein) mit einer säurebeständigen Masse übertragen wird; durch nachherige Ätzung mit Salzsäure tritt die Zeichnung erhaben hervor.

d) Zinkchlorid $ZnCl_2$. Es entsteht durch Auflösen von Zink oder Zinkoxyd in Salzsäure und wird zum Holzschutz gegen Fäulnis gebraucht, sowie als Lötwasser zum Auflösen von Metalloxyden.

e) Kadmium. Es entsteht als Nebenerzeugnis bei der Gewinnung des Zinks, weil es leichter flüchtig, wie dieses, ist. Es ist ein weißes Metall, das zu vielen Legierungen gebraucht wird (vgl. Abschnitt 61—64).

67. Zinn Sn.

a) Vorkommen und Gewinnung. Aus dem Zinnstein SnO_2 (England, Ostindien, Bolivien) erhält man durch Reduktion mit Kohle im Schachtofen das Zinn.

b) Eigenschaften. Silberweißes, an der Luft gut haltbares, sehr weiches Metall, das sich sehr fein auswalzen läßt (Stanniol). In der Kälte geht es in das graue Zinn über, eine lockere Masse (Ursache des Zerfalls von Zinngefäßen, sogenannte Zinnpest). Wegen der hohen Zinnpreise werden Weißblechabfälle durch Chlor oder elektrolytisch entzinnt. Zinn ist in Salzsäure leicht löslich.

c) Anwendung. a) Zu Eß- und Trink-Geschirren mit Bleizusatz zur Erhöhung der Festigkeit, aber nicht über 10%, weil Blei giftig ist; b) zum Verzinnen des Eisens (Weißblech) und der Kupfergschirre; c) Zinnlegierungen vgl. Abschnitt 61—64; d) Herstellung von Kühlschlangen; e) Verzinnung bleierner Wasserleitungsrohre auf der Innenseite.

d) Zinnchlorid $SnCl_4$. Es entsteht durch Auflösen von Zinn in Salzsäure und dient zum Beizen von Eisenstücken, die viel Rost enthalten.

Eisen.

68. Reines Eisen.

Das Eisen ist nächst dem Aluminium das verbreitetste Metall, es findet sich zu 4,2% in der Erdmasse. Reines Eisen, das sehr schwer herstellbar und außerordentlich schlecht haltbar ist, ist ein silberweißes, weiches Metall vom spezifischen Gewicht 7,86 kg/dm³, das bei 1528° C schmilzt. Es bildet 3 Oxydationsstufen, nämlich FeO Eisenoxydul, Fe_2O_3 Eisenoxyd (Polierrot) und Fe_3O_4 Eisenoxydoxydul (Hammerschlag). Durch Vereinigung mit Säuren bildet das Eisenoxydul die Ferrosalze und das Eisenoxyd die Ferrisalze, z. B. $FeCl_2$ Ferrochlorid und $FeCl_3$ Ferrichlorid. — Alle technischen Eisensorten enthalten Kohlenstoff und andere Metalle.

69. Die technischen Eisensorten und ihre Bestandteile.

A. Einteilung der technischen Eisensorten.

1. Roheisen, durch Hochofenverfahren gewonnen, ist spröde, nicht schmiedbar und schmilzt plötzlich beim Erhitzen. Es enthält mehr als 1,7% Kohlenstoff. Spez. Gew. 7—7,2 kg/dm³.

a) **Graues Roheisen.**
Graue Bruchfläche.
Kohlenstoff als Graphit ausgeschieden.
Schmelzpunkt 1200° C.

b) **Weißes Roheisen.**
Härter und spröder als das graue.
Weiße Bruchfläche.
Kohlenstoff in Form von Eisenkarbid oder Zementit Fe_3C gebunden. Schmelzpunkt 1100° C.

2. Stahl schmilzt allmählich beim Erhitzen und ist daher schmiedbar. Kohlenstoffgehalt über 1,7%. Spez. Gew. 7,8—7,9 kg/dm³. Es hat wesentlich höhere Festigkeitseigenschaften als Roheisen.

a) **Schweißstahl.**
Im teigigen Zustand durch Puddelverfahren gewonnen. Aus zusammengeschweißten Eisenkörnern bestehend. Schlackenhaltig. Schmelzpunkt 1350° C.

b) **Flußstahl.**
Im flüssigen Zustand durch Bessemer-, Thomas- oder Siemens-Martin-Verfahren gewonnen. Nicht schlackenhaltig. Schmelzpunkt 1450° C.

B. Einfluß der Beimengungen auf die technischen Eisensorten.

1. Kohlenstoff. Außer als Eisenkarbid oder Zementit kommt er mechanisch beigemengt als Graphit oder Temperkohle vor. Beim Höchstgehalt von 6,7% hat man es nur mit Eisenkarbid zu tun. Meistens enthält das Gußeisen aber nur 3—4% Kohlenstoff. Mit zunehmendem Kohlenstoffgehalt wird das Metall im geschmolzenen Zustand dünnflüssiger. (Wichtig für dünnwandige Gußstücke.) Im flüssigen Eisen ist der Kohlenstoff gelöst. Beim langsamen Abkühlen des kohlenstoffreichen Eisens scheidet er sich als Graphit aus. (Graues Roheisen.) Diese Ausscheidung wird durch einen größeren Siliziumgehalt des Roheisens begünstigt, durch Mangan dagegen erschwert. Im letzteren Falle bildet sich mehr Eisenkarbid. — Bei langanhaltendem Glühen von weißem Roheisen bildet sich die Temperkohle (Temperguß).

Halbiertes Eisen ist der Übergang von weißem zu grauem Roheisen. Es scheidet bei langsamem Abkühlen Graphit aus, geht aber bei plötzlichem Abkühlen in weißes Roheisen (Hartguß) über.

Die Festigkeit ist nicht nur vom gesamten Kohlenstoffgehalt des Eisens abhängig, sondern auch von der Menge des Graphits im Verhältnis zum gebundenen Kohlenstoff, beim Gußeisen. (Etwa 1% gebundener Kohlenstoff + 3% Graphit am günstigsten.) Beim Stahl erlangt die Festigkeit ihren Höchstwert bei 1% gebundenem Kohlenstoff.

Die Härte wird durch rasches Abkühlen (Abschrecken) begünstigt, besonders beim Stahl. Durch das rasche Abkühlen bleibt der Kohlenstoff in Form von Härtungskohle bestehen, so daß die Bindung als Karbidkohle verhindert wird. — Durch erneutes Anwärmen (Anlassen) tritt eine Rückbildung ein, wobei der Stahl seine ursprüngliche Härte wieder erhält.

2. Silizium. Außer der bereits erwähnten Begünstigung der Graphitabscheidung im Roheisen, bewirkt Silizium eine Volumzunahme und erhöht die Festigkeit des Stahls, verschlechtert aber Schmiedbarkeit und Schweißbarkeit. Der Gehalt an Silizium schwankt zwischen 1—3%. Säurefestes Gußeisen (Thermsilit, Esilit, Ironac) enthält bis zu 13% Silizium, die im elektrischen Ofen erzeugte Legierung Ferrosilizium sogar 75%.

3. Mangan. Außer der bereits erwähnten Verhinderung der Graphitabscheidung im Roheisen, erhöht Mangan das Schwindmaß und bindet den im Eisen enthaltenden Schwefel und Sauerstoff. Mangangehalt der Eisensorten 1—3%. Ferromangan und Ferrosiliziummangan sind Legierungen, die im elektrischen Ofen erzeugt werden. Mangan erhöht die elektrische Leitfähigkeit des Eisens.

4. Phosphor. Das Gußeisen wird durch Phosphor dünnflüssiger (wichtig für dünnwandige Gußstücke), vermindert das Lunkern und erhöht die Graphitabscheidung, macht das Eisen aber kaltbrüchig, besonders ungünstig beeinflußt er aber den Stahl, der dadurch spröde und brüchig wird und an Dehnbarkeit verliert. Der Phosphorgehalt darf daher nur 0,5% beim Gußeisen und höchstens 0,05% beim Stahl betragen. Entphosphorung des Stahls beim Thomas-Verfahren.

5. Schwefel. Er begünstigt die Lunkerbildung, sowie das Entstehen von Eisenkarbid das sich im Eisen unregelmäßig abscheidet, außerdem macht er den Stahl rotbrüchig (Gefahr beim Schmieden). Stahl und Eisen sollen daher nicht über 0,05% Schwefel enthalten. Sofern die Entschwefelung des Eisens nicht schon beim Rösten der Erze erfolgt, wird der Schwefel durch das im Roheisen enthaltene Mangan in Form einer Schlacke von Schwefelmangan gebunden oder durch ein zugesetztes Gemisch von Natriumkarbonat und Ätznatron.

6. Aluminium und Chrom. Aluminium wirkt wie Silizium, während Chrom sich in Eisen ähnlich dem Mangan verhält.

7. Kupfer. Es erhöht die Festigkeit und vermindert das Rosten des Eisens.

C. Metallographische Eisenuntersuchung.
(Entdecker: Martens 1878.)

Die Untersuchung des Gefüges des Eisens erfolgt mit Hilfe des metallographischen Verfahrens, bei dem das zu prüfende Stück erst auf der Drehbank mittels Schmirgelscheibe geschliffen und dann mit einem Lappen mit Polierrot nachbehandelt wird. Hierauf folgt das Reliefpolieren mit Polierrot auf einer nachgiebigen Unterlage (Gummi), wodurch harte Gefügebestandteile erhalten bleiben, die weichen dagegen fortgenommen werden. Nunmehr wird die Probe erwärmt (angelassen), wobei die einzelnen Bestandteile des Schliffs durch ihre verschiedenen Anlaßfarben in Erscheinung treten. Es folgt darauf das Ätzpolieren auf nachgiebiger Unterlage mit Ammoniumnitrat bzw. Salmiak-

geist, und dann das Ätzen selbst mit alkoholischer Salzsäure (HCl in Alkohol) oder mit Kupferammoniumchlorid $CuCl_2 + NH_4Cl$. Die so erhaltenen Ätzungen gestatten eine Unterscheidung der einzelnen Bestandteile unter dem Mikroskop (vgl. Mitteil. des Materialprüfungsamtes in Berlin-Lichterfelde). In Abb. 71—72 sehen wir zwei derartige Ätzbilder von Stoffen mit größerer bzw. geringerer Gleichmäßigkeit.

Eine besonders wichtige Rolle spielt hierbei der S. 20 bereits erwähnte, eutektische Zustand der Stoffe, die die betreffende Eisensorte bilden. Die hauptsächlichsten Gefügebestandteile sind.

Ferrit: Reines Eisen.

Zementit: Eisenkarbid.

Perlit: Eutektisches Gemisch von Ferrit und Zementit mit 0,9% Kohlenstoff.

Martensit: Die feste Lösung von Kohlenstoff im Eisen (bis zu 2%), die beim langsamen Abkühlen in Eisen und Eisenkarbid zerfällt, bei raschem Abkühlen aber bestehen bleibt. Hierauf beruht das Härten des Stahls durch Glühen und Abschrecken.

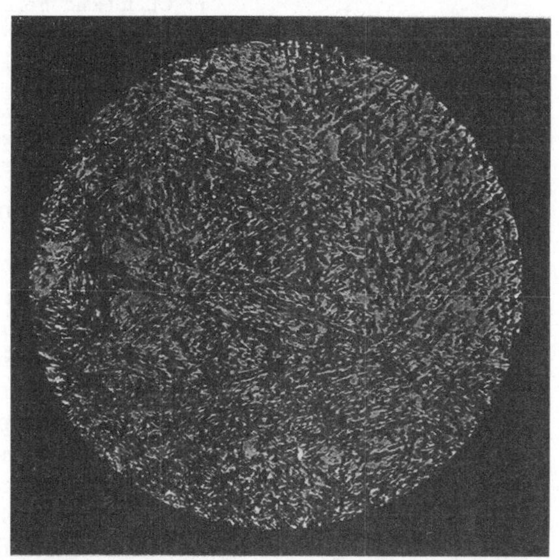

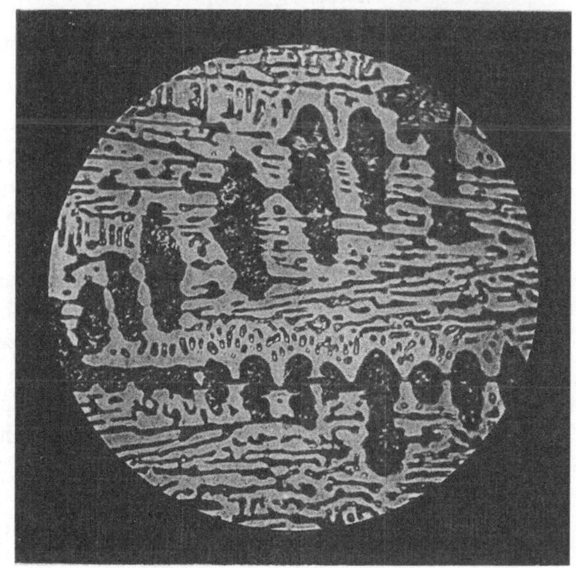

Abb. 71 und 72. Ätzbilder.
(Aus Sackur, Einführung in die Chemie.)

70. Roheisen.

A. Eisenerze.

Man erhält alle anderen Eisensorten aus dem Roheisen, das aus den zerkleinerten und durch Röstung aufgelockerten, vielfach entschwefelten und in

Eisenoxyd übergeführten Erzen durch das Hochofenverfahren gewonnen
wird. — Die wichtigsten Eisenerze sind:

Name des Erzes	Chemische Formel und Bezeichnung des Erzes	Eisengehalt des Erzes
Magneteisenstein	Fe_3O_4 = Eisenoxydoxydul	73,5 %
Roteisenstein	Fe_2O_3 = Eisenoxyd	70,0 %
Brauneisenstein	$Fe_4H_6O_9$ = Eisenoxydhydrat	60,0 %
Spateisenstein	$FeCO_3$ = Eisenkarbonat	50,0 %

Auch Raseneisenstein gehört zu den Brauneisensteinerzen.

B. Der Hochofenbau.

Der Hochofen (Erfinder: Georg Agricola 1556) ist ein aus Schamottsteinen
erbauter Schachtofen; denn er hat eine senkrechte Hauptachse und der zu
erhitzende Stoff kommt mit dem Brennstoff in
unmittelbare Berührung (Abb.73—74). Er hat
in der Hauptsache die Gestalt zweier Kegel-
stumpfe, dem oberen Schacht und der unteren
Rast, die breiteste Stelle ist der Kohlensack.
Das obere Ende des Hochofens ist die Gicht,
das untere das Gestell, in dem sich die Öffnungen für die Düsen, sowie den Schlacken- und
Eisen-Abstich befinden. Die Gesamthöhe des
Hochofens beträgt 25—35 m, sein Fassungsvermögen bis 600 m³.

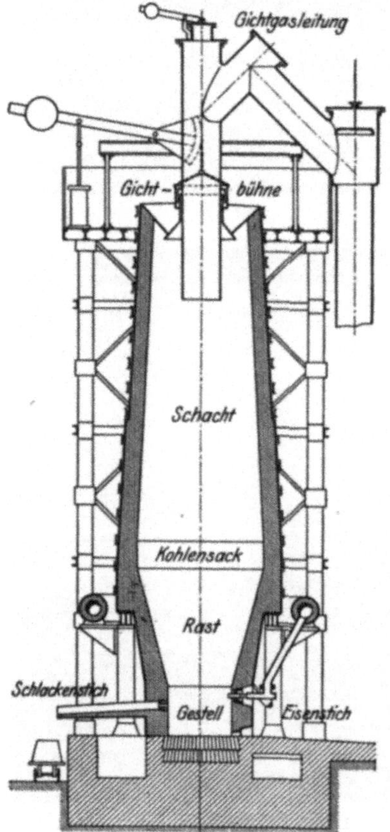

Abb. 73. Eisenhochofen.

C. Verhüttung der Eisenerze.

Die Erze bekommen
einen Zuschlag von Kalk,
der mit dem stets Kiesel-
säure enthaltenden, tauben
Gestein die im Hochofen
leicht schmelzende Schlak-
ke bildet, die zur Herstellung von Schlackensteinen,
Schlackenwolle (Wärme-
schutzmasse) dient, zum
Zusatz zum Zement und
zum Wegebau. — Die Mi-
schung von Erz und Zu-
schlägen, der sogenannte
Möller, wird abwechselnd

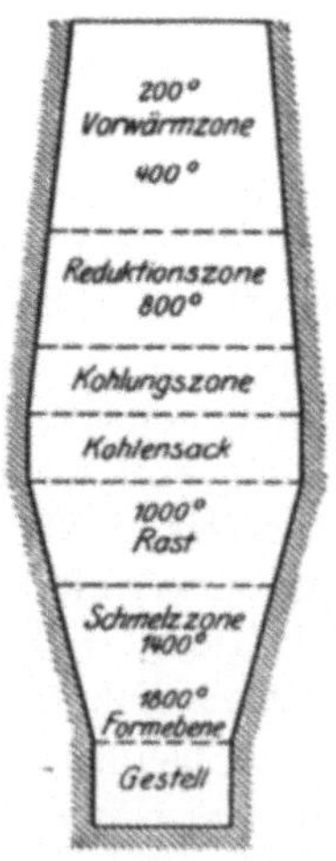

Abb. 74. Eisenhochofen, Schema.

mit Koks[1] durch den Gichtverschluß in den Hochofen eingefüllt und
beim allmählichen Niedersinken zuerst vorgeräumt (Vorwärmzone). —

---

[1] Erfinder des Ersatzes der früher gebräuchlichen Holzkohle durch Koks war
Darby 1735. Erster Kokshochofen in Deutschland 1789 von Reden eingeführt.

Aus dem Koks entsteht unter Einwirkung des in den Cowpern (Winderhitzern) erwärmten Gebläsewindes zunächst Kohlendioxyd, das sich an den höheren, heißen Koksschichten in Kohlenoxyd verwandelt. Letzteres reduziert das Eisenoxyd erst zu Eisenoxydoxydul, dann zu Eisenoxydul und schließlich zu Eisen, entsprechend den Umsetzungsgleichungen:

$$3\,Fe_2O_3 + CO = CO_2 + 2\,Fe_3O_4;$$
$$Fe_3O_4 + CO = CO_2 + 3\,FeO;$$
$$FeO + CO = CO_2 + Fe.$$

Es ist dies die Reduktionszone. — Das hier entstehende reine Eisen hat einen so hohen Schmelzpunkt, daß es bei der Ofentemperatur nicht flüssig wird, sondern schwammig bleibt. In dieser Zone zersetzt sich aber das Kohlenoxyd in Kohlendioxyd und Kohle. $2\,CO = C + CO_2.$

Der so frei werdende Kohlenstoff legiert sich mit dem Eisen (Kohlungszone), dessen Schmelzpunkt sich dadurch derartig erniedrigt, daß es bei der Temperatur der untersten Ofenteile flüssig wird (Schmelzzone). Es wird dann durch den unter dem Schlackenabstich liegenden Eisenabstich aus dem Ofen abgelassen. Seine Weiterverarbeitung erfolgt entweder derartig, daß man es flüssig in Pfannenwagen zum Bessemer-, Thomas- oder Siemens-Martin-Werk befördert, wo es in Flußstahl verwandelt wird, oder es wird in prismatischen Sandformen in Masseln (Masseleisen) gegossen. Dieses wird entweder im Kupolofen in Gußeisen oder im Puddelofen in Schweißstahl übergeführt.

D. Gichtgas.

Die beim Hochofenverfahren entstehenden luftförmigen Stoffe, die 25% brennbare Bestandteile (vorwiegend Kohlenoxyd) enthalten, werden durch die an der Gicht befindlichen Abzugsrohre abgeführt und nach Reinigung (besonders vom Flugstaub) unter dem Namen Gichtgas als Brennstoff für die Winderhitzer, sowie zum Betrieb der Großgasmaschinen für die Gebläseanlagen (Erfinder: Lürmann 1886) des Hochofenwerkes bzw. Erzeugung elektrischer Energie zu Licht und Kraftzwecken (Antrieb der Walzenstraßen) gebraucht.

E. Gebläsewind.

Die Erhitzung des Gebläsewindes durch Gichtgas wurde auf Veranlassung Bunsens 1832 in Wasseralfingen durch Faber du Faur eingeführt. Ein Hochofen von einer Tagesleistung von 150 t Roheisen gebraucht 600 m³/min Wind von 0,5 at Überdruck und 800° C. Zur Erwärmung dient der Cowper (Winderhitzer)[1] ein Blechzylinder von 20 bis 35 m Höhe und 6—8 m Durchmesser, oben mit einer halbkugelförmigen Kuppel geschlossen. (Abb. 75.) Innen ist er mit Schamottsteinen ausgemauert, derartig, daß ein Verbrennungsschacht von

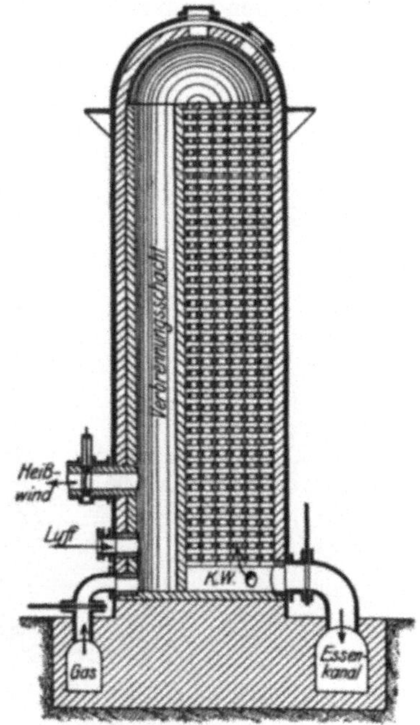

Abb. 75. Cowper.

---

[1] Von Cowper 1857 erfunden.

kreisförmigem Querschnitt frei bleibt. Der übrige Raum ist mit Schamottsteinen gitterartig ausgemauert. Zur Inbetriebsetzung (Heißblasezeit) läßt man
durch das Gasventil das Gichtgas zuströmen, das nach Vereinigung mit der
durch das Luftventil eintretenden Luft im Verbrennungsschacht sich entzündet.
Die Verbrennungsgase ziehen dann durch das gitterförmige Mauerwerk ab und
erhitzen dieses innerhalb 2 Stunden zur Weißglut. Dann folgt die Kaltblasezeit
(etwa 1 Stunde). Gichtgas und Luft treten in einen zweiten Winderhitzer und
im ersten wird, umgekehrt zur Bewegungsrichtung der Verbrennungsgase, der
Gebläsewind eingeleitet, der hierbei das gitterförmige Mauerwerk abkühlt und
selbst eine Temperatur von 800° C annimmt. Zu jedem Hochofen sind 4 Winderhitzer erforderlich.

<h3 style="text-align:center">F. Der elektrische Hochofen.</h3>
(Erfinder: Stassano 1898.)

In der Schweiz und in Schweden werden die in großem Maße vorhandenen
Wasserkräfte zur Erzeugung elektrischer Energie benutzt, die dort im elektrischen
Hochofen die erforderliche Wärme liefert. In den Schacht b kommt ein Gemisch
von Erz und Kalkstein mit der zur Reduktion erforderlichen Holzkohle. Darunter
befindet sich der Schmelzraum a mit den (4—6) Kohleelektroden, die zur Wärmeerzeugung dienen. Man benutzt zwei- bis dreiphasigen Wechselstrom von 25 Perioden und 70 Volt Spannung. Gebläsewind wird hier nicht gebraucht. Entsprechend entsteht auch nur wenig Gichtgas.

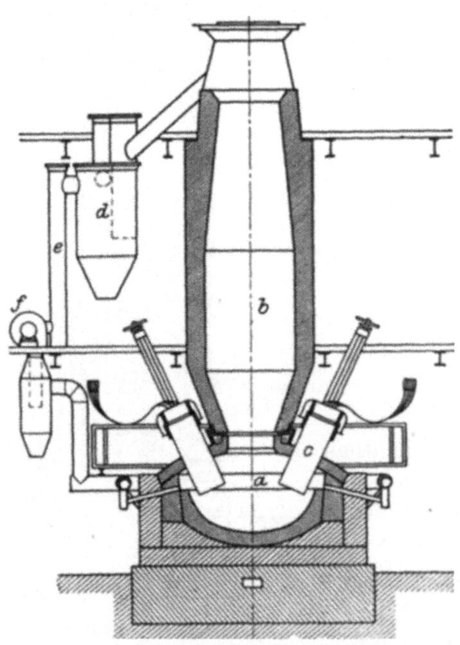

Abb. 76. Elektrischer Hochofen.

G. Zahlen über Roheisenerzeugung.

In der ganzen Welt wurden 86 000 000 t
Roheisen im Jahre 1927 erzeugt. Daran
waren die Verein. Staaten von Amerika
mit 43% beteiligt, Deutschland mit 15,2 %,
Frankreich mit 10,8% und Großbritannien
mit 8,6%.

H. Gußeisen.

Das Gußeisen entsteht durch Umschmelzen des Roheisens im Kupolofen,
einem Schachtofen, der mit Koks geheizt
wird, unter Anwendung des Gebläses.
Die Koksasche und der Eisenabbrand
werden durch einen Zuschlag von etwa
3% Kalkstein in eine leichtflüssige
Schlacke übergeführt, die durch einen
besonderen Abstich abfließt. Für die
Herstellung der Gußformen unterscheidet
man folgende Stoffe: Sand, Masse, Lehm
und Eisen.

Der Formsand wird, je nachdem, ob er reich oder arm an Ton ist, fett
oder mager genannt. Der Rohstoff wird gemahlen und mit Steinkohle vermischt, mit Wasser angefeuchtet, dann zur Herstellung der Formen benutzt.

Die zugesetzte Kohle verhindert das Sintern des Sandes, was auch durch das Bestreichen der Form mit Graphit vermieden wird. Magersand hat nur geringe Bindekraft, ist aber bei der Verwendung billig; es wird dabei in die feuchte Form gegossen. — Zur Herstellung der Kerne, z. B. für Rohre, muß man die Masse zum Formen benutzen, ein Gemisch von feuerfestem Ton mit Sand, Graphit oder Koks, weil die Sandformen zu diesem Zwecke nicht genügend widerstandsfähig wären. Die aus Masse hergestellten Formen werden getrocknet. Große Gegenstände (Dampfzylinder) muß man aus Lehm formen, der mit verkohlenden Stoffen (Pferdedünger) gemischt wird, weil sonst die Form zu dicht ist. Hartguß zu Walzen usw. erhält man durch Gießen in eisernen Formen, in denen rasche Abkühlung eintritt, so daß das Gußstück den Graphit feiner verteilt hat und infolgedessen härter ist.

71. Stahl.

A. Erklärung.

Stahl entsteht aus dem Roheisen, indem diesem Kohlenstoff durch Oxydation entzogen wird. Es geschieht dies durch Puddel-, Bessemer-, Thomas- und Siemens-Martinverfahren.

B. Das Puddelverfahren.

Der Schweißstahl entsteht nach dem von Cort 1789 erfundenen, 1824 in Deutschland von Remy in Rasselstein eingeführten Verfahren, indem man

Roheisenstücke im Flammofen unter Luftzutritt niederschmilzt und in die flüssige Masse zur weiteren Oxydation des Kohlenstoffs noch Luft einrührt. Sowie sich das schmiedbare Eisen bildet, beginnt die Masse zu erstarren, es entsteht das sogenannte Luppeneisen, das, ausgeschmiedet und ausgewalzt, zum Tiegelstahlverfahren, dann zu Draht für die Herstellung von Schrauben usw. gebraucht wird.

In der Abb. 77—78 sehen wir den Puddelofen. Auf dem links befindlichen Rost wird der Brennstoff

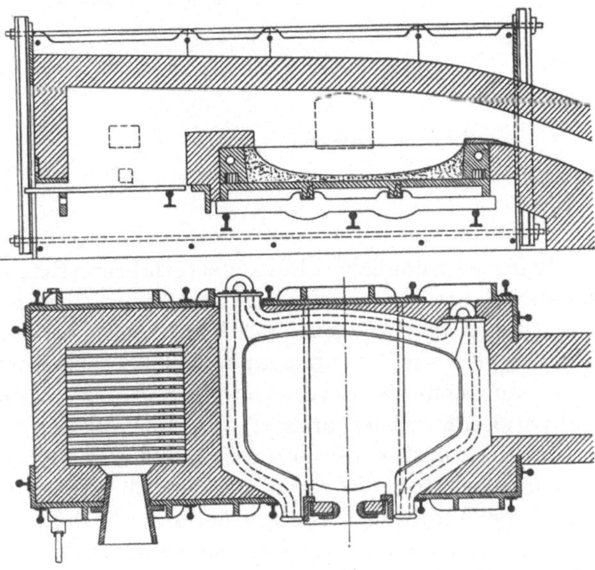

Abb. 77—78. Puddelofen.

verbrannt; die Verbrennungsgase streichen über den Herd, in dem sich das zu verarbeitende Eisen befindet. Der Herd ist mit feuerfestem Futter versehen. (Das kennzeichnende Merkmal des Flammofens ist die wagerechte Hauptachse, und daß der zu erhitzende Stoff nicht mit dem Brennstoff selbst, sondern nur

mit den Verbrennungsgasen in Berührung kommt. Der Schachtofen hat, wie
erwähnt, senkrechte Hauptachse, und der zu erhitzende Stoff kommt mit dem
Brennstoff in unmittelbare Berührung, vgl. Hochofen.)

C. Das Bessemer- und Thomasverfahren.

Der Stahl wird aus flüssigem Roheisen erzeugt, das sich in einem birnen-
förmig gestalteten, um die wagerechte Achse drehbaren Gefäße (daher der
Name Birnenverfahren), dem sogenannten Konverter, befindet, durch Ein-

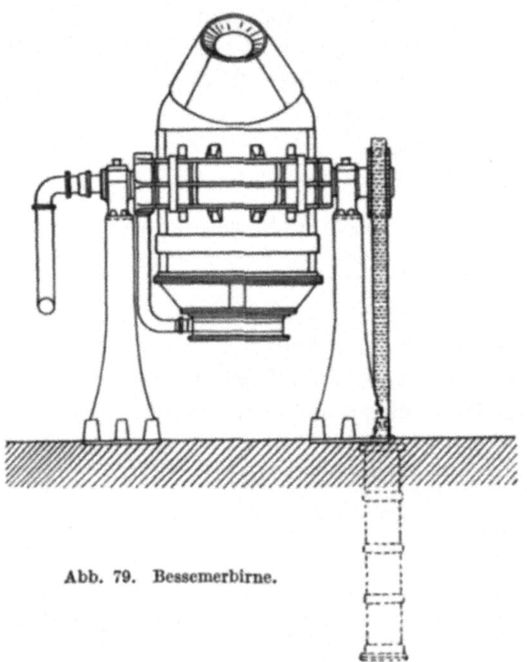
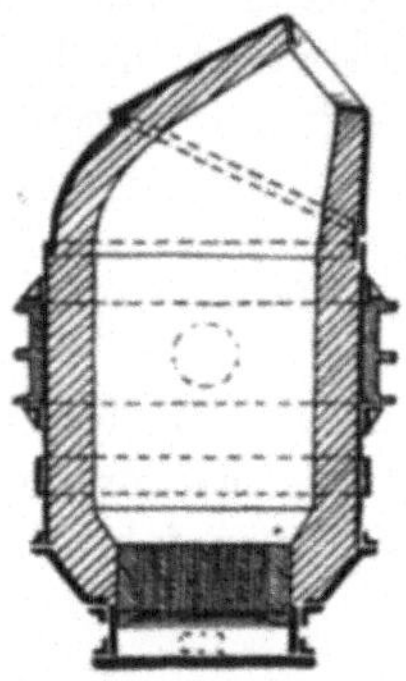

Abb. 79. Bessemerbirne.

blasen von Luft (Abb. 79). Die
Luft tritt unten durch den
Bodenstein, dessen Düsen im
Schnitt erkennbar sind, in den
Konverter. Durch eine Zahn-
stange, die durch Wasserkraft
bewegt wird, erfolgt mittelst
Zahnrades die Drehung des
Konverters.

Beim ursprünglichen Bessemerverfahren (Erfinder: Bessemer 1855) war der
eiserne Mantel des Konverters mit einem feuerfesten Stoff aus Ganister aus-
gekleidet, einer vorwiegend aus Kieselsäure bestehenden Sandsteinart, das saure
Futter genannt. Wenn man nun in diesem Konverter phosphorhaltiges Roheisen verarbeitete, so verwandelte sich der Phosphor in P_2O_5, Phosphorsäureanhydrid (Phosphorpentoxyd), und da letzteres kein Bindemittel fand, so blieb
es im Eisen und wurde in diesem wieder zu Phosphor reduziert, der die Festigkeitseigenschaften des Metalls wesentlich verringerte. Beim Thomasverfahren
(Erfinder: Thomas 1878), das bei phosphorhaltigem Roheisen stets anzuwenden
ist, wird das entstehende Phosphorsäureanhydrid durch Zusatz von gebranntem
Kalk zu Kalziumphosphat gebunden, das als Schlacke auf dem Metall schwimmt
(Thomasschlacke). Damit das Verfahren aber in der beschriebenen Weise verläuft, ist es erforderlich, das sogenannte basische Ofenfutter zu verwenden.
Wollte man nämlich den Ganister benutzen, so würde sich der zugeschlagene
Kalk nicht mit dem Phosphorsäureanhydrid verbinden, sondern mit der Kiesel-
säure des Ofenfutters, zu der er größere Affinität hat. Man benutzt daher zur

Ausfütterung des Ofens die Dolomitsteine, die man aus gebranntem Dolomit erhält, den man gemahlen mit Teer vermischt und in Formen preßt. Die Thomasschlacke findet im gemahlenen Zustand (Thomasmehl) als Düngemittel Verwendung. Der erhaltene Stahl wird in gußeiserne Formen, sogennante Kokillen, gegossen und die entstehenden Blöcke ausgewalzt.

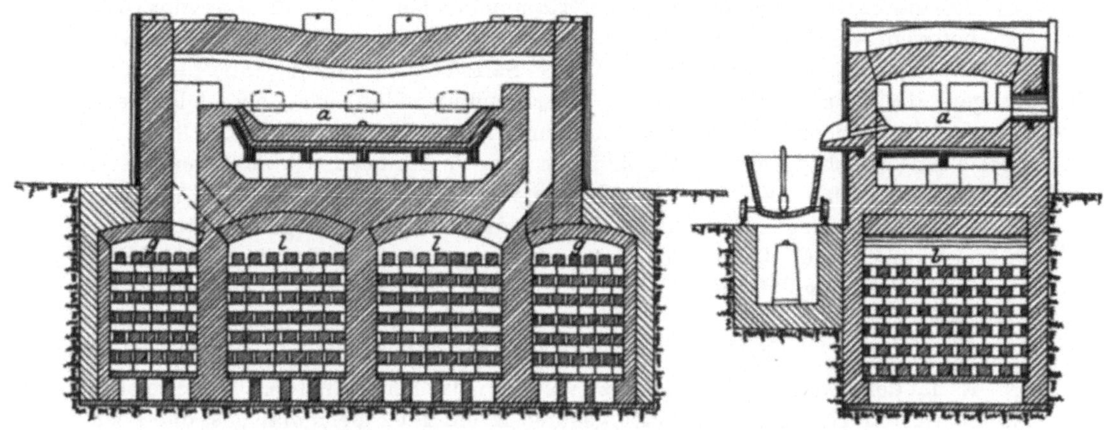

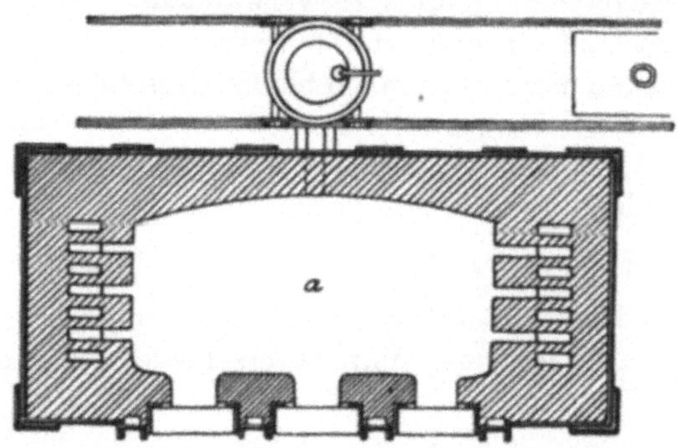

Abb. 80. Siemens-Martinofen.

Um in den Kokillen blasigen Guß (Lunkerbildung) zu vermeiden, setzt man 0,1% Aluminium zu (Verringerung der Zähflüssigkeit durch Schmelzpunkterniedrigung).

D. Das Siemens-Martinverfahren.

Stahl von mittlerem Kohlenstoffgehalt entsteht durch Zusammenschmelzen von kohlenstoffreichem Gußeisen und kohlenstoffarmem Stahlschrott (Erfinder: Martin 1864). Die Ausführung erfolgt im Generatorgasofen, dessen Futter, je nach Beschaffenheit des Rohstoffs, wieder sauer oder basisch sein kann. Auch die Weiterverarbeitung geschieht wie beim Bessemer- und Thomasverfahren, im Walzwerk.

Die wesentlichsten Teile des Ofens (Abb. 80) sind der Herd a und die darunter liegenden vier Kammern, die mit Schamottsteinen gitterartig ausgemauert sind. Die mit l bezeichneten führen die Luft, die mit g das Generatorgas zu. Zunächst treten Gas und Luft durch die linken Kammern ein, vereinigen sich bei der Verbrennung über dem Herd, und die entstehenden Verbrennungsgase entweichen durch die rechts liegenden Kammern, die dadurch in Weißglut gebracht werden. Nach einiger Zeit stellt man einen Schieber um, so daß die Zuströmung von rechts und der Abzug der Verbrennungsgase durch die linken Kammern erfolgt. Hierdurch wird eine Vorwärmung von Gas und Luft und infolgedessen eine bessere Heizwirkung erzielt. Nach einiger Zeit kehrt man die Strömungsrichtung wieder um usw.

E. Das Beizen der Bleche und Drähte.

Um Eisen-Bleche und -Drähte vom Walzsinter (stofflich übereinstimmend mit verbranntem Eisen, das beim längeren Erhitzen an der Luft entsteht, z. B. die Roststäbe der Feuerungsanlagen, Hammerschlag, Fe_3O_4 Eisenoxydoxydul), zu befreien, werden sie gebeizt, d. h. mit Säure behandelt. Für Feinbleche (Schwarzbleche) benutzt man verdünnte Salzsäure in säurebeständigen Steintrögen; die Tröge zur nachherigen Wasserspülung sind aus Holz. Die Bleche werden in Körben aus säurebeständiger Phosphorbronze (vgl. S. 118) in die Beize eingetaucht, Beiz- und Spüldauer etwa 7 Minuten, Gewichtsverlust der Bleche bis zu 4%. Die Tröge zum Beizen von Drähten sind aus Holz, mit Bleiplatten ausgeschlagen, von 5 m³ Inhalt. Man beizt unter gleichzeitigem Erwärmen auf 60° C, Beizverlust 1,5% des angewandten Drahtes. Die Nachbehandlung erfolgt durch Neutralisation mit Kalkmilch und Waschen mit Wasser.

F. Das Tiegelgußstahlverfahren.

Es hat den Zweck, den Rohstahl zu veredeln, das heißt ihn durch Umschmelzen in feuerfesten Tiegeln im Generatorgasofen in ein ganz gleichmäßiges, den höchsten mechanischen Ansprüchen genügendes Erzeugnis zu verwandeln.

Die Herstellung der Tiegel erfolgt aus Graphit und feuerfestem Ton. Es handelt sich beim Tiegelgußstahlverfahren nicht nur um ein bloßes Umschmelzen, sondern auch um stoffliche Einwirkung des Tiegelmaterials auf den Stahl. Aus der Kieselsäure des Tiegels entsteht z. B. durch Einwirkung von Mangan das Silizium, das seinerseits etwa vorhandene Eisenoxyde zu Eisen reduziert.

G. Elektrostahlverfahren.

Es hat den gleichen Zweck, wie das Tiegelgußstahlverfahren, die erforderliche Hitze wird aber durch elektrische Energie erzeugt. Man unterscheidet hier, je

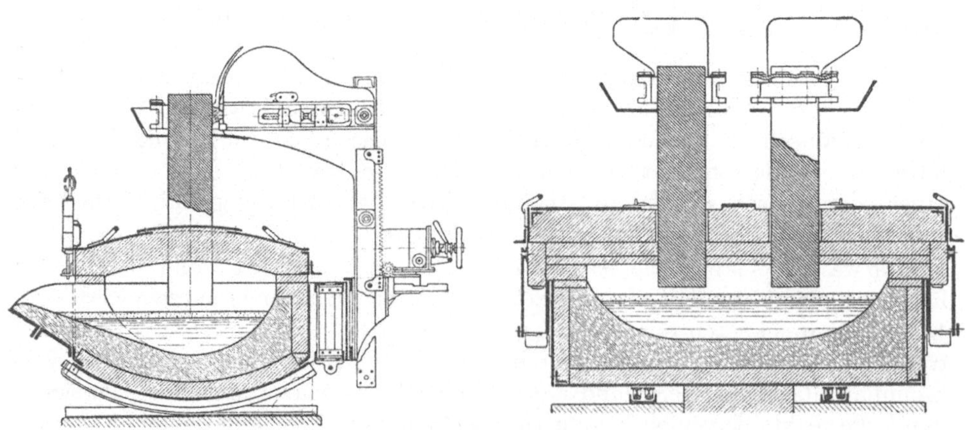

Abb. 81. Héroult-Ofen.

nach der Art der Wärmeerzeugung, Lichtbogen- und Induktions-Öfen. — Abb. 81 zeigt einen Lichtbogenofen von Héroult, bei dem die Hitze durch den Lichtbogen zwischen den Kohleelektroden hervorgerufen wird. — Beim Röchling-Rodenhauser-Ofen (Abb. 82) ist ein Magneteisen eingebaut, mit Primärspulen auf beiden Schenkeln. Es sind 2 Stromkreise vorhanden, die den Stahl erhitzen. Besondere Bedeutung haben die Elektrostahlverfahren für die Herstellung legierter Stähle.

H. Legierte Stähle.

a) Nickelstahl. Mit 3—6% Ni und 0,5—0,6% Kohlenstoff für höchbeanspruchte Geschützteile,

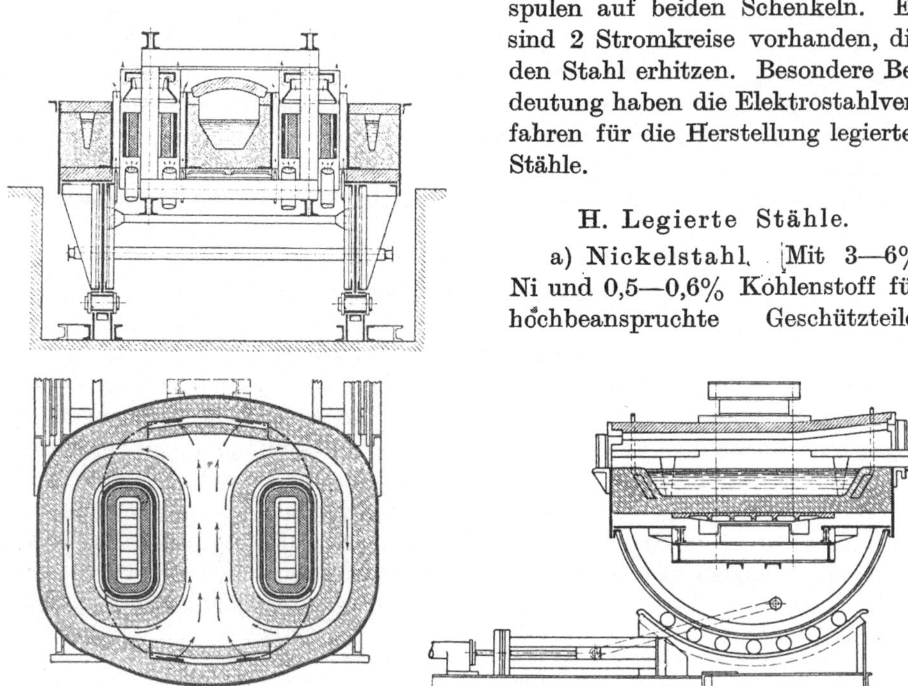

Abb. 82. Rodenhauser-Ofen.

Kolbenstangen, Achsen. Mit 20—30% Ni für Pumpen- und Turbinenteile. Festigkeit 70 kg/mm², bei Chromzusatz bis 130 kg/mm².

b) Chromstahl (Erfinder: Bauer in New-York 1865). Großer Widerstand gegen Stoß, rostet mit Nickelzusatz schwer und ist gut härtbar. Anwendung für Pochstempel und Panzerplatten. Erster nicht rostender Chrom-Nickel-Stahl nach dem Verfahren von Strauß und Maurer 1912 den Kruppschen Werken patentiert. Rostfreier und gewöhnlicher Stahl dürfen nicht miteinander in leitende Verbindung etwa durch Wasser gebracht werden, weil sonst ein galvanischer Strom entsteht, der den rostfreien Stahl angreift.

c) Manganstahl. Mit 3—12% Mn, sehr hart und widerstandsfähig, zu Schienen, Achsen.

d) Wolfram- und Molybdänstahl. Wegen großer Härte zu Werkzeugen aller Art, besonders Schneidwerkzeuge, verwandt.

e) Vanadiumstahl. Sehr hart. Anwendung bei Panzerplatten und Geschossen.

f) Schnelldrehstahl. Durch hohen Molybdän-Wolfram- und Chrom- oder Kobalt-Gehalt verliert er seine durch Abschrecken und Anlassen erhaltene Härte selbst bei Rotglut nicht. (Erfinder: White und Taylor 1900.) Er wird auch Stellit genannt.

g) **Magnetstahl.** Enthält 3—6% Wolfram, 1,5—4% Molybdän und 0,3% Vanadium.

h) **Dynamostahl.** Enthält 3—4% Silizium und wenig Kohlenstoff. Dient zu Dynamoankern wegen geringer Hysteresis (Abhängigkeit der Stärke einer Magnetisierung von der vorhergegangenen Magnetisierung) und Permeabilität (Durchlässigkeit für magnetische Kraftlinien). Allgemein setzt weicher Stahl dem Magnetisieren nur geringen Widerstand entgegen (Anwendung bei Dynamomaschinen), im Gegensatz zum harten Stahl, der aber den Magnetismus lange behält (Anwendung bei den Magnetzündungen der Verbrennungskraftmaschinen).

I. Das Vergüten (Härten und Anlassen).

Das **Härten** des gewöhnlichen Stahls beruht darauf, daß er erhitzt und plötzlich abgekühlt (abgeschreckt) wird, wobei möglichst viel Härtungskohle erhalten bleibt. Man erhitzt den Stahl zunächst auf Kirschrotglut (etwa 750⁰), für manche Zwecke auch wohl in einem Bade von geschmolzenem Barium-chlorid $BaCl_2$, und schreckt ihn dann mit Öl, Seifenlösung oder Wasser ab. Der abgeschreckte Stahl ist aber für die technische Verwendung zu spröde und muß daher wieder enthärtet, d. h. auf einen geringeren Härtegrad gebracht werden. Dieses Enthärten pflegt man nach den dabei auftretenden Farben als **Anlassen** zu bezeichnen. Zur Erzielung einer bestimmten Farbe ist auch immer eine bestimmte Temperatur erforderlich, die man, außer durch erwärmte Sandbäder, auch durch schmelzende Bleizinnlegierungen von verschiedener Zusammensetzung erhält.

Anlaßfarbe	Temperatur (Celsiusgrade)	Legierung	
		Blei	Zinn
Hellgelb	235⁰	66,66%	33,34%
Dunkelgelb	240⁰	69,00%	31,00%
Purpurrot	255⁰	75,00%	25,00%
Violett	265⁰	81,60%	18,40%
Kornblumenblau .	327⁰	100,00%	—

Man läßt für die mannigfachen Verwendungsarten die Stähle verschieden an[1]:

> Hellgelb (sehr hart) für Matrizen und Prägestempel;
> Dunkelgelb für Bohr- und Drehstähle; Fräser.
> Purpurrot für Meißel- und Lochstempel;
> Violett für Steinbohrer und -meißel;
> Kornblumenblau für Holzbearbeitungszwecke, Federn.

Der kohlenstoffarme Stahl wird an der Oberfläche durch das sogenannte **Einsetzen** gehärtet, das heißt, durch Erhitzen mit Holzkohle, Knochenkohle, Lederabfällen, Zyankalium, gelbem Blutlaugensalz usw., die, ihren Kohlenstoff an die Außenschichten des Eisens abgebend, dieses dabei in Stahl verwandeln, z. B. bei Bolzen (Zementstahl). — Auch gußeiserne Gegenstände kann man bis zu einem gewissen Grade härten, durch Erhitzen auf Rotglut und Abkühlen mit Wasser, das 18% Schwefelsäure und 1% Salpetersäure enthält.

---

[1] Die Entstehung dieser Farben ist physikalischer Natur, Farben dünner Blättchen.

72. Besondere Eisen- und Stahlsorten.

A. Temperguß oder schmiedbarer Guß.
(Erfinder: Prinz Ruprecht von der Pfalz 1670.)

Dieses Verfahren, wohl auch Glühfrischen genannt, besteht darin, dünnwandige, stark beanspruchte Maschinenteile, besonders Massenartikel billig herzustellen, durch Einschmelzen und Gießen von weißem Roheisen, dem durch eine Nachbehandlung, dem Tempern, eine größere Festigkeit verliehen wird. Zu diesem Zwecke werden die gegossenen Gegenstände mit Roteisenstein in geschlossenen Töpfen 5—8 Tage im Temperofen auf 900° C erhitzt. Hierbei oxydiert der Roteisenstein den in den äußeren Schichten befindlichen Kohlenstoff zu Kohlenoxyd, so daß sie sich in ein stahlähnliches Produkt verwandeln. Man stellt so z. B. Schlüssel, Kurbeln, Räder, Fittings und Hebel her.

B. Hartguß.

Graues Roheisen wird in Metallformen gegossen, wobei die Oberfläche, rasch erkaltend, hart und weiß wird, während das Innere grau und weich bleibt. Anwendung für Walzen, Räder und Eisenbahnherzstücke.

C. Stahlformguß.

Stahl wird in Siemens-Martin- oder Elektro-Öfen oder Klein-Bessemer-Birnen (mit seitlicher Luftzuführung) eingeschmolzen und in Formen gegossen. Besonders geeignet für dünnwandige Stücke. Stahlformguß wurde von Meyer in Bochum 1851 zuerst ausgeführt, die erste Klein-Bessemerei 1883 von Copp und Griffith.

Rostschutzmittel.

73. Allgemeines.

a) Ursachen der Rostbildung. Wir haben nun gesehen, daß die Edelmetalle, infolge ihrer geringen Affinität zum Sauerstoff, sich an der Luft gut halten. Ebenso zeigen einige unedle Metalle, wie Nickel und Zinn, keine Veränderung an der Luft; andere wieder, wie Blei, Kupfer und Zink, überziehen sich an der Luft mit einer Schicht des betreffenden basisch kohlensauren Salzes, unter der das Metall geschützt, keine weitere Veränderung erleidet. — Aber gerade das Eisen, das meistgebrauchte Metall, wird an der Luft stark angegriffen, es rostet, wie wir zu sagen pflegen. In trockener Luft hält sich das Eisen bei gewöhnlicher Temperatur gut (in der Hitze bildet sich, wie bereits erwähnt, Fe_3O_4, verbranntes Eisen, Hammerschlag), in feuchter Luft entsteht der Rost, der mit Ferrihydroxyd $Fe(OH)_3$ stofflich übereinstimmt. Zunächst entsteht an der Luft in Gegenwart von Wasserdampf und Kohlendioxyd das saure Ferrokarbonat $FeH_2(CO_3)_2$, das sich dann mit Wasserdampf und Sauerstoff in Ferrihydroxyd und Kohlendioxyd umsetzt:

$$4\,FeH_2(CO_3)_2 + 2\,O + 2\,H_2O = 4\,Fe(OH)_3 + 8\,CO_2.$$

Das spezifische Gewicht des Rostes ist 4 kg/dm³, dasjenige der Eisensorten 7,2—7,9 kg/dm³; daher ist die Rostbildung immer mit einer bedeutenden Raumausdehnung verbunden.

b) Beeinflussung der Rostbildung. Die Rostbildung erfolgt also an der Luft in Gegenwart von Wasserdampf; befördert wird die Rostbildung noch durch vagabundierende elektrische Ströme, sowie durch die Gegenwart von Salzlösungen, z. B. das im Meereswasser enthaltene Magnesiumchlorid. Die Rostschicht des Eisens bildet nicht, wie bei Blei, Kupfer und Zink, eine schützende Hülle über dem Metall, sondern die Zerstörung geht ständig weiter. Die Rostbildung tritt um so leichter ein, je reiner das Eisen ist. Daher rostet der Stahl rascher als das Gußeisen, das mehr Kohlenstoff enthält. Flußeisen rostet leichter als Schweißeisen, ebenso beobachtet man, daß das geschmiedete Eisen weniger rostet als das gewalzte.

Während gewöhnlicher Kalkmörtel das Eisen angreift, ist dies bei Zement nicht der Fall; der Zement löst sogar etwa vorhandenen Rost auf (Eisenbeton). Es ist dies für Bauzwecke besonders wichtig.

74. Rostschutz der Dampfkessel.

Dampfkessel, die längere Zeit außer Betrieb gesetzt werden sollen, schützt man vor der Rostbildung entweder durch die Naß- oder Trockenbehandlung.

Bei der **Naßbehandlung** füllt man den Kessel mit Wasser, erhitzt dieses, bis die Luft ausgetrieben ist und verschließt dann den Kessel luftdicht. Bei der **Trockenbehandlung** erwärmt man den leeren Kessel, füllt eine den jeweiligen Verhältnissen entsprechende Menge Chlorkalzium (dieses zieht Wasser an) ein und verschließt luftdicht. Die im Maschinenbau gebräuchlichsten Rostschutzmittel sind schützende Überzüge mit Metallen, Emaille, Anstrichfarben und mit organischen Stoffen. Auch das zur Wasserenthärtung (S. 88) erwähnte Cumberland-Verfahren schützt die Dampfkessel vor Rostbildung.

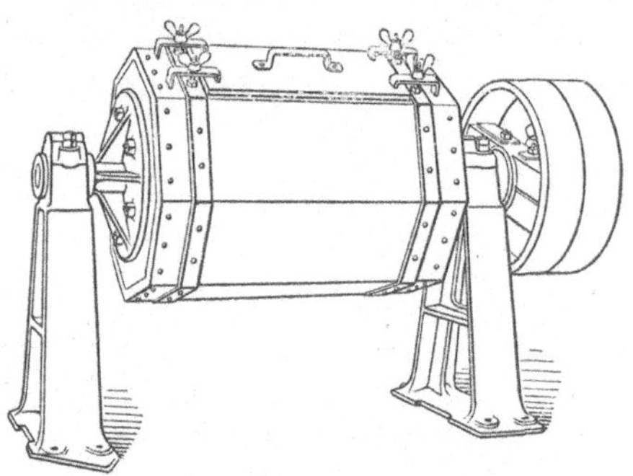

Abb. 83. Scheuertrommel.

Abb. 84. Blechpoliermaschine.
(Nach Pfannhauser Galvanotechnik.)

75. Die galvanischen Metallüberzüge.

a) **Vorbehandlung.** Das Überziehen des Eisens mit anderen gegen die Luft gut widerstandsfähigen Metallen erfolgt teils elektrolytisch, teils mechanisch. In jedem Falle muß das zu überziehende Stück gut vorbereitet sein, damit die Metallschicht gleichmäßig haften bleibt[1]. Diese Vorbereitung ist sowohl mechanischer als auch chemischer Natur. Es ist Bedingung, daß die zu überziehenden Metallstücke glatte gleichmäßige Flächen besitzen und vollständig frei von Oxyden, Fettschichten oder sonstigen Verunreinigungen sind. Zur Erzielung einer glatten Oberfläche wird mit Kratzbürsten, Sandstrahlgebläsen, Schmirgelscheiben behandelt und mit Wiener Kalk poliert (Abb. 83—85).

---

[1] Man nimmt an, daß das Eisen sich mit dem Metallüberzug zum Teil legiert.

Die chemische Vorbehandlung besteht in der Entfernung der anhaftenden Oxyde einerseits, der Fetteile, bedingt durch die mechanische Behandlung, andererseits. Zur Beseitigung der Oxyde wird das betreffende Eisenstück mit einer 5%igen Schwefelsäure gebeizt, dann mit Soda oder anderen Alkalien neutralisiert und mit Wasser gewaschen, darauf in Sägemehl getrocknet. Bei stärkerer Rostschicht empfiehlt sich auch, als Beize eine 10%ige Zinnchloridlösung zu verwenden, der etwas Weinsäure zugesetzt ist. Durch die gleichzeitige mechanische Behandlung (Kratzbürste, Scheuern) kann die zum Beizen erforderliche Zeit bedeutend abgekürzt werden.

Die Entfettung erfolgt unmittelbar nach der mechanischen Behandlung. Für tierische und pflanzliche Fette wird mit heißer 10%iger Natronlauge behandelt; heiße Sodalösung wirkt langsamer. Mineralölbestandteile werden dagegen durch Lösung in Benzin oder Petroleum entfernt.

Da bei der Entfettung leicht wieder geringe Oxydationen erfolgen, die der nachträglichen Elektrolyse hinderlich sein könnten, so wird nunmehr dekapiert, d. h. die Oxydschicht entfernt, indem man die Eisenstücke mit 5%iger Schwefelsäure nochmals behandelt.

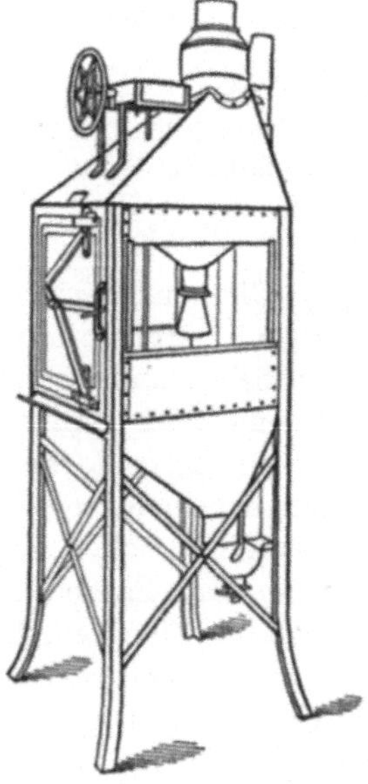

Abb. 85. Sandstrahlgebläse.

Bei Kupfer-, Messing- und Bronzegegenständen dekapiert man mit einer 3%igen Zyankaliumlösung.

b) **Metallüberzüge durch Elektrolyse (Galvanotechnik). a) Nikkel-, Kupfer-und Messingüberzüge.** Zur Vernickelung[1] verwendet man als Anode Platten aus reinstem gegossenen oder gewalzten Nickel, als Elektrolyten eine Nickelsalzlösung, für deren Herstellung außerordentlich viele bewährte Angaben bestehen. Es wird meistens mit Nickelammoniumsulfat gearbeitet, die Sättigung der Lösung schwankt zwischen 4—8%; zur Verringerung des elektrischen Widerstandes der Lösungen setzt man noch ein sogenanntes Leitungssalz zu, z. B. Ammoniumsulfat, Magnesiumsulfat usw. Nur destilliertes Wasser ist

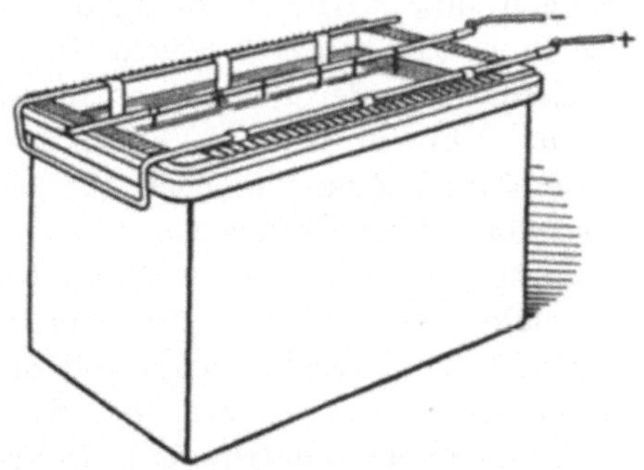

Abb. 86. Galvanisierungstrog.

zu verwenden. — Für gewisse Arten der Schnellvernickelung werden die Bäder erwärmt. Manche Techniker empfehlen, auch Eisengegenstände erst zu verkupfern bzw. zu vermessingnen zur Erzielung größerer Rostsicherheit. Sonst werden nur Blei, Neusilber, Zink und Zinn vor der Vernickelung mit Kupfer bzw. Messing überzogen.

Für die elektrolytische Verkupferung bzw. Vermessingnung gibt Langbein folgende Bäder an:

---

[1] Vgl. Abb. 86.

<table>
<tr><td align="center">Verkupferung:</td><td align="center">Vermessingnung:</td></tr>
<tr><td>250 g kristallisierte Soda,</td><td>150 g Kupferkalziumzyanid (krist.),</td></tr>
<tr><td>200 g pulv. saures Natriumsulfit,</td><td>165 g Zinkkalziumzyanid (krist.),</td></tr>
<tr><td>200 g neutr. Kupferazetat,</td><td>250 g Natriumsulfit (krist.),</td></tr>
<tr><td>225 g Zyankalium,</td><td>20 g Ziankalium,</td></tr>
<tr><td>10 l Wasser,</td><td>10 l Wasser,</td></tr>
<tr><td>Stromdichte 0,35 Amp.,</td><td>Stromdichte 0,3 Amp.,</td></tr>
<tr><td>Stromspannung 3 Volt für 10 cm Elektrodenentfernung,</td><td>Stromspannung 3 Volt für 10 cm Elektrodenentfernung,</td></tr>
<tr><td>Anode aus Kupferblech.</td><td>Anode aus gegossenem Messing.</td></tr>
</table>

b) **Chromüberzüge.** Als Elektrolyt dient eine Chromsäurelösung von 33^0 Bé mit geringen Zusätzen anderer Chemikalien. Die Anoden sind Bleiplatten. Man arbeitet unter gelindem Erwärmen des Elektrolyten mit 10 Amp/dm² und erhält eine Badspannung von 5—6 Volt. Die so erhaltene Chromschicht, die in jeder beliebigen Stärke hergestellt werden kann, ist silberähnlich, bläulichweiß, ähnlich dem polierten Platin. Dabei zeichnet sich die Chromschicht durch große Härte und Festigkeit, sowie Beständigkeit gegen Hitze (bis 800^0 C), Luft, Wasser, Alkalien und Säuren aus. Sie läßt sich mit dem Metall, das sie überzieht, stanzen und drücken. Löten verchromter Gegenstände ist aber ebenso unmöglich, wie der galvanische Niederschlag eines anderen Metalls auf einer verchromten Unterlage. Die Metallüberzüge mit Chrom eignen sich zum Rostschutz ebensogut wie Nickel und sind nicht teurer.

c) **Nachbehandlung.** Die fertig vernickelten oder verchromten Eisenstücke werden mit Wasser abgespült und mit erwärmten, möglichst gerbsäurearmen Sägespänen (Ahorn, Linde, Pappel) getrocknet. Meist erfolgt noch eine Nachtrocknung im Trockenschrank bei etwa 100^0. Der Hochglanz wird auf Polierscheiben erzeugt, die mit Tuch, Flanell oder Filz belegt sind, mit Wiener Kalk, Pariser Rot und Stearinöl, sowie mittels Polierstahls. Ähnlich werden Verkupferungen und Vermessingnungen nachbehandelt, die keinen weiteren Überzug erhalten. Die polierten Stücke (bei allen genannten Metallüberzügen) werden mit Seifenwasser oder Benzin von den Polierstoffen gereinigt.

d) **Verwendung.** Verkupferungen und Vermessingnungen werden bei Eisen- (und Zink-) Blechen für gewisse Verwendungszwecke ausgeführt, Vernickelungen für Eisenbleche und -drähte, Werkzeuge und Armaturen. Zum Zwecke des Rostschutzes werden Eisenbleche häufig entsprechend obigem Verfahren verzinkt bzw. verzinnt. Die hierzu erforderlichen Bäder enthalten Zink- bzw. Zinnchlorid als Elektrolyten und Zink bzw. Zinn als Anoden. Verzinktes Eisenblech wird „galvanisiertes Blech" genannt; außerdem verzinkt man oft Maschinenteile (Zentrifugen), Röhren, Drähte, schmiedeeiserne Träger, Stahlbänder, Schrauben, Muttern, Nieten, Nägel u. a. m. — Verzinntes Eisenblech bezeichnet man als „Weißblech". — Die Verchromung benutzt man bei den Armaturen und Griffen der Kraft- und Straßenbahnwagen, Wasser- und Dampfleitungs-Armaturen, Schiffbauarmaturen, chirurgischen Instrumenten, Blitzableitern, Ventilen, Lagerzapfen, Turbinenschaufeln usw.

76. Metallische Tauchüberzüge.

a) **Verzinkung.** Zum Verzinken von Eisendraht (vgl. Hütte, Taschenbuch für Eisenhüttenleute, S. 884) werden die Drähte parallellaufend zunächst durch

zwei hintereinanderliegende, aus säurefestem Sandstein hergestellte Tröge geführt, die mit verdünnter Salzsäure gefüllt sind. Die so gebeizten Drähte gehen
dann durch ein Bad mit geschmolzenem Zink (Temperatur 425—475°). Der
Zinkverbrauch ist am geringsten, wenn der Draht sich mit einer derartigen
Geschwindigkeit vorwärts bewegt, daß er kurz vor Verlassen des Zinkbades
dessen Temperatur annimmt. Die tief gerillten Scheiben, auf denen der ver-
zinkte Draht aufgehaspelt wird, haben maschinellen Antrieb, wodurch die Bewegung der Drähte durch die Verzinkungsstraße erfolgt. Der Stoffverbrauch
beträgt, bezogen auf das Gewicht des verarbeiteten Drahtes, 0,235% Säure
und 0,75% Zink.

Für die Blechverzinkung werden die Eisenbleche erst gut mit Säure gebeizt,
dann in Salmiaklösung gelegt und schließlich in ein Bad mit geschmolzenem
Zink getaucht, das zum Schutz gegen Oxydationen mit Salmiak bedeckt ist.
Die so erhaltenen galvanisierten Eisenbleche finden zur Dachdeckung Verwendung.

b) Verzinnung. Zur Verzinnung von Eisenblechen werden dieselben (meistens Flußeisenbleche) erst mit Säure gründlich gebeizt, dann gespült und getrocknet, hierauf in Flammöfen auf helle Rotglut erhitzt und mit polierten Hart-
walzen glänzend gewalzt. Es folgt nun ein nochmaliges Glühen, um die durch das
Walzen entstandene Sprödigkeit zu beseitigen, dann wird wieder gebeizt, um neu-
gebildete Oxyde zu entfernen und nach gründlicher Neutralisation und Wasserspülung, Eintauchen in das Zinnbad, das zur Vermeidung von Oxydationen mit
einer Schicht von Zinnchlorid bedeckt ist. Hierauf wird das Blech sofort gewalzt,
wobei das überschüssige Zinn in das Zinnbad zurückfließt. Das so verzinnte
Eisenblech, sogenanntes Weißblech, findet in der Spenglerei ausgedehnte Verwendung. Auch Verzinnungsmaschinen sind gebräuchlich, bei denen die sämtlichen beschriebenen Einzelverfahren mechanisch ausgeführt werden. Ganz entsprechend werden Drähte, Nägel und Gußteile verzinnt [1].

c) Verbleiung. Auch das Verbleien von Eisenblech erfolgt in einer ganz
ähnlichen Weise [2].

77. Sherardisierung.

In Umlauftrommeln werden die Stücke mit dem Überzugsmetall (Zink,
Aluminium) in Staubform gemischt und auf die Schmelztemperatur des Über-
zugsmetalls erhitzt. Das Verfahren gestattet ein Erhitzen bis 1000° C, ist jedoch
bei solchen Stücken (Federn) nicht anwendbar, die Temperaturen über 300°
nicht vertragen können.

78. Spritzguß.]

Leicht schmelzbare Metalle oder Legierungen werden flüssig aus einem als
Pistole bezeichneten Apparat mit einem Luftdruck von 2 at gegen den zu überziehenden Gegenstand gespritzt. Gebräuchlich sind Bleilegierungen mit Anti-

---

[1] Ganz ähnlich wird das Kupfer verzinnt.

[2] Zu den mechanischen Metallüberzügen gehören auch die Nickelplattierungen, bei
denen Eisenplatten mit dünnen Nickelplatten vereinigt und zu Blechen ausgewalzt werden.
In ähnlicher Weise werden Kupferplatten mit Gold oder Silber oder auch mit Aluminium
plattiert.

mon, Zinnlegierungen mit Antimon oder Kupfer, Zinklegierungen mit Zinn oder
Aluminium und Aluminiumlegierungen mit Kupfer, Nickel oder Silizium.

79. Brünierung.

Eine rostschützende Schicht von Eisenoxydul wird erzeugt, indem man das
Eisenstück auf 650° C erhitzt und Wasserdampf darauf einwirken läßt. Das
gleiche erreicht man mit Eisenvitriol und Eisenchlorid. Auch durch Schwefelantimon, Chromate oder Bleiverbindungen kann man luftbeständige Schichten
auf dem Eisen erzeugen.

80. Emailleüberzüge.

Je nach den zu verarbeitenden Gegenständen unterscheidet man Platten-
und Geschirr-Emailliererei. Die praktische Ausführung des Verfahrens
besteht darin, daß die Eisengegenstände erst gut gebeizt und entfettet und darauf
mit der im Wasser angerührten Emailliermasse bedeckt werden, die dann, im Ofen
schmelzend, die Glasur bildet. Als Emailliermasse werden die verschiedensten
Gemische gebraucht. Bleihaltige Glasuren sind für Speisegeschirre wegen der
Giftigkeit zu vermeiden. In vielen Fällen empfiehlt es sich, erst eine Grundmasse aufzutragen, die mit dem Eisen in unmittelbare Berührung kommt, und
darüber eine Deckmasse zu legen.

Als Grundmasse benutzt man ein Gemisch von 25,1 Teilen Feldspat, 45,2
Teilen Borax, 20,1 Teilen Quarz, 4 Teilen Flußspat und 5 Teilen Salpeter. —
Die Deckmasse besteht aus 13,5% Quarz, 47,2% Feldspat, 0,9% Soda, 23%
Borax und 15,4% Kryolith.

Die gleichmäßig aufgetragene Masse wird getrocknet und dann im Ofen bis
zum Übergang in den teigartigen Zustand erhitzt, darauf sorgfältig gekühlt, um
das Entstehen von Rissen zu vermeiden. Für die Herstellung von Schildern
werden Schrift und Verzierungen durch Oxyde verschiedener Metalle buntfarbig
aufgetragen. — Emaillierte Gegenstände müssen vor Stoß geschützt werden, da
sonst leicht Rißbildung eintritt, die ein Rosten des darunter befindlichen Metalls
zur Folge haben kann.

81. Ölfarbenüberzüge.

Zu Ölfarbenanstrichen werden die Eisenstücke ebenfalls erst gut gereinigt,
namentlich von Oxydschichten, Guß- und Walznähten und Gießsand. — Reiner
Leinölfirnis gibt leicht einen blätternden Anstrich, man setzt daher Bleimennige
Pb_3O_4, Eisenmennige Fe_2O_3 oder Graphit zu und läßt dem Grundanstrich einen
zweiten folgen, bestehend aus Leinölfirnis mit Bleiweiß, Graphit, Zinkstaub
oder Kreide. Man bezeichnet den ersten Anstrich wohl auch als Grund-, den
zweiten als Deckfarbe. Für letzteren Zweck liefern die chemischen Fabriken
fertige Gemische in allen gewünschten Farbtönen von sehr verschiedener Zusammensetzung und jedem erforderlichen Grad der Haltbarkeit.

Um einen gleichmäßigen Überzug zu bekommen, müssen Vertiefungen und
poröse Stellen erst mit Spachtelkitt ausgefüllt werden, einem Gemisch von Kreide,
Bleiweiß, Leinöl und Terpentin, das mit dem Spachtel aufgetragen wird, einem
aus Holz oder Eisen bestehenden Werkzeug mit gerader Streichkante zum Aus-
breiten des Kittes. Letzterer wird nach dem Trocknen mit Glaspapier ab-
geschliffen und dann erst die Farbe aufgetragen.

82. Organische Überzüge.

Es sind dies Stoffe, die entweder unmittelbar tierischen, pflanzlichen oder mineralischen Ursprungs sind, oder aus solchen dargestellt werden. Hierher gehört:

a) Einfetten mit Talg und einem Bleiweißzusatz. Der Talg darf aber nicht ranzig sein (saure Reaktion), weil er sonst das Eisen angreift;

b) Anstreichen mit Terpentin oder Erdölbestandteilen. Dies Verfahren ist aber nur dann anwendbar, wenn die Gegenstände nicht der Sonnenwärme ausgesetzt sind, weil der Anstrich sonst abfließt;

c) Teer, Pech oder Gemische von Teer mit Wachs, Schwefel, ferner Graphitanstriche;

d) Kautschuk in Terpentinöl oder Guttapercha in Benzin. Hartgummi und Zelluloid für Isolatoren und für Schiffswellen; Zaponlack (Schießbaumwolle in Amylazetat) für feinere Apparate, namentlich auch für Kupfer und Messing gebräuchlich.

Löten und Schweißen.

83. Lötverfahren.

A. Zweck des Lötens.

Wir haben als Rostschutzmittel die Metallüberzüge kennen gelernt, die mit dem darunterliegenden Eisen (oder sonstigem anderen Metall) an der Berührungsstelle allem Anschein nach eine Legierung bilden. Denkt man sich nun zwei Metallstücke gleichzeitig mit ein und demselben derartigen Überzug bedeckt, so wird eine feste Verbindung beider Metallstücke erreicht. Auf diesem Grundsatz beruht das Löten. Elektrolytische Metallniederschläge zum Zwecke der Verbindung der zu vereinigenden Stücke werden nur selten ausgeführt, meistens wird das Metall im geschmolzenen Zustand mechanisch aufgetragen, man bezeichnet es als das Lot.

B. Die Lote.

Man unterscheidet Weich- und Hartlote. Das gewöhnliche Weichlot ist eine Blei-Zinnlegierung oder reines Zinn; für gewisse Sonderzwecke werden auch leichtschmelzende Legierungen, wie Lippowitz- und Woodmetall, verwendet. Hartlot ist eine dem Messing ähnliche Kupfer-Zinklegierung. Andere Bezeichnungen sind für Weichlot als Schnellot und für Hartlot als Schlaglot.

Das Lot muß immer so gewählt sein, daß sein Schmelzpunkt möglichst tief unter demjenigen der zu verbindenden Metallstücke liegt. Das Hartlot kann daher nur bei solchen Metallen angewandt werden, die, wie Eisen, Kupfer und Messing, vor dem Schmelzen erglühen. Bei leicht flüssigen Legierungen werden Lippowitz- und Woodmetall verwendet, deren Schmelzpunkt unter dem Siedepunkt des Wassers liegt. — Die Hartlötung gestattet eine nachträgliche Bearbeitung mit dem Hammer, infolge der großen Festigkeit. Aus dem gleichen Grunde kann man auch zwei Blechstücke durch Hartlötung ohne Überlappung der Ränder, also stumpf zusammenstoßend, miteinander verbinden, was bei der Weichlötung unmöglich ist.

C. Die Lötmittel.

Da es sich, wie erwähnt, um eine Legierung des Lotes mit den zu verbindenden Metallen handelt, so müssen die in Betracht kommenden Metallflächen vorher von jeder Oxydschicht durch das Lötmittel befreit werden. Beim Weichlöten benutzt man hierzu Salzsäure oder besser die Lösung eines Gemisches von Zinkchlorid und Salmiak, das Lötwasser, auch wohl Kolophonium oder Lötfett (Stearin und Salmiak), zum Hartlöten Borax oder Phosphorsalz (Natriumphosphat). Bei manchen dieser Erzeugnisse ist auch das Lot in Form von Schnitzeln gleich mit dem Lötmittel (Salmiak) vermischt (Fludor, Tinol).

D. Ausführung der Lötung.

Beim Auftragen des Lotes muß die Lötstelle stets mit dem Lötmittel bedeckt sein. Das Lot ist hierbei im flüssigen Zustand anzuwenden, und zwar wird beim Weichlöten mit dem erhitzten Lötkolben (vgl. Abb. 87), einem hammerförmigen Werkzeug, mit einem Kopf aus verzinntem Kupfer, über das Lot gestrichen, das dabei flüssig wird und sich leicht auf die zu verbindende Stelle mit dem Lötkolben übertragen läßt. Statt den Lötkolben immer wieder mit der Lötlampe (Abb. 88), zu erwärmen, kann man ihn auch mit einer Heizvorrichtung versehen, indem man im Handgriff eine Benzin- oder Spirituslampe oder einen elektrischen Wider-

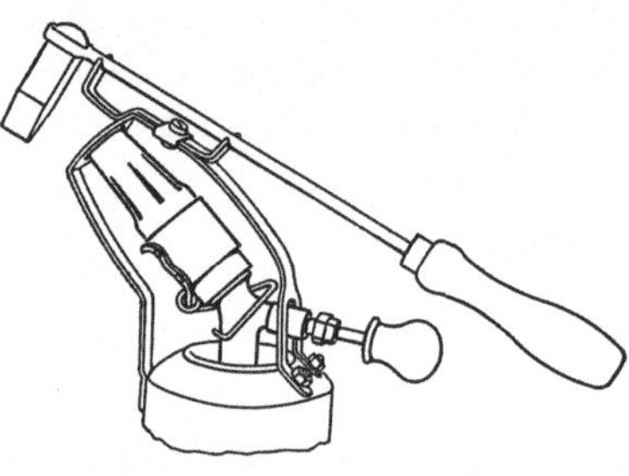

Abb. 87. Lötkolben [1].

stand anbringt (Abb. 89). Beim Hartlöten werden die Stücke derartig durch Draht miteinander verbunden, daß die zu vereinigenden Kanten sich berühren, dann trägt man Lot und Lötmittel auf und erhitzt mit der Lötlampe.

Für große Stücke empfiehlt es sich, dieselben in das in einem Herd geschmolzene (mit Lötmittel bedeckte) Lot einzutauchen. Äußerst feine kleinere Gegenstände werden mit Silber gelötet (auch solche aus Eisen, die keine sichtbare Lötstelle haben sollen). Da man nun solche kleine Gegenstände weder in das Feuer bringen, noch mit der Zange anfassen kann, so erwärmt man sie mittelst eines Lötrohrs (Blasrohr) in der Spiritus- oder Gasflamme (Abb. 90). Das Kupfer wird mit Zinnlot weich und mit Schlaglot hart gelötet, ebenso wie der Stahl. Das Gußeisen wird mit Zinn weich gelötet; zur Hartlötung mit Messing-

Abb. 88. Lötlampe.

schlaglot wird die Lötstelle vorher mit oxydierenden Mitteln (Ferrofix genannt) behandelt, um sie in Stahl durch Kohlenstoffentziehung zu verwandeln. Zinn und

---

[1] Die Abb. 87—89 stellen Apparate der Firma Gustav Barthel in Dresden dar.

Zink werden mit Zinn oder Zinnlegierungen gelötet, das Platin mit Gold. Für Blei ist meist, besonders bei Akkumulatoren, die Lötung mit dem Knallgas-

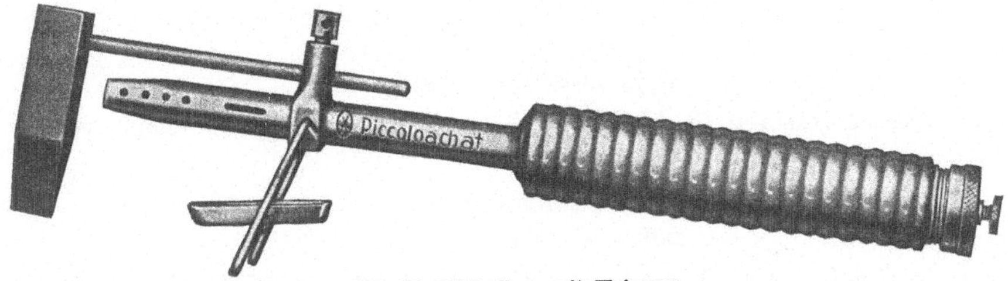
Abb. 89. Lötkolben mit Heizung.

gebläse, also ohne Lot, gebräuchlich, welches Verfahren auf dem raschen Zusammenschmelzen der Ränder der zu vereinigenden Bleistücke beruht. Nur ganz vereinzelt wird das Blei mit Zinn gelötet.

E. Aluminiumlote.

Die Vorschriften zur Lötung des Aluminiums sind außerordentlich verschieden, ein allen Anforderungen genügendes Verfahren gibt es bis

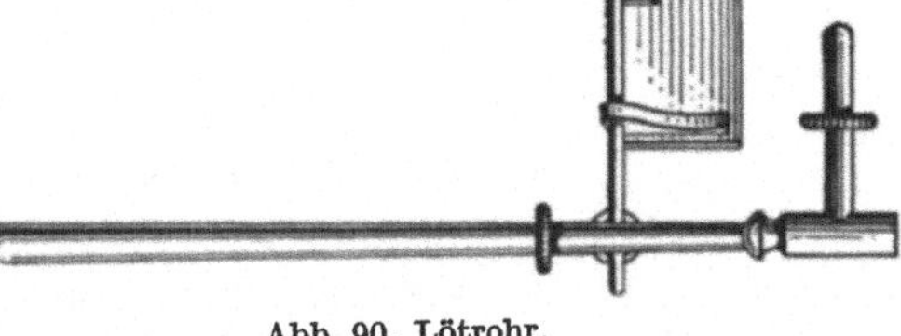
Abb. 90. Lötrohr.

jetzt kaum. — Sehr empfohlen wird der allerdings recht umständliche Weg, die Lötstellen erst elektrolytisch zu verkupfern, dann mit Schlaglot zu löten. Ein gutes Aluminiumlot besteht aus 17% Aluminium, 2,3% Magnesium, 0,7% Nickel und 80% Zinn. Ein brauchbares Weichlot für Alumniumbronze wird aus 44,5% Zink und 55,5% Kadmium, und ein Hartlot für diese Legierung aus 52% Kupfer, 46% Zink und 2% Zinn hergestellt.

Die Dauerhaftigkeit der Aluminiumlötung wird durch einen nachfolgenden Lackanstrich erhöht.

84. Ofenschweißung.

A. Vorbemerkung.

Das Schweißen ist die Vereinigung zweier Metallstücke im hocherhitzten Zustand, wobei, im Gegensatz zum Lötverfahren, kein anderes Metall zur Herstellung der Verbindung gebraucht wird. Für uns ist das Schweißen des Stahls am wichtigsten. — Wir unterscheiden vier Schweißverfahren, nämlich: Ofenschweißung, Thermitschweißung, Autogenschweißung und Elektroschweißung.

B. Ausführung der Ofenschweißung.

Die Schweißtemperatur liegt für kohlenstoffarmen Stahl bei Weißglut, für kohlenstoffreichen bei Rotglut; zu hoch erhitzter Stahl verbrennt (vgl. verbranntes Eisen). Zum Erhitzen dient ein Koksfeuer mit Gebläse, auch Wassergasschweißung (Wassergas, das in einer Düse mit Luft gemischt ist) wird angewandt. Die zu verbindenden Metallflächen müssen auch hier frei von Oxyd sein. Um die Bildung desselben zu verhüten, oder etwa vorhandenes zu beseitigen, wendet man die Schweißpulver (Flußmittel) an, die die zu vereinigenden Flächen bedecken, bis die Schweißung erfolgt.

Als Schweißpulver für kohlenstoffreichen Stahl dient ein Gemisch von

40% Borax,
35% Kochsalz,
15% gelbes Blutlaugensalz,
10% kalzinierte Soda.

Für kohlenstoffarmen Stahl gebraucht man dagegen ein Gemisch von

50% Borax,
25% Salmiak und
25% Wasser.

Dasselbe wird gekocht und, nachdem es erhärtet ist, mit $\frac{1}{3}$ rostfreien Eisenfeilspänen vermengt.

Die Vereinigung der beiden zusammenzuschweißenden Eisenstücke, die auf die angegebene Temperatur erhitzt sind, erfolgt dann unter dem Schmiedehammer bzw. der Schmiedepresse.

85. Thermitschweißung.

A. Erklärung der chemischen Vorgänge.

Bereits vor Einführung des Thermitverfahrens war in Amerika versucht worden, die für die Verschweißung von Eisenbahnschienen erforderliche Temperatur durch Umgießen mit hochüberhitztem, sehr dünnflüssigem Gußeisen zu erreichen.

Das 1894 entdeckte Thermitverfahren von Th. Goldschmidt, A.-G., in Essen (Ruhr), auch Aluminothermie genannt, beruht darauf, daß das Aluminium ein gutes Reduktionsmittel ist, indem es anderen Metalloxyden den Sauerstoff entzieht und dabei in Aluminiumoxyd Al_2O_3 übergeht. Bei der Umsetzung wird infolge der hohen Verbrennungswärme des Aluminiums von 7200 kcal/kg eine Temperatur von 3000° erzeugt, die man zum Schweißen nutzbar macht. Als Metalloxyde kommen hauptsächlich diejenigen des Eisens, des Chroms und des Mangans in Betracht; die Mischung derselben mit Aluminium ist die sogenannte Thermitmasse oder kurz das Thermit (Eisenthermit, Chromthermit, Manganthermit). Die Umsetzung beim Eisenthermit ist z. B.:

$$Al_2 + Fe_2O_3 = Al_2O_3 + Fe_2.$$

Ebenso würde bei Anwendung der anderen Thermite reines metallisches Chrom bzw. Mangan entstehen; auch Molybdän, Wolfram und viele andere, sonst schwer darstellbare Metalle lassen sich auf diesem Wege vollkommen rein herstellen. — Das Aluminiumoxyd Al_2O_3, das als zweiter Bestandteil der Umsetzung entsteht, scheidet sich als künstlicher Korund ab und wird unter dem Namen Korubin als Schleifmittel gebraucht.

Zum Thermitschweißverfahren wird das betreffende Metalloxyd und das Aluminium, beide in Pulverform gemischt, in einen Tontiegel mit Magnesiafutter zur Entzündung gebracht. Als Entzündungsgemisch gebraucht man Aluminiumpulver mit Bariumsuperoxyd BaO_2, das durch ein Sturmstreichholz zum Entflammen gebracht wird. Während des Vorganges füllt man ständig Thermit nach, damit die am Boden des Tiegels sich allmählich sammelnde glühende Masse stets bedeckt ist. Der Thermittiegel kann nun entweder durch Kippung oder

Bodenöffnung entleert werden. Hierauf beruhen die drei Ausführungsarten der Thermitschweißung, nämlich Stumpfschweißung, Umgießverfahren und kombinierte Schweißung.

B. Stumpfschweißverfahren oder Druckschweißung.

Es wird für Rohre, Wellen und Schienen angewendet. Ausführung: Die beiden zu vereinigenden Werkstücke werden mit je einer Klammer umfaßt, die durch Schraubenspindeln derart verbunden sind, daß beim Anziehen der Schraubenspindelmuttern die zu verschweißenden, metallisch blank gemachten Stirnflächen sich innig berühren. Um die Schweißstelle wird alsdann eine Gußeisenform gebracht, die das flüssige Thermit aufnimmt. Da der Tiegel hier durch Kippen entleert wird, und daher die Schlacke zuerst in die Form fließt, wird verhindert, daß das später nachfließende Thermiteisen mit der

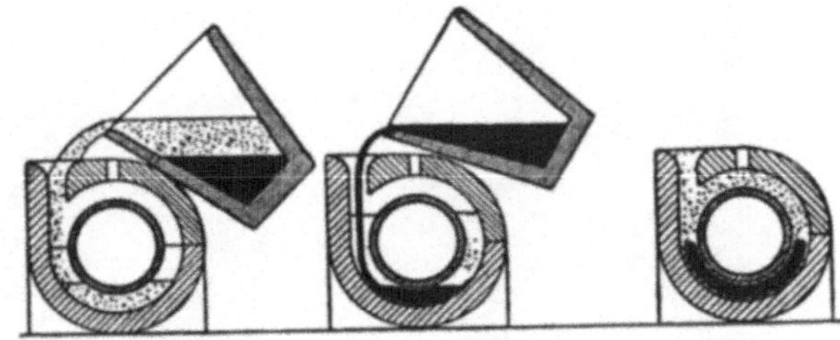

Abb. 91. Stumpfschweißung von Röhren.

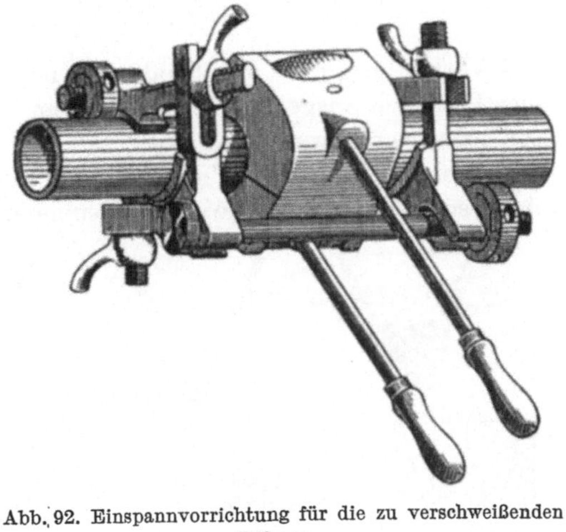

Formwand bzw. dem Werkstück in Berührung kommt; denn die vorher eingefüllte Schlacke erstarrt sofort und läßt das flüssige Eisen nicht mehr durch. Man kann daher Eisenformen verwenden. Die erstarrte Schlacke ist glasartig, so daß das Werkstück durch einige Hammerschläge von der Hülle nach Erkaltung befreit werden kann. Das Thermit gibt also seine Wärme an das Werkstück ab und bringt dieses auf Schweißhitze, so daß die zu verbindenden Teile durch Stauchdruck vereinigt werden können. Der Stauchdruck wird hervorgerufen durch Anziehen der Spindelmuttern an den Spindeln, die die beiden Klammern miteinander verbinden. Nach Entfernung der abgesprengten, erkalteten Thermitmasse ist an der Schweißstelle nur eine kleine wulstartige Verstärkung bemerkbar, die durch das Stauchen hervorgerufen, sich leicht abarbeiten läßt. Abb. 91 und 92 zeigen das Schweißen von Röhren nach diesem Verfahren nebst der Einspannvorrichtung.

C. Umgieß- oder Schmelzgußverfahren.

Hier wird der Abstich des Thermittiegels mittelst einer Bodenöffnung

Abb. 92. Einspannvorrichtung für die zu verschweißenden Röhren.

bewirkt. Es fließt das spezifisch schwerere Thermiteisen zuerst aus und verschmilzt infolge seiner hohen Überhitzung sofort mit allen Metallteilen, mit denen es in Berührung kommt. Daher sind Schamottformen erforderlich, und das Thermiteisen wird sich mit dem Werkstück selbst verbinden, indem es als Zwischenguß eine absichtlich hergestellte größere Lücke zwischen den zu verschweißenden Teilen ausfüllt und eine bleibende Thermitlasche als verstärkenden Wulst um die Verbindungsstelle bildet. ¦Auf diese Weise werden Schienen geschweißt, die bereits eingepflastert sind und nur an den Stößen freigelegt zu werden brauchen, indem man sie an Fuß und Steg verschmilzt; die Schienenköpfe gehen dabei keine metal-

Abb. 93. Ausgebessertes Lager.

lische Verbindung ein. Die Stoßfuge wird vor dem Guß durch ein fest eingetriebenes Paßblech ausgekeilt, das an seinem unteren Ende später mit der Thermiteisenlasche verschweißt.

Verwendet man das Umgießverfahren zu Ausbesserungen größerer Werkstücke, so ist in jedem Falle zu untersuchen, ob die Bruchstelle mit einer Thermitlasche umschmolzen werden kann, und ob nicht schäd-·liche Spannungen infolge der örtlichen Erwärmung eintreten, die an anderen Stellen des Werkstücks einen Bruch herbeiführen. Es kann dies leicht eintreten, wenn das zu verschweißende Stück keine freien Enden hat, die sich ungehindert ausdehnen können, sondern ein geschlossenes Ganzes bilden, wie z. B.

Abb. 94. Kombiniertes Verfahren.

ein Schwungrad. In solchen Fällen muß man durch künstliche Erwärmung der gefährdeten Stellen die Spannungen zu vermeiden suchen. — Abb. 93 zeigt das mittelst Thermit ausgebesserte Lager einer Maschine.

D. Kombiniertes Verfahren.

Das kombinierte Verfahren ist eine Vereinigung der beiden bisher besprochenen, das zur Verbindung von Straßenbahnschienen bei Neuanlagen in Frage kommt.

Die Köpfe werden an der Stoßstelle durch reine Stumpfschweißung vereinigt, Fuß und Steg durch Umgießung. Die Ausführung erfolgt in der Weise, daß der Tiegel durch die Bodenöffnung entleert wird, wobei zunächst das Thermiteisen ausfließt und Fuß und Steg bedeckt, dann die Schlacke, die den Kopf an der Stoßstelle verschweißt (Abb. 94—96). Außer zur Schweißung, findet das Thermitverfahren auch in

Abb. 95. Schienenschweißung.

der Hüttentechnik verschiedene Verwendung, namentlich zur Vermeidung der Lunkerbildung (Hohlräume in den Gußstücken).

Abb. 96. Schienenschweißung.

86. Autogenschweißung.

A. Vorbemerkung.

Die Autogenschweißung (autogen = selbsterzeugend) verbindet die Stücke ohne Schweißmittel und ohne Hämmern, Pressen oder sonstige mechanische Bearbeitung der Schweißenden. Das Verfahren beruht auf der hohen Verbrennungswärme von Wasserstoff, Azetylen-Benzin, Benzol, Blaugas, Leuchtgas usw. im reinen Sauerstoff, so daß die Schweißenden zusammenschmelzen. Hauptsächlich werden Wasserstoff-Sauerstoffschweißung einerseits, und Azetylen-Sauerstoffschweißung andererseits angewendet.

B. Wasserstoff-Sauerstoffschweißung.

Der Wasserstoff hat, wie erwähnt, einen Heizwert von 34 100 kcal/kg; man kann im Knallgasbrenner, in dem H und O in geeigneter Weise vereinigt werden, die höchsten Temperaturen erzeugen. Bei dem früher ausschließlich benutzten Knallgasbrenner oder Daniellschen Hahn (Abb. 97), der aus zwei ineinandergeschobenen Röhren a und b besteht, die in Düse d endigen, wird der Wasserstoff durch a, der Sauerstoff durch b zugeführt, die, an der Düse sich vereinigend, die sehr heiße Flamme geben, die man zum Platinschmelzen und Bleilöten benutzt, sowie zum Kalklicht. Letzteres beruht darauf, daß ein Stück Kreide im Knallgasgebläse erhitzt, in helle Weißglut gerät, die zu Lichtsignalen (Scheinwerfern) und für Lichtbilderapparate benutzt wird. — Für Schweißzwecke ist der Knallgasbrenner der Drägerwerke (Lübeck) geeigneter (Abb. 98), bei dem beide Gase vor

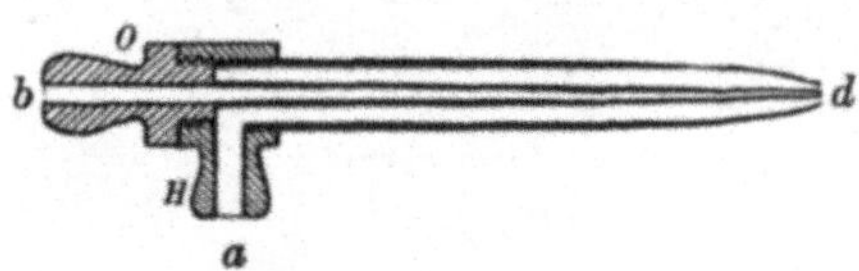

Abb. 97. Knallgasbrenner.

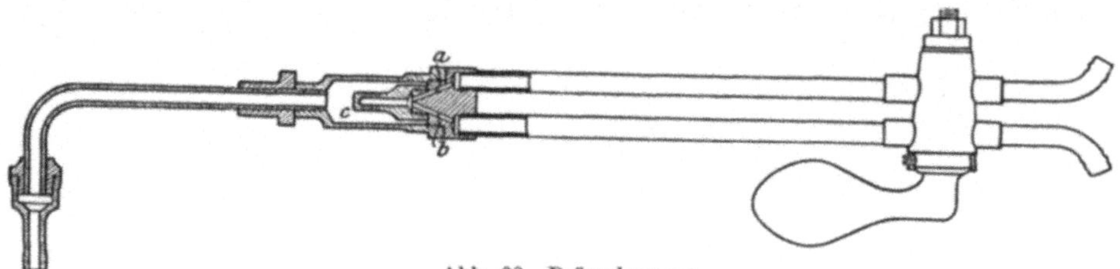

Abb. 98. Drägerbrenner.

Austritt miteinander gemischt werden. Wasserstoff und Sauerstoff treten durch die spitzwinklig zulaufenden Kanäle a und b in die Mischkammer c ein. Durch die saugende Wirkung der beiden Gase aufeinander ist ein Rückschlagen des einen in die Leitung des anderen ausgeschlossen. Der Durchmesser der aufgeschraubten Mundstücke muß der austretenden Gasmenge bzw. der Stärke der zu schweißenden Bleche angepaßt sein; zu große Austrittsgeschwindigkeit stört die im Fluß befindlichen Massen, zu geringe hat ein Zurückschlagen der Flamme zur Folge. — Damit beim Schweißen keine Oxydation der Arbeitsstücke stattfindet, darf das Verhältnis der Mischung zwischen dem Wasserstoff und Sauerstoff nicht zwei Teile H und ein Teil O sein, sondern vier Teile H auf ein Teil O[1]. Es ist daher ein unmittelbarer Anschluß des Schweißapparates an die elektrische Wasserzersetzungsanlage ausgeschlossen, es sei denn, daß noch anderweitig H erzeugt wird. Man pflegt daher meistens beide Gase in Stahlflaschen unter Druck zu beziehen. Die Zuführung der Gase zu den Schweißbrennern erfolgt dann durch Schläuche. Von besonderer Wichtigkeit ist die Ausrüstung der Stahlflaschen zur Regelung der Gaszufuhr und Herstellung des richtigen Mischungs-

---

[1] Durch dieses Mischungsverhältnis ist für Schweißzwecke die Temperatur der Wasserstoffsauerstofflamme niedriger als diejenige der Azetylensauerstofflamme.

verhältnisses. An den Stahlflaschen wird das Druckverminderungsventil angebracht. Abb. 99 zeigt ein solches der I. G. Farbenindustrie, Werk Griesheim Elektron.

Bei Inbetriebsetzung wird erst Wasserstoff in den Brenner eingeleitet und entzündet, dann Sauerstoff zugeführt. Der heißeste Teil der Flamme, der etwa 10 mm von der Brennerspitze entfernt liegt, wird zur Bestreichung der Schweißenden benutzt, die hierdurch auf Schweißtemperatur gebracht werden. Bei Blechen bis zu 3 mm Dicke werden die zu verschweißenden Kanten gut passend aneinander gestoßen und durch Bestreichen mit dem Brenner verbunden. Bei Blechen von 3—8 mm Dicke werden die Kanten gegeneinander abgeschrägt und die entstehende Nut mit geschmolzenem Schweißdraht ausgefüllt (Abb. 100).

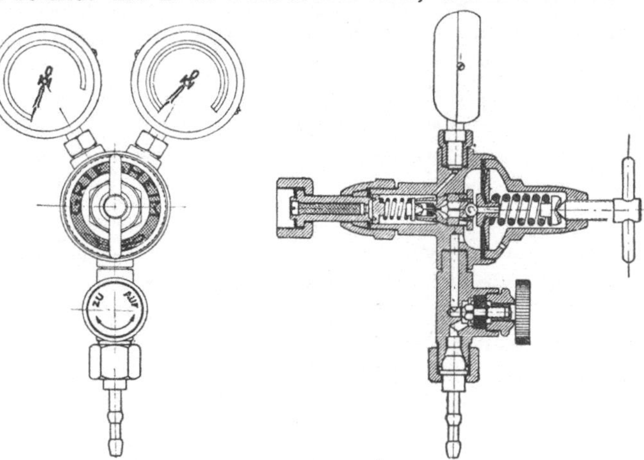

Abb. 99. Druckverminderungsventil.

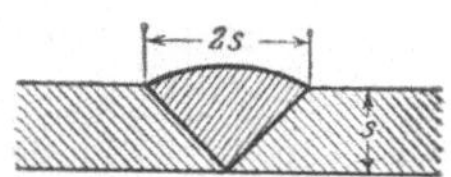

Abb. 100 Schweißung
3—8 mm dicker Bleche.

Bei 8—10 mm dicken Blechen ist Vorwärmung erforderlich, oder, ebenso wie bei noch stärkeren, Azetylen-Sauerstoffschweißung (vgl. unter D). Sind die Bleche dünner als 0,2 mm, so muß man den Sauerstoff mit Stickstoff verdünnen, um zu vermeiden, daß in das Blech Löcher gebrannt werden. Die Abb. 101—102 zeigen Werkstücke, die nach diesem Wasserstoff-Sauerstoffverfahren geschweißt sind.

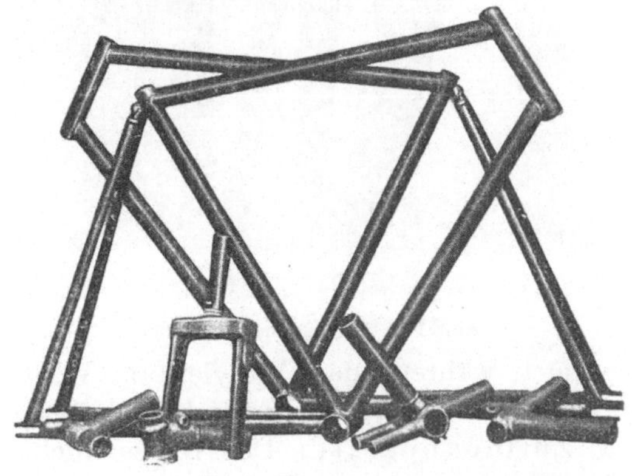

Abb. 101—102. Autogen geschweißte Werkstücke.

10*

C. Autogenes Schneiden.

Umgekehrt kann man mit Hilfe der Wasserstoff-Sauerstoffflamme auch Eisenteile trennen, durch Durchbrennen, oder, wie man zu sagen pflegt, durch autogenes Schneiden. Das Verfahren besteht im wesentlichen darin, daß die zu durchschneidende Stelle mittelst der Wasserstoff-Sauerstoffflamme auf die Verbrennungstemperatur des Eisens erhitzt und dann durch Sauerstoff, der unter 30 at Druck dagegen strömt, verbrannt wird.

Durch die Verbrennungswärme des Eisens werden die benachbarten Metallteile geschmolzen und so das ganze Stück in der verlangten Richtung durchgeschnitten (durchgebrannt), indem der Brenner entsprechend weiter bewegt wird. Die Arbeitskosten sind gering, der Schnitt glatt und scharf begrenzt. Vorzeichnung des Schnittes mit dem Körner.

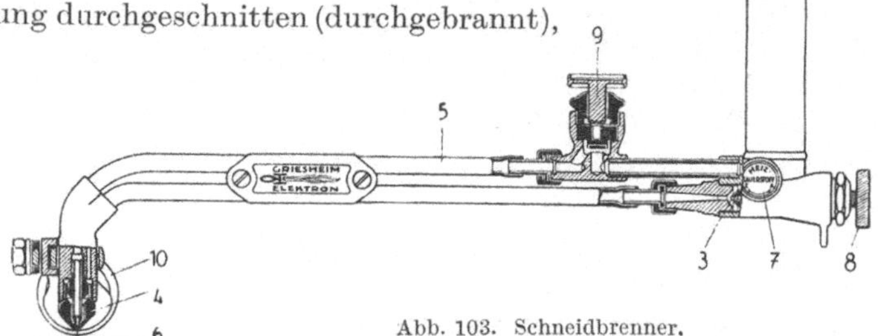

Abb. 103. Schneidbrenner.

Abb. 103 zeigt den Schneidbrenner der I. G. Farbenindustrie, Werk Griesheim-Elektron und Abb. 104 den Handschneideapparat des genannten Werkes. Die Schnittgeschwindigkeit beträgt 180—250 mm/min, die Breite der Schnittbahn 2—4 mm. In Abb. 105—106 werden Brenner mit Führung für geradlinige und runde Schnitte dargestellt. Die wichtigsten Anwendungen sind zum Schneiden von Mannlöchern und Stutzenlöchern in Eisenblechen, Abschneiden von Profileisen, Schneiden von Panzerplatten, raschen Abbau von alten Brücken, bei Aufräumungsarbeiten bei Eisenbahnunfällen u. a. m.

Abb. 104. Handschneideapparat.

D. Azetylen-Sauerstoffschweißung.

Auch bei diesem Verfahren wird der in Flaschen unter Druck befindliche Sauerstoff verwendet, während das Azetylen am Verbrauchsort selbst erzeugt wird. Bei den zahlreichen Azetylen-Entwicklern unterscheidet man 3 Arten:

a) Zuflußapparate: Das Wasser fließt zum Kalziumkarbid.

b) Tauchapparate: Das Kalziumkarbid wird dem Wasser zugeführt.

c) Berührungsapparate: Wasser und Kalziumkarbid werden abwechselnd miteinander in Berührung gebracht.

Abb. 105.

Einen Tauchapparat zeigt Abb. 107. Zur Inbetriebsetzung leitet man in den Apparat so lange Wasser, bis dasselbe beim geöffneten Probierhahn G herausläuft. Hierauf schließt man den Hahn G und füllt den Reservekarbidbehälter C_1 mit Karbid (Körnung 4—7 mm). Sobald dieser Behälter voll ist, bewegt man den Doppelschlüssel Y nach abwärts, wodurch der Abschlußhahn V geschlossen und gleichzeitig der Verbindungshahn U geöffnet wird. Nunmehr ergießt sich der Inhalt von C_1 in den darunter befindlichen eigentlichen Karbidbehälter C. Durch Aufwärtsbewegung des Doppelschlüssels wird der Verbindungshahn geschlossen und der Abschlußhahn wieder geöffnet, worauf man den leer gewordenen Karbidbehälter aufs neue füllt. Hierauf füllt man noch die Wasservorlage W durch das Trichterrohr T bis zum Probierhahn S mit Wasser und beschickt den Reiniger, wie in der Zeichnung angegeben, mit der Reinigungsmasse (Chlorkalk).

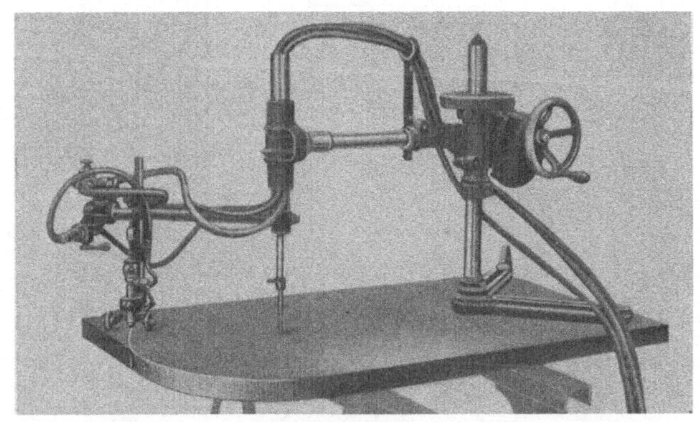

Abb. 160.
Abb. 105—106. Schneidbrenner für geradlinige und runde Schnitte.

Alsdann bewegt man den Anschlag J mittelst des außen am Apparat befindlichen Hebels etwas nach links, wodurch die Führungsstange E hinaufgedrückt wird und das in der Einwurfvorrichtung befindliche Karbid in den Entwickler A fällt. Das sich sofort entwickelnde Azetylen hebt die Gasglocke B an, die Führungsstange E sinkt herab und die Einwurfvorrichtung füllt sich von neuem mit Karbid. Der Anschlag J wird nun mittelst eines Stiftes in seiner höchsten Stellung befestigt, so daß beim Sinken der Glocke die Einwurfvorrichtung von selbst in Tätigkeit tritt, sobald die Glocke den tiefsten Stand erreicht hat und infolgedessen die Stange E durch den Anschlag J emporgedrückt wird. Um die im Apparat befindliche Luft zu entfernen, öffnet man den Hahn H und läßt das im Apparat befindliche Gasgemisch mittelst Gummischlauches

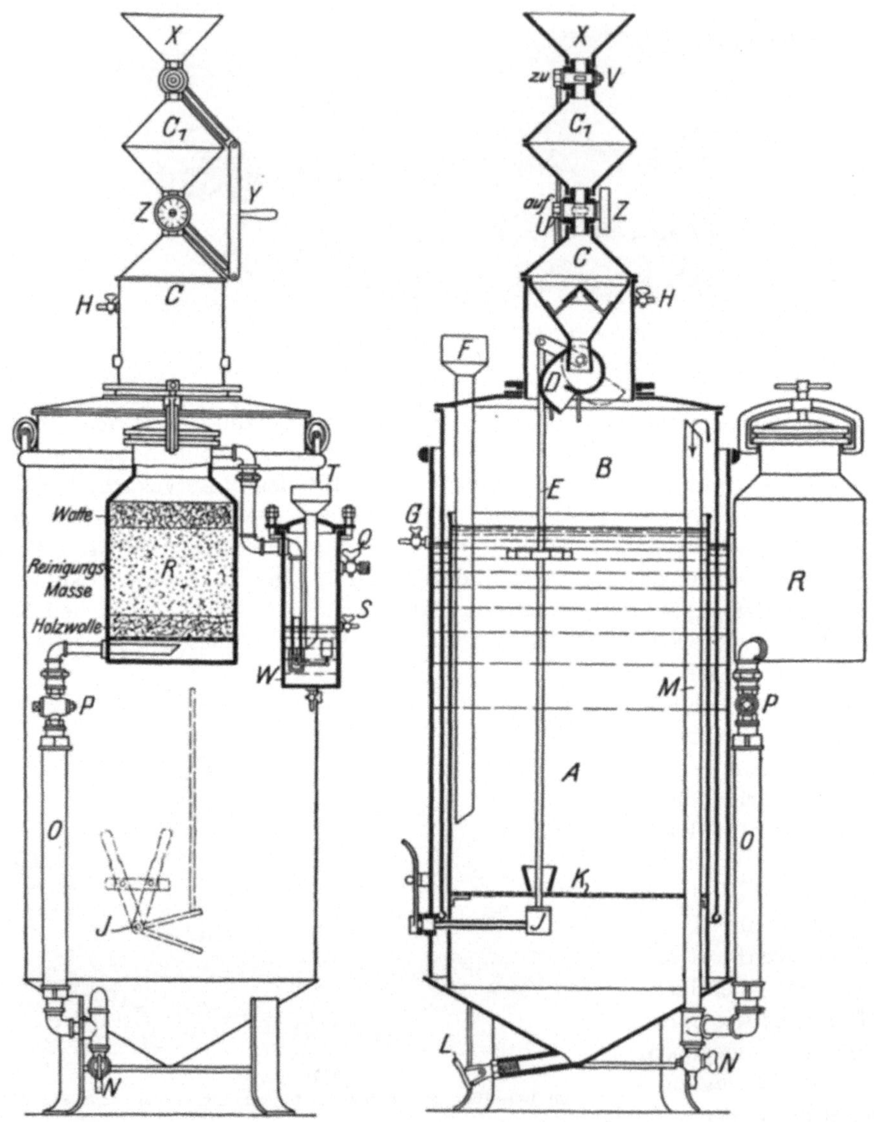

Abb. 107. Azetylenapparat.

A Entwickler, B Gasglocke, L Karbidbehälter, L_1 Reservekarbidbehälter, D Einwurfvorrichtung, E deren Hebel und Führungsstange, F Füllrohr, G Probierhahn, H Entlüftungshahn, J verstellbarer Anschlag, K Sieb, L Schlamm-hahn, M Gasrohr, N Entwässerungshahn, O Vorreiniger, P Gashahn, R chemischer Reiniger, W Wasservorlage mit Gashahn, Q, S Probierhahn, T Füllrohr, U Verbindungshahn, V Abschlußhahn mit Fülltrichter, X, Y Doppel-schlüssel, Z Zählwerk.

ins Freie entweichen, bis in der Glocke nur noch reines Gas vorhanden ist. Ist der Inhalt des Karbidbehälters C verbraucht, so läßt man durch schnelles Öffnen und Schließen der Hähne U und V den Inhalt des Reservekarbidbehälters in den Behälter C gelangen, so daß auf diese Weise die Neubeschickung mit Karbid während des Betriebes erfolgen kann. Es ist jedoch streng darauf zu achten, daß nicht mehr als drei Füllungen bis zur Erneuerung des Entwicklungswassers vergast werden. Zu diesem Zwecke ist auf dem Zwischenhahn U eine Zählvorrichtung angebracht, die die Zahl der Füllungen anzeigt. Sobald das rot angegebene Feld der Zählvorrichtung erscheint, ist dies ein Zeichen, daß nach Vergasung des im Behälter befindlichen Karbids das Entwicklungswasser erneuert werden muß. 1 kg Kalziumkarbid liefert bei 15⁰ C und 1 at 270—300 m³ Azetylen. Das sogenannte gelöste Azetylen ist S. 75 bereits besprochen.

Zur Schweißung benutzt man den Fouché-Brenner (ähnlich dem Daniellschen Hahn), bei dem der Sauerstoff unter 1—2 at Pressung eintritt, durch eine injektorartige Einschnürung das Azetylen ansaugt und so für eine gute Gasmischung sorgt. Das Zurückschlagen der Flamme wird bei dem Brenner durch die Ausströmungsgeschwindigkeit von 100—300 m/sek vermieden, sowie auch dadurch, daß die Leitung, die das Azetylen zuführt, in ein Bündel enger Röhren zerlegt ist, in denen die zurückschlagende Flamme durch den hohen Widerstand erstickt wird. Ein drittes Rohr (Abb. 108) führt Luft zur Kühlung des Brenners zu, um eine Zerlegung des Azetylens (Rußabscheidung) zu verhindern. Das Mischungsverhältnis der Gase beträgt 1 Teil Azetylen und 2,5 Teile Sauerstoff, wodurch eine Temperatur von weit über 3000⁰ erzeugt wird, die man, wie erwähnt, zum Verschweißen von Blechen über 10 mm Dicke gebraucht. Für die verschiedenen Blechstärken sind abweichende Gasmengen und daher zehn verschiedene Schweißbrenner erforderlich. Auch zum Schneiden wird die Azetylen-Sauerstoffflamme gebraucht.

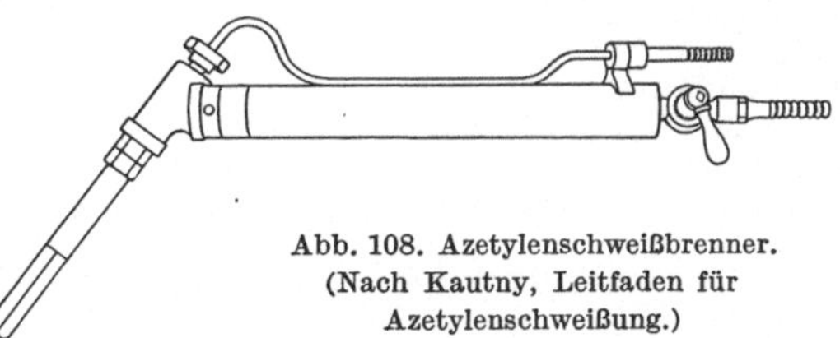

Abb. 108. Azetylenschweißbrenner.
(Nach Kautny, Leitfaden für
Azetylenschweißung.)

87. Elektrische Schweißung.

a) Zerener-Verfahren. Der Lichtbogen zwischen zwei Kohle-Elektroden und dem Metall dient zum Schweißen dünner Bleche und von Eisenfässern.

b) Bernardos-Verfahren. Der Lichtbogen zwischen einer Kohleelektrode und dem Metall (Gußeisen, Stahl, Kupfer, Aluminium) dient zum Schweißen. Das Verfahren wird auch zum Schneiden gebraucht.

c) Widerstandsschweißung. Das Stück wird durch Wechselstrom auf Schweißtemperatur erwärmt. Anwendung zum Erhitzen von Nieten, dann bei der Stumpf- und Naht-Schweißung, sowie zur Punktschweißung (Ersatz der Nietung).

Sachverzeichnis.

(Die Zahlen bedeuten die Seitenzahlen.)

Verlag von Julius Springer, Berlin

Lehrbuch der Chemie für technische Anstalten. Von Dr.-Ing. *Steuer*, Studienrat an den Staatlichen Vereinigten Maschinenbauschulen zu Magdeburg. Dritte Auflage. Vollständig neubearbeitet nach dem Lehrbuch der Chemie von Prof. Dr. *Düsing*. (Mit einer Beilage: Erläuterungen der Kesselspeisewasseruntersuchung. Von Dr.-Ing. *Steuer*. Mit 10 Abb. 32 S.) VII, 141 Seiten. 1927. Geb. RM 5.60 (Beilage einzeln RM 1.—.)

Einführung in die Chemie. Ein Lehr- und Experimentierbuch von *Rudolf Ochs*. Zweite, vermehrte und verbesserte Auflage. Mit 244 Textfiguren und 1 Spektraltafel. XII, 522 Seiten. 1921. Geb. RM 10.—

Einführung in die Chemie. Von Dr. *Heinrich Loewen*. Mit 15 Abbildungen im Text und 18 Aufgaben nebst Lösungen. (Technische Fachbücher, Bd. 6.) 131 S. 1927. (C. W. Kreidel's Verlag, München.) RM 2.25

Einführung in die anorganische Chemie. Von Prof. Dr. *W. Strecker* (Marburg). (Bd. VIII der „Verständlichen Wissenschaft".) Mit 14 Abbildungen. VI, 210 Seiten. 1929. Geb. RM 4.80

Fachausdrücke der physikalischen Chemie. Ein Wörterbuch von Prof. Dr. med. *Bruno Kisch* (Köln a. Rh.). Zweite, vermehrte und verbesserte Auflage. IV, 100 Seiten. 1923. RM 4.—

Anleitung zur organischen qualitativen Analyse. Von Dr. *Hermann Staudinger*, o. ö. Professor der Chemie, Direktor des Chemischen Universitätslaboratoriums Freiburg i. Br. Zweite, neubearbeitete Auflage unter Mitarbeit von Dr. *Walter Frost*, Unterrichtsassistent am Chemischen Universitätslaboratorium Freiburg i. Br. XV, 144 Seiten. 1929. RM 6.60

Unterrichtsprobleme in Chemie und chemischer Technologie im Hinblick auf die Anforderungen der Industrie. Antrittsvorlesung an der Technischen Hochschule, gehalten am 12. Januar 1927 von Prof. Dr. *Wolf Johannes Müller* (Wien). 17 Seiten. 1927. RM 1.—

Die Entwicklung der chemischen Technik bis zu den Anfängen der Großindustrie. Ein technologisch-historischer Versuch von Prof. Dr. phil. *Gustav Fester* (Frankfurt a. M.). VIII, 225 Seiten. 1923. RM 7.50; geb. RM 9.—

Lehrbuch der Physik in elementarer Darstellung. Von Dr.-Ing. E. h. Dr. phil. *Arnold Berliner*. Vierte Auflage. Mit 802 Abbildungen. V, 658 Seiten. 1928. Geb. RM 13,80